普通高等教育“十四五”规划教材

新世纪新理念高等院校数学教学改革与教材建设精品教材

线性代数

主编:周俊超　曾梅兰　刘　琼

华中师范大学出版社

内 容 简 介

本书介绍了线性代数课程中的基本概念、基本理论和方法，主要内容包括：行列式、矩阵及其运算、线性方程组、向量组的线性相关性、相似矩阵与二次型、线性空间与线性变换。每章末均配有习题，包含有适量的往年考研真题，以便有考研需求的学生选用，书末附有习题参考答案。书中将选学内容用“*”号标出，便于选用。

本书可作为普通高等院校非数学专业本科生的线性代数教材，也可作为自学、考研和科技工作者的参考用书。

新出图证(鄂)字 10 号

图书在版编目(CIP)数据

线性代数/周俊超，曾梅兰，刘琼主编. —武汉：华中师范大学出版社，2022.1(2024.1重印)

ISBN 978-7-5622-3897-3

Ⅰ.①线…　Ⅱ.①周…　②曾…　③刘…　Ⅲ.①线性代数—高等学校—教材　Ⅳ.①O151.2

中国版本图书馆 CIP 数据核字(2021)第 238454 号

线性代数

©周俊超　曾梅兰　刘　琼　主编

编 辑 室：高教分社　　**电　　话**：027-67867364

责任编辑：袁正科　　**责任校对**：肖　阳　　**封面设计**：胡　灿

出版发行：华中师范大学出版社　　**社　　址**：湖北省武汉市珞喻路 152 号

邮　　编：430079　　**销售电话**：027-67861549

网　　址：http://press.ccnu.edu.cn　　**电子信箱**：press@mail.ccnu.edu.cn

印　　刷：湖北新华印务有限公司　　**督　　印**：刘　敏

开　　本：787mm×1092mm　1/16　　**印　　张**：11.25　　**字　　数**：240 千字

版　　次：2022 年 1 月第 1 版　　**印　　次**：2024 年 1 月第 3 次印刷

印　　数：6001—9500　　**定　　价**：32.00 元

丛书总序

未来社会是信息化的社会,以多媒体技术和网络技术为核心的信息技术正在飞速发展,信息技术正以惊人的速度渗透到教育领域中,正推动着教育教学的深刻变革。在积极应对信息化社会的过程中,我们的教育思想、教育理念、教学内容、教学方法与手段以及学习方式等方面已不知不觉地发生了深刻的变革。

现代数学不仅是一种精密的思想方法、一种技术手段,更是一个有着丰富内容和不断向前发展的知识体系。《国家中长期教育改革和发展规划纲要(2010—2020年)》指明了未来十年高等教育的发展目标:“全面提高高等教育质量”、“提高人才培养质量”、“提升科学研究水平”、“增强社会服务能力”、“优化结构办出特色”。这些目标的实现,有赖于各高校进一步推进数学教学改革的步伐,借鉴先进的经验,构建自己的特色。而数学作为一个基础性的专业,承担着培养高素质人才的重要作用。因此,新形势下高等院校数学教学改革的方向、具体实施方案以及与此相关的教材建设等问题,不仅是值得关注的,更是一个具有现实意义和实践价值的课题。

为推进教学改革的进一步深化,加强各高校教学经验的广泛交流,构建高校数学院系的合作平台,华中师范大学数学与统计学学院和华中师范大学出版社充分发挥各自的优势,由华中师范大学数学与统计学学院发起,诚邀华中和周边地区部分颇具影响力的高等院校,面向全国共同开发这套“新世纪新理念高等院校数学教学改革与教材建设精品教材”,并委托华中师范大学出版社组织、协调和出版。我们希望,这套教材能够进一步推动全国教育事业和教学改革的蓬勃兴盛,切实体现出教学改革的需要和新理念的贯彻落实。

总体看来,这套教材充分体现了高等学校数学教学改革提出的新理念、新方法、新形式。如目前各高等学校数学教学中普遍推广的研究型教学,要求教师少讲、精讲,重点讲思路、讲方法,鼓励学生的探究式自主学习,教师的角色也从原来完全主导课堂的讲授者转变为学生自主学习的推动者、辅导者,学生转变为教学活动的真正主体等。而传统的教材完全依赖教师课堂讲授、将主要任务交给任课教师完成、学生依靠大量被动练习应对考试等特点已不能满足这种新教学改革的推进。如果再叠加脱离时空限制的网络在线教学等教学方式带来的巨大挑战,传统教材甚至已成为教学改革的严重制约因素。

基于此,我们这套教材在编写的过程中注重突出以下几个方面的特点:

一是以问题为导向、引导研究性学习。教材致力于学生解决实际的数学问题、运用所学的数学知识解决实际生活问题为导向,设置大量的研讨性、探索性、应用性问题,鼓励学生在教师的辅导、指导下课内课外自主学习、探究、应用,以提高对所学数学知识的理解、反思与实际应用能力。

二是内容精选、逻辑清晰。整套教材在各位专家充分研讨的基础上,对课堂教学内容进一步精练浓缩,以应对课堂教学时间、教师讲授时间压缩等方面的变革;与此同时,教材还在各教学内容的结构安排方面下了很大的功夫,使教材的内容逻辑更清晰,便于教师讲授和学生自主学习。

三是通俗易懂、便于自学。为了满足当前大学生自主学习的要求,我们在教材编写的过程中,要求各教材的语言生动化、案例更切合生活实际且趣味化,如通过借助数表、图形等将抽象的概念用具体、直观的形式表达,用实例和示例加深对概念、方法的理解,尽可能让枯燥、烦琐的数学概念、数理演绎过程通俗化,降低学生自主学习的难度。

当然,教学改革的快速推进不断对教材提出新的要求,同时也受限于我们的水平,这套教材可能离我们理想的目标还有一段距离,敬请各位教师,特别是当前教学改革后已转变为教学活动主体的广大学子们提出宝贵的意见!

朱长江

于武昌桂子山

2013 年 7 月

前　言

线性代数是高等院校开设的一门重要基础课，其研究思想和方法在自然科学、工程技术、经济管理等领域有着广泛的应用。本书根据全国工科数学课程教学指导委员会制定的《线性代数教学基本要求》编写而成，适合普通高等院校非数学专业本科生使用。

本书在内容设计上以专业学习实际需求为出发点，由浅入深、循序渐进，注重培养学生分析、运算和解决实际问题的能力；在语言表达上力求简洁明了、清晰易懂，便于学生自学；在难易程度上充分考虑到学生需求、学习方式、授课时长、授课方式的改变，在保证理论体系完整性和连贯性的同时，适当简化或省略某些较难性质和定理的证明，突出实用性。

本书共六章，主要内容包括：行列式、矩阵及其运算、线性方程组、向量组的线性相关性、相似矩阵与二次型、线性空间与线性变换。全书以矩阵作为贯穿内容的主线，阐述了线性代数课程中的基本概念、理论和方法，内容体系架构清晰，章节之间衔接紧密，书中丰富的例题多源自一线教师的教学积累，既有明确的启发性，又有典型的应用性。每章末均配有习题，包含有适量的往年考研真题，以便有考研需求的学生选用，书末附有习题参考答案。书中将选学内容用“*”号标出，便于选用。

本书由湖北工程学院数学与统计学院组织编写，为湖北省教育厅教研项目“新工科背景下大学公共数学教学改革与实践研究(2020628)”和湖北工程学院教研项目“地方院校数学专业传统‘三基’课程与中学数学衔接探究(2019028)”的科研成果。具体分工为：周俊超编写第1、2章，曾梅兰编写第3、4、6章，刘琼编写第5章，全书的统稿、定稿工作由周俊超完成，胡付高教授和肖应雄教授审阅了全部书稿，并提出了许多宝贵的修改意见。

本书的出版得到了湖北工程学院数学与统计学院全体教师的帮助和指导，得到了华中师范大学出版社领导和编辑老师们的大力支持，在此对他们表示感谢。

由于编者水平有限，书中若有不妥之处，恳请广大读者批评指正。

编者

2021年10月

目　录

第 1 章

行　列　式

行列式的概念源于解线性方程组,它最早只是一种速记的表达式,如今已发展成为数学理论中一个非常有用的工具,并在数学的许多分支以及其他自然科学方面有着广泛的应用。作为线性代数的主要内容之一,行列式的概念及相关理论被广泛应用于线性方程组、矩阵、向量组的线性相关性等方面的讨论,是研究线性代数其他内容的重要工具。

本章首先介绍二阶与三阶行列式,然后归纳给出 n 阶行列式的定义,并讨论其性质和计算方法,最后,作为行列式的一个重要应用,再来介绍克莱姆法则。

1.1　二阶与三阶行列式

1.1.1　二阶行列式

对于二元线性方程组

$$\begin{cases} a_{11}x_1 + a_{12}x_2 = b_1, \\ a_{21}x_1 + a_{22}x_2 = b_2, \end{cases} \tag{1-1}$$

当 $a_{11}a_{22} - a_{12}a_{21} \neq 0$ 时,使用消元法可得方程组的解为

$$x_1 = \frac{b_1a_{22} - b_2a_{12}}{a_{11}a_{22} - a_{12}a_{21}}, x_2 = \frac{b_2a_{11} - b_1a_{21}}{a_{11}a_{22} - a_{12}a_{21}}。 \tag{1-2}$$

注意到 x_1 和 x_2 的分母相同,分子、分母都是4个数分两对相乘再相减而得,因此我们考虑引入一种记号来方便地表达这类方程组的解。

x_1 和 x_2 的分母 $a_{11}a_{22} - a_{12}a_{21}$ 由方程组(1-1)的4个系数所确定,把这4个数按它们在原方程组中的位置,排成两行两列(横排称**行**、竖排称**列**)的数表

$$\begin{matrix} a_{11} & a_{12} \\ a_{21} & a_{22} \end{matrix} \tag{1-3}$$

称表达式 $a_{11}a_{22} - a_{12}a_{21}$ 为数表(1-3)所确定的**二阶行列式**,记作

$$\begin{vmatrix} a_{11} & a_{12} \\ a_{21} & a_{22} \end{vmatrix},$$

即

$$\begin{vmatrix} a_{11} & a_{12} \\ a_{21} & a_{22} \end{vmatrix} = a_{11}a_{22} - a_{12}a_{21},$$

其中数 $a_{ij}(i=1,2;j=1,2)$ 称为行列式的**元素**。元素 a_{ij} 的第一个下标 i 称为**行标**，表明该元素位于第 i 行；第二个下标 j 称为**列标**，表明该元素位于第 j 列。此外，在运算时，我们一般用字母 D 表示行列式。

上述二阶行列式的定义可用**对角线法则**来记忆。如图 1-1 所示，二阶行列式等于实线(也称**主对角线**)连接的两个元素的乘积减去虚线(也称**副对角线**)连接的两个元素的乘积所得的差。

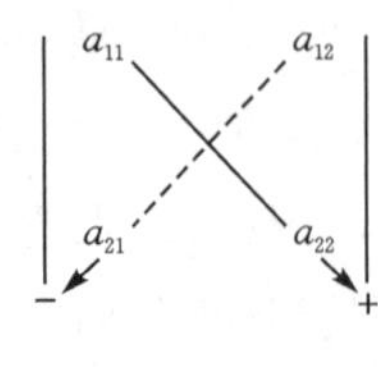

图 1-1

注 二阶行列式本质上是一个数，它是两项的代数和，每一项是两个元素的乘积，且这两个元素来自不同行不同列，实线连接的两个元素的乘积前取"+"号，虚线连接的两个元素的乘积前取"−"号。

例 1.1 $\begin{vmatrix} 3 & 2 \\ -4 & 3 \end{vmatrix} = 3\times 3-2\times(-4)=17$。

根据二阶行列式的定义，(1-2) 式中 x_1,x_2 的分子可分别用二阶行列式表示为

$$a_{22}b_1-a_{12}b_2=\begin{vmatrix} b_1 & a_{12} \\ b_2 & a_{22} \end{vmatrix},a_{11}b_2-a_{21}b_1=\begin{vmatrix} a_{11} & b_1 \\ a_{21} & b_2 \end{vmatrix}。$$

记

$$D=\begin{vmatrix} a_{11} & a_{12} \\ a_{21} & a_{22} \end{vmatrix},D_1=\begin{vmatrix} b_1 & a_{12} \\ b_2 & a_{22} \end{vmatrix},D_2=\begin{vmatrix} a_{11} & b_1 \\ a_{21} & b_2 \end{vmatrix},$$

则当 $D\neq 0$ 时，线性方程组(1-1) 的解可表示为

$$x_1=\frac{D_1}{D}=\frac{\begin{vmatrix} b_1 & a_{12} \\ b_2 & a_{22} \end{vmatrix}}{\begin{vmatrix} a_{11} & a_{12} \\ a_{21} & a_{22} \end{vmatrix}},x_2=\frac{D_2}{D}=\frac{\begin{vmatrix} a_{11} & b_1 \\ a_{21} & b_2 \end{vmatrix}}{\begin{vmatrix} a_{11} & a_{12} \\ a_{21} & a_{22} \end{vmatrix}}。$$

注意到这里的行列式 D 由方程组(1-1) 的系数所确定，称 D 是方程组(1-1) 的**系数行列式**。x_1 的分子 D_1 是用方程组(1-1) 的常数项 b_1,b_2 替换 D 中的第一列 a_{11},a_{21} 得到的二阶行列式，x_2 的分子 D_2 是用 b_1,b_2 替换 D 中的第二列 a_{12},a_{22} 得到的二阶行列式。同理，对于三元线性方程组的解也有类似的结论。

例 1.2 用二阶行列式解二元一次方程组

$$\begin{cases} 2x_1+3x_2=8, \\ 3x_1-5x_2=-7。 \end{cases}$$

解　计算二阶行列式

$$D=\begin{vmatrix}2&3\\3&-5\end{vmatrix}=-19,D_1=\begin{vmatrix}8&3\\-7&-5\end{vmatrix}=-19,D_2=\begin{vmatrix}2&8\\3&-7\end{vmatrix}=-38。$$

由 $D=-19\neq 0$ 知方程组有唯一解

$$x_1=\frac{D_1}{D}=1,x_2=\frac{D_2}{D}=2。$$

1.1.2　三阶行列式

定义 1.1　设有 9 个数排成 3 行 3 列的数表

$$\begin{matrix}a_{11}&a_{12}&a_{13}\\a_{21}&a_{22}&a_{23}\\a_{31}&a_{32}&a_{33}\end{matrix}\tag{1-4}$$

记

$$\begin{vmatrix}a_{11}&a_{12}&a_{13}\\a_{21}&a_{22}&a_{23}\\a_{31}&a_{32}&a_{33}\end{vmatrix}$$

$$=a_{11}a_{22}a_{33}+a_{12}a_{23}a_{31}+a_{13}a_{21}a_{32}-a_{13}a_{22}a_{31}-a_{12}a_{21}a_{33}-a_{11}a_{23}a_{32},\tag{1-5}$$

称(1-5) 式为数表(1-4) 所确定的**三阶行列式**。

注　三阶行列式是一个数,三阶行列式的值是 6 项的代数和,每一项是 3 个元素的乘积,且这 3 个元素来自不同行不同列。三阶行列式可用图 1-2 所示的**对角线法则**来记忆,其中每条实线连接的 3 个元素的乘积前取"+" 号,每条虚线连接的 3 个元素的乘积前取"—" 号。

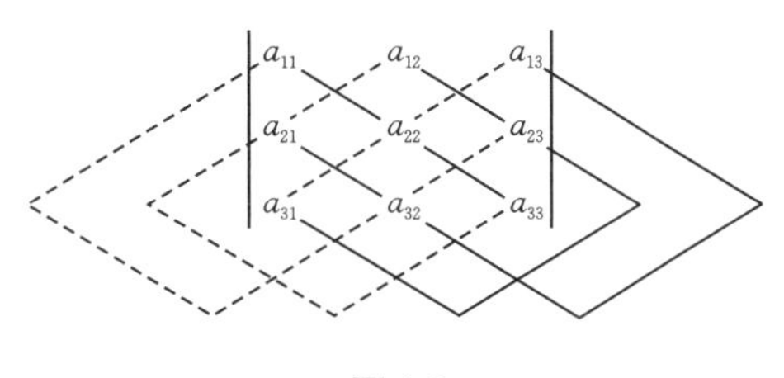

图 1-2

例 1.3　计算三阶行列式

$$D=\begin{vmatrix}1&2&3\\2&-2&-1\\-3&4&-5\end{vmatrix}。$$

解　由对角线法则有

$$\begin{aligned}D&=1\times(-2)\times(-5)+2\times(-1)\times(-3)+3\times4\times2\\&\quad-3\times(-2)\times(-3)-2\times2\times(-5)-1\times4\times(-1)=46。\end{aligned}$$

对于三元线性方程组

$$\begin{cases} a_{11}x_1 + a_{12}x_2 + a_{13}x_3 = b_1, \\ a_{21}x_1 + a_{22}x_2 + a_{23}x_3 = b_2, \\ a_{31}x_1 + a_{32}x_2 + a_{33}x_3 = b_3, \end{cases} \tag{1-6}$$

行列式

$$D = \begin{vmatrix} a_{11} & a_{12} & a_{13} \\ a_{21} & a_{22} & a_{23} \\ a_{31} & a_{32} & a_{33} \end{vmatrix}$$

称作是方程组(1-6) 的系数行列式。用 b_1, b_2, b_3 分别代替系数行列式 D 中的第一列、第二列、第三列得

$$D_1 = \begin{vmatrix} b_1 & a_{12} & a_{13} \\ b_2 & a_{22} & a_{23} \\ b_3 & a_{32} & a_{33} \end{vmatrix}, \ D_2 = \begin{vmatrix} a_{11} & b_1 & a_{13} \\ a_{21} & b_2 & a_{23} \\ a_{31} & b_3 & a_{33} \end{vmatrix}, \ D_3 = \begin{vmatrix} a_{11} & a_{12} & b_1 \\ a_{21} & a_{22} & b_2 \\ a_{31} & a_{32} & b_3 \end{vmatrix}。$$

当 $D \neq 0$ 时,方程组(1-6) 的解可表示为

$$x_1 = \frac{D_1}{D}, x_2 = \frac{D_2}{D}, x_3 = \frac{D_3}{D}。$$

例 1.4 解线性方程组

$$\begin{cases} x_1 + x_2 + x_3 = 6, \\ 2x_1 + 3x_2 - x_3 = 5, \\ 4x_1 + 9x_2 + x_3 = 25。 \end{cases}$$

解 计算行列式

$$D = \begin{vmatrix} 1 & 1 & 1 \\ 2 & 3 & -1 \\ 4 & 9 & 1 \end{vmatrix} = 12 \neq 0, \ D_1 = \begin{vmatrix} 6 & 1 & 1 \\ 5 & 3 & -1 \\ 25 & 9 & 1 \end{vmatrix} = 12,$$

$$D_2 = \begin{vmatrix} 1 & 6 & 1 \\ 2 & 5 & -1 \\ 4 & 25 & 1 \end{vmatrix} = 24, \ D_3 = \begin{vmatrix} 1 & 1 & 6 \\ 2 & 3 & 5 \\ 4 & 9 & 25 \end{vmatrix} = 36,$$

所以原方程组的解为

$$x_1 = \frac{D_1}{D} = 1, \ x_2 = \frac{D_2}{D} = 2, \ x_3 = \frac{D_3}{D} = 3。$$

由上述讨论可知:利用二阶、三阶行列式可以分别把二元、三元线性方程组的解表示为一种简洁的公式形式。那么我们自然要考虑:$n(n \geqslant 4)$ 元线性方程组的解是否也有这种形式的结果呢?为了弄清这个问题,我们需要给出 n 阶行列式的定义。接下来先介绍排列的有关知识,然后引出 n 阶行列式的概念。

1.2　n 阶行列式的定义

1.2.1　排列及其逆序数

定义 1.2　由 1,2,…,n 组成的没有重复数字的有序数组称为一个 n **级排列**,简称为**排列**。

例如,1234 是一个 4 级排列,2341 也是一个 4 级排列,42153 是一个 5 级排列。

n 级排列共有 $n!$ 个,其中 $123\cdots n$ 这个排列是按递增的顺序排起来的,具有自然顺序,称为**自然排列**,而其他的排列都或多或少地破坏了自然顺序。

定义 1.3　在一个排列中,如果两个数的前后位置与大小顺序相反,即较大的数排在了较小的数之前,则称这两个数构成一个**逆序**。一个 n 级排列 $p_1p_2\cdots p_n$ 中逆序的总数称为该排列的**逆序数**,记作 $\tau(p_1p_2\cdots p_n)$。

例如,对排列 32514 而言,5 与 4 就构成了一个逆序,3,2,5 分别与 1 构成一个逆序,3 与 2 也构成一个逆序,所以 $\tau(32514)=5$。显然,自然排列的逆序数为 0。

逆序数的计算可按如下方法来进行:设 $p_1p_2\cdots p_n$ 为一个 n 级排列,排在 p_1 前面且比 p_1 大的数的个数记为 t_1,排在 p_2 前面且比 p_2 大的数的个数记为 t_2,…,排在 p_n 前面且比 p_n 大的数的个数记为 t_n,则该排列的逆序数为

$$\tau(p_1p_2\cdots p_n)=t_1+t_2+\cdots+t_n=\sum_{i=1}^{n}t_i。$$

例 1.5　求排列 536142 的逆序数。

解　此排列中,5 的前面没有元素,逆序数 $t_1=0$;3 的前面比 3 大的数有 1 个,故 $t_2=1$;6 是最大的数,逆序数 $t_3=0$;1 的前面比 1 大的数有 3 个,故 $t_4=3$;4 的前面比 4 大的数有 2 个,故 $t_5=2$;2 的前面比 2 大的数有 4 个,故 $t_6=4$。这个分析过程可以表示成如下形式:

排列	5	3	6	1	4	2
与前面元素比较	↓	↓	↓	↓	↓	↓
构成逆序的个数	0	1	0	3	2	4

故

$$\tau(536142)=0+1+0+3+2+4=10。$$

定义 1.4　逆序数为奇数的排列叫作**奇排列**,逆序数为偶数的排列叫作**偶排列**。

*1.2.2　对换

在一个排列中,将任意两个数对调,其余的数保持不动,这种作出新排列的方法叫作**对换**。将相邻两个数对换,叫作**相邻对换**。

性质 任意一个排列经过一次对换后,其奇偶性改变。

证 先证相邻对换的情形。

设排列为

$$a_1\cdots a_m a b b_1 \cdots b_n,$$

对换 a 与 b 后得到的新排列为

$$a_1\cdots a_m b a b_1 \cdots b_n。$$

注意到在对换前后,$a_1,\cdots,a_m$ 和 $b_1,\cdots,b_n$ 这些元素的逆序数并未发生改变,所以只需考虑对换前后 a 与 b 两元素逆序数的变化。

当 $a>b$ 时,经对换后,a 的逆序数不变,b 的逆序数减少 1;当 $a<b$ 时,对换后,a 的逆序数增加 1,b 的逆序数不变,所以新排列与原排列奇偶性不同。

再证一般对换的情形。

设排列为

$$a_1\cdots a_m a b_1\cdots b_n b c_1\cdots c_t,$$

对换 a 与 b,则排列变为

$$a_1\cdots a_m b b_1\cdots b_n a c_1\cdots c_t。$$

该对换可以由一系列相邻对换来实现:先将原排列 $a_1\cdots a_m a b_1\cdots b_n b c_1\cdots c_t$ 中的 a 做 n 次相邻对换变成

$$a_1\cdots a_m b_1\cdots b_n a b c_1\cdots c_t,$$

再将 b 做 $n+1$ 次相邻对换变成

$$a_1\cdots a_m b b_1\cdots b_n a c_1\cdots c_t。$$

这样总共做了 $2n+1$ 次相邻对换,而每进行一次相邻对换,奇偶性就要改变,故对换排列中不相邻的两个数,也改变排列的奇偶性。

1.2.3 n 阶行列式的定义

在给出 n 阶行列式的定义之前,我们先来回顾二阶、三阶行列式的定义:

$$\begin{vmatrix} a_{11} & a_{12} \\ a_{21} & a_{22} \end{vmatrix} = a_{11}a_{22} - a_{12}a_{21},$$

$$\begin{vmatrix} a_{11} & a_{12} & a_{13} \\ a_{21} & a_{22} & a_{23} \\ a_{31} & a_{32} & a_{33} \end{vmatrix} = a_{11}a_{22}a_{33} + a_{12}a_{23}a_{31} + a_{13}a_{21}a_{32} \\ - a_{13}a_{22}a_{31} - a_{12}a_{21}a_{33} - a_{11}a_{23}a_{32}。$$

从二阶、三阶行列式的定义中可以看出,它们都是一些乘积的代数和,而每一项乘积都是由行列式中位于不同行和不同列的元素构成,并且展开式恰恰就是由所有这种可能的乘积组成。一方面,在二阶行列式中,由不同行不同列的元素构成的乘积只有 $a_{11}a_{22}$ 和

$a_{12}a_{21}$这两项，在三阶行列式中，这样的乘积有6项；另一方面，展开式中的每一项的符号有的取正，有的取负，具有规律性。为了弄清这些符号的内在规律，我们先研究三阶行列式的定义。由定义可看出：

(1) 在三阶行列式的展开式中，每一项除了正负号外都可以写成$a_{1p_1}a_{2p_2}a_{3p_3}$，每一项的3个元素的第1个下标(行标)依次为123，是自然排列，第2个下标(列标)排成了$p_1p_2p_3$，它是1,2,3这3个数的某个排列，这样的排列共有3!种，对应上式右端的6项。

(2) 各项的正负号与列标排列$p_1p_2p_3$的逆序数有关。带正号的3项$p_1p_2p_3$分别为123,231和312，它们的逆序数分别为0,2,2，都是偶数；而带负号的3项$p_1p_2p_3$分别为321,213和132，逆序数分别为3,1,1，都是奇数。可以看出，当$p_1p_2p_3$是偶排列时，对应的项带正号；当$p_1p_2p_3$是奇排列时，对应的项带负号。因此各项所带符号由该项列标排列的奇偶性所决定，从而各项可表示为

$$(-1)^{\tau(p_1p_2p_3)}a_{1p_1}a_{2p_2}a_{3p_3}。$$

综合(1)(2)得：三阶行列式可以写成

$$\begin{vmatrix} a_{11} & a_{12} & a_{13} \\ a_{21} & a_{22} & a_{23} \\ a_{31} & a_{32} & a_{33} \end{vmatrix} = \sum_{p_1p_2p_3}(-1)^{\tau(p_1p_2p_3)}a_{1p_1}a_{2p_2}a_{3p_3},$$

其中$\tau(p_1p_2p_3)$为排列$p_1p_2p_3$的逆序数，$\sum\limits_{p_1p_2p_3}$表示对所有3级排列求和。显然，二阶行列式也有类似的规律。

由此，我们把二阶、三阶行列式推广到一般情形，引入n阶行列式的定义。

定义1.5　由n^2个元素$a_{ij}(i,j=1,2,\cdots,n)$组成的符号

$$\begin{vmatrix} a_{11} & a_{12} & \cdots & a_{1n} \\ a_{21} & a_{22} & \cdots & a_{2n} \\ \vdots & \vdots & & \vdots \\ a_{n1} & a_{n2} & \cdots & a_{nn} \end{vmatrix}$$

称为n**阶行列式**，它等于所有取自不同行不同列的n个数的乘积$a_{1p_1}a_{2p_2}\cdots a_{np_n}$的代数和，这里$p_1p_2\cdots p_n$为一个$n$级排列，每一项$a_{1p_1}a_{2p_2}\cdots a_{np_n}$的符号由列标排列$p_1p_2\cdots p_n$的奇偶性决定：当$p_1p_2\cdots p_n$为偶排列时，该项带正号；当$p_1p_2\cdots p_n$为奇排列时，该项带负号，即

$$\begin{vmatrix} a_{11} & a_{12} & \cdots & a_{1n} \\ a_{21} & a_{22} & \cdots & a_{2n} \\ \vdots & \vdots & & \vdots \\ a_{n1} & a_{n2} & \cdots & a_{nn} \end{vmatrix} = \sum_{p_1p_2\cdots p_n}(-1)^{\tau(p_1p_2\cdots p_n)}a_{1p_1}a_{2p_2}\cdots a_{np_n},$$

其中 $\sum\limits_{p_1p_2\cdots p_n}$ 表示对所有 n 级排列求和。n 阶行列式简记为 $\det(a_{ij})$，a_{ij} 称为行列式的 (i,j) **元**，即第 i 行第 j 列的**元素**，$(-1)^{\tau(p_1p_2\cdots p_n)}a_{1p_1}a_{2p_2}\cdots a_{np_n}$ 称为行列式的**一般项**。

注 (1) n 阶行列式是 $n!$ 项的代数和，因此，行列式实质上是按某种方式定义的数；

(2) 一阶行列式 $|a|=a$，不要与绝对值记号混淆；

(3) n 阶行列式的等价定义为：

$$\begin{vmatrix} a_{11} & a_{12} & \cdots & a_{1n} \\ a_{21} & a_{22} & \cdots & a_{2n} \\ \vdots & \vdots & & \vdots \\ a_{n1} & a_{n2} & \cdots & a_{nn} \end{vmatrix} = \sum_{q_1q_2\cdots q_n}(-1)^{\tau(q_1q_2\cdots q_n)}a_{q_11}a_{q_22}\cdots a_{q_nn},$$

其中 $\sum\limits_{q_1q_2\cdots q_n}$ 表示对所有 n 级排列求和。

为了更好地理解行列式的定义，我们来看以下几个例题。

例 1.6 在五阶行列式中，$a_{14}a_{52}a_{41}a_{23}a_{35}$ 前应带正号还是负号？

解 这一项的行标排列 15423 不是自然排列。先将行标按自然顺序排列，此项可以写为 $a_{14}a_{23}a_{35}a_{41}a_{52}$。此时，列标的逆序数 $\tau(43512)=7$，故此项应带负号。

例 1.7 写出四阶行列式中含有因子 $a_{11}a_{23}$ 的项。

解 由行列式的定义知，包含因子 $a_{11}a_{23}$ 的一般项为 $(-1)^{\tau(13p_3p_4)}a_{11}a_{23}a_{3p_3}a_{4p_4}$，其中 p_3,p_4 可能的取值只有 2 或 4，且二者不能重复，因此包含 $a_{11}a_{23}$ 的项有 $a_{11}a_{23}a_{32}a_{44}$ 和 $a_{11}a_{23}a_{34}a_{42}$。

由于 $a_{11}a_{23}a_{32}a_{44}$ 列标排列的逆序数 $\tau(1324)=1$ 为奇数，而 $a_{11}a_{23}a_{34}a_{42}$ 列标排列的逆序数 $\tau(1342)=2$ 为偶数，则四阶行列式中含有因子 $a_{11}a_{23}$ 的项为 $-a_{11}a_{23}a_{32}a_{44}$ 和 $a_{11}a_{23}a_{34}a_{42}$。

下面计算几类特殊的行列式，其结果可作为公式使用。

例 1.8 按行列式的定义计算**下三角形行列式**：

$$\begin{vmatrix} a_{11} & & & \\ a_{21} & a_{22} & & \\ \vdots & \vdots & \ddots & \\ a_{n1} & a_{n2} & \cdots & a_{nn} \end{vmatrix},$$

其中未写出的元素全为零(以后均如此)。

解 由定义，n 阶行列式中共有 $n!$ 项，其一般项为

$$(-1)^{\tau(p_1p_2\cdots p_n)}a_{1p_1}a_{2p_2}\cdots a_{np_n},$$

现考察可能不为 0 的项。第 1 行除 a_{11} 外其余元素全为 0，故第 1 行只能选取 a_{11}；第 2 行除了 a_{21}, a_{22} 外全是 0，故应在 a_{21}, a_{22} 中取 1 个，且只能取 1 个，因为 a_{11} 是第 1 行第 1 列的元素，$p_1 = 1$，故 $p_2, \cdots, p_n$ 不能再取 1，所以 $p_2 = 2$，即第 2 行取 a_{22}，依此类推，第 n 行只能取 $p_n = n$，即取元素 a_{nn}，所以此行列式中可能不为 0 的项只有 1 项，即 $a_{11}a_{22}\cdots a_{nn}$，此项的符号为 $(-1)^{\tau(12\cdots n)} = (-1)^0 = 1$，从而有

$$\begin{vmatrix} a_{11} & & & \\ a_{21} & a_{22} & & \\ \vdots & \vdots & \ddots & \\ a_{n1} & a_{n2} & \cdots & a_{nn} \end{vmatrix} = a_{11}a_{22}\cdots a_{nn},$$

即下三角形行列式等于主对角线上元素的乘积。

同理可得，**上三角形行列式**

$$\begin{vmatrix} a_{11} & a_{12} & \cdots & a_{1n} \\ & a_{22} & \cdots & a_{2n} \\ & & \ddots & \vdots \\ & & & a_{nn} \end{vmatrix} = a_{11}a_{22}\cdots a_{nn}。$$

另外，作为上(下) 三角形行列式的特例，**对角行列式**(除对角线上的元素外，其他元素都为 0) 为

$$\begin{vmatrix} a_{11} & & & \\ & a_{22} & & \\ & & \ddots & \\ & & & a_{nn} \end{vmatrix} = a_{11}a_{22}\cdots a_{nn}。$$

例 1.9　证明

$$\begin{vmatrix} & & & a_{1n} \\ & & a_{2,n-1} & \\ & \iddots & & \\ a_{n1} & & & \end{vmatrix} = (-1)^{\frac{n(n-1)}{2}} a_{1n}a_{2,n-1}\cdots a_{n1}。$$

证　由行列式的定义，有

$$\begin{vmatrix} & & & a_{1n} \\ & & a_{2,n-1} & \\ & \iddots & & \\ a_{n1} & & & \end{vmatrix} = (-1)^{\tau} a_{1n}a_{2,n-1}\cdots a_{n1},$$

其中 $\tau = \tau(n(n-1)\cdots 1)$ 为排列 $n(n-1)\cdots 1$ 的逆序数。而

$$\tau(n(n-1)\cdots 1) = 0 + 1 + 2 + \cdots + (n-1) = \frac{n(n-1)}{2},$$

所以结论成立。

例 1.10 按定义计算行列式

$$D_n = \begin{vmatrix} 0 & 1 & 0 & \cdots & 0 \\ 0 & 0 & 2 & \cdots & 0 \\ \vdots & \vdots & \vdots & & \vdots \\ 0 & 0 & 0 & \cdots & n-1 \\ n & 0 & 0 & \cdots & 0 \end{vmatrix}。$$

解 由于所给行列式的展开项中只含一个非零项 $a_{12}a_{23}\cdots a_{n-1,n}a_{n1}$，而它前面所带符号为$(-1)^{\tau(23\cdots n1)} = (-1)^{n-1}$，所以 $D_n = (-1)^{n-1}n!$。

1.3 行列式的性质

直接按行列式的定义来计算行列式，只有在行列式的阶数较低或者其元素较特殊（例如零元较多）时可行，当阶数较高时，计算量会很大。本节将讨论行列式的性质，并应用这些性质来简化行列式的计算。

1.3.1 行列式的性质

将行列式 D 的行与列互换后得到的行列式，称为 D 的**转置行列式**，记为 D^{T}，即若

$$D = \begin{vmatrix} a_{11} & a_{12} & \cdots & a_{1n} \\ a_{21} & a_{22} & \cdots & a_{2n} \\ \vdots & \vdots & & \vdots \\ a_{n1} & a_{n2} & \cdots & a_{nn} \end{vmatrix}，则\ D^{\mathrm{T}} = \begin{vmatrix} a_{11} & a_{21} & \cdots & a_{n1} \\ a_{12} & a_{22} & \cdots & a_{n2} \\ \vdots & \vdots & & \vdots \\ a_{1n} & a_{2n} & \cdots & a_{nn} \end{vmatrix}。$$

性质 1 将行列式转置，行列式的值不变，即 $D^{\mathrm{T}} = D$。

证 记 $D = \det(a_{ij})$ 的转置行列式

$$D^{\mathrm{T}} = \begin{vmatrix} b_{11} & b_{12} & \cdots & b_{1n} \\ b_{21} & b_{22} & \cdots & b_{2n} \\ \vdots & \vdots & & \vdots \\ b_{n1} & b_{n2} & \cdots & b_{nn} \end{vmatrix},$$

则 $b_{ij} = a_{ji}(i,j = 1,2,\cdots,n)$。按行列式的定义，有

$$D^{\mathrm{T}} = \sum (-1)^{\tau(p_1 p_2 \cdots p_n)} b_{1p_1} b_{2p_2} \cdots b_{np_n} = \sum (-1)^{\tau(p_1 p_2 \cdots p_n)} a_{p_1 1} a_{p_2 2} \cdots a_{p_n n} = D。$$

注 此性质表明，在行列式中行与列有相同的地位，凡是有关行的性质对列同样成立，反之亦然。

性质 2 对换行列式的两行（列），行列式改变符号。

证 设行列式

$$D_1=\begin{vmatrix} b_{11} & b_{12} & \cdots & b_{1n} \\ b_{21} & b_{22} & \cdots & b_{2n} \\ \vdots & \vdots & & \vdots \\ b_{n1} & b_{n2} & \cdots & b_{nn} \end{vmatrix}$$

是由行列式 $D=\det(a_{ij})$ 对换 i,j 两行得到的，其中 $i<j$。则当 $k\neq i,j$ 时，$b_{kp}=a_{kp}$；当 $k=i$ 或 j 时，$b_{ip}=a_{jp}$，$b_{jp}=a_{ip}$，其中 $p=1,2,\cdots,n$。于是

$$\begin{aligned} D_1 &= \sum (-1)^{\tau(p_1\cdots p_i\cdots p_j\cdots p_n)} b_{1p_1}\cdots b_{ip_i}\cdots b_{jp_j}\cdots b_{np_n} \\ &= \sum (-1)^{\tau(p_1\cdots p_i\cdots p_j\cdots p_n)} a_{1p_1}\cdots a_{jp_i}\cdots a_{ip_j}\cdots a_{np_n} \\ &= \sum (-1)^{\tau(p_1\cdots p_i\cdots p_j\cdots p_n)} a_{1p_1}\cdots a_{ip_j}\cdots a_{jp_i}\cdots a_{np_n}, \end{aligned}$$

由对换的性质可知，

$$(-1)^{\tau(p_1\cdots p_i\cdots p_j\cdots p_n)}=-(-1)^{\tau(p_1\cdots p_j\cdots p_i\cdots p_n)},$$

故

$$D_1=-\sum (-1)^{\tau(p_1\cdots p_j\cdots p_i\cdots p_n)} a_{1p_1}\cdots a_{ip_j}\cdots a_{jp_i}\cdots a_{np_n}=-D。$$

推论 1.1　若行列式有两行(列)完全相同，则此行列式等于零。

证　把这两行对换，有 $D=-D$，故 $D=0$。

性质 3　用数 k 乘行列式的某一行(列)，等于用数 k 乘此行列式，即

$$\begin{vmatrix} a_{11} & a_{12} & \cdots & a_{1n} \\ \vdots & \vdots & & \vdots \\ ka_{i1} & ka_{i2} & \cdots & ka_{in} \\ \vdots & \vdots & & \vdots \\ a_{n1} & a_{n2} & \cdots & a_{nn} \end{vmatrix} = k\begin{vmatrix} a_{11} & a_{12} & \cdots & a_{1n} \\ \vdots & \vdots & & \vdots \\ a_{i1} & a_{i2} & \cdots & a_{in} \\ \vdots & \vdots & & \vdots \\ a_{n1} & a_{n2} & \cdots & a_{nn} \end{vmatrix}。$$

证　由行列式的定义，有

$$\begin{aligned} 左边 &= \sum_{p_1p_2\cdots p_n} (-1)^{\tau(p_1p_2\cdots p_n)} a_{1p_1}\cdots(ka_{ip_i})\cdots a_{np_n} \\ &= k\sum_{p_1p_2\cdots p_n} (-1)^{\tau(p_1p_2\cdots p_n)} a_{1p_1}\cdots a_{ip_i}\cdots a_{np_n} \\ &= 右边。 \end{aligned}$$

性质 3 也可表述为：

推论 1.2　行列式的某一行(列)中所有元素的公因子可以提到行列式符号的外面。

例 1.11　设 $\begin{vmatrix} a_{11} & a_{12} & a_{13} \\ a_{21} & a_{22} & a_{23} \\ a_{31} & a_{32} & a_{33} \end{vmatrix}=2$，求 $\begin{vmatrix} -5a_{11} & 5a_{12} & -5a_{13} \\ a_{21} & -a_{22} & a_{23} \\ a_{31} & -a_{32} & a_{33} \end{vmatrix}$。

解　$\begin{vmatrix} -5a_{11} & 5a_{12} & -5a_{13} \\ a_{21} & -a_{22} & a_{23} \\ a_{31} & -a_{32} & a_{33} \end{vmatrix}=(-5)\begin{vmatrix} a_{11} & -a_{12} & a_{13} \\ a_{21} & -a_{22} & a_{23} \\ a_{31} & -a_{32} & a_{33} \end{vmatrix}$

$$= (-5) \times (-1) \begin{vmatrix} a_{11} & a_{12} & a_{13} \\ a_{21} & a_{22} & a_{23} \\ a_{31} & a_{32} & a_{33} \end{vmatrix}$$
$$= (-5) \times (-1) \times 2 = 10。$$

推论 1.3 若行列式的某一行(列)的元素全为 0,则此行列式等于 0。

性质 4 若行列式中有两行(列)的元素对应成比例,则此行列式等于 0。

性质 5 若行列式的某一行(列)的元素都是两数之和,例如

$$D = \begin{vmatrix} a_{11} & a_{12} & \cdots & (a_{1i} + a'_{1i}) & \cdots & a_{1n} \\ a_{21} & a_{22} & \cdots & (a_{2i} + a'_{2i}) & \cdots & a_{2n} \\ \vdots & \vdots & & \vdots & & \vdots \\ a_{n1} & a_{n2} & \cdots & (a_{ni} + a'_{ni}) & \cdots & a_{nn} \end{vmatrix},$$

则 D 等于下列两个行列式之和,即

$$D = \begin{vmatrix} a_{11} & a_{12} & \cdots & a_{1i} & \cdots & a_{1n} \\ a_{21} & a_{22} & \cdots & a_{2i} & \cdots & a_{2n} \\ \vdots & \vdots & & \vdots & & \vdots \\ a_{n1} & a_{n2} & \cdots & a_{ni} & \cdots & a_{nn} \end{vmatrix} + \begin{vmatrix} a_{11} & a_{12} & \cdots & a'_{1i} & \cdots & a_{1n} \\ a_{21} & a_{22} & \cdots & a'_{2i} & \cdots & a_{2n} \\ \vdots & \vdots & & \vdots & & \vdots \\ a_{n1} & a_{n2} & \cdots & a'_{ni} & \cdots & a_{nn} \end{vmatrix}。$$

性质 6 把行列式的某一行(列)的各元素乘以同一数后加到另一行(列)对应的元素上去,行列式的值不变。

例如把行列式的第 j 列乘以常数 k 后加到第 i 列的对应元素上,有

$$\begin{vmatrix} a_{11} & \cdots & a_{1i} & \cdots & a_{1j} & \cdots & a_{1n} \\ a_{21} & \cdots & a_{2i} & \cdots & a_{2j} & \cdots & a_{2n} \\ \vdots & & \vdots & & \vdots & & \vdots \\ a_{n1} & \cdots & a_{ni} & \cdots & a_{nj} & \cdots & a_{nn} \end{vmatrix} = \begin{vmatrix} a_{11} & \cdots & (a_{1i} + ka_{1j}) & \cdots & a_{1j} & \cdots & a_{1n} \\ a_{21} & \cdots & (a_{2i} + ka_{2j}) & \cdots & a_{2j} & \cdots & a_{2n} \\ \vdots & & \vdots & & \vdots & & \vdots \\ a_{n1} & \cdots & (a_{ni} + ka_{nj}) & \cdots & a_{nj} & \cdots & a_{nn} \end{vmatrix}。$$

以上性质请读者自行证明。

1.3.2 行列式的计算

利用行列式的性质可简化行列式的计算。计算行列式的一种常用方法是将行列式化为上(下)三角形行列式。

为了叙述的方便,用 r_i 表示第 i 行,c_i 表示第 i 列。定义行列式的以下三种变换:

(1) 对换:对换行列式的第 i 行(列)和第 j 行(列),记作 $r_i \leftrightarrow r_j (c_i \leftrightarrow c_j)$;

(2) 数乘:第 i 行(列)乘以数 k,记为 $r_i \times k (c_i \times k)$;

(3) 倍加:第 i 行(列)的 k 倍加到第 j 行(列)上,记为 $r_j + kr_i (c_j + kc_i)$。

我们在计算行列式时,通常对行列式施行这三种变换,特别是倍加变换,并结合行列式的性质将所求行列式化为上(下)三角形行列式,从而计算出行列式的值。

例 1.12　计算行列式

$$D=\begin{vmatrix} 0 & -1 & -1 & 2 \\ 1 & -1 & 0 & 2 \\ -2 & 3 & -1 & 0 \\ 2 & 1 & 1 & 0 \end{vmatrix}。$$

解　观察发现行列式第 1 行第 1 列元素为 0，为了便于后续化简，先对换行列式的第 1 行与第 2 行，将第 1 行第 1 列元素变为非零元，

$$D\xlongequal{r_1\leftrightarrow r_2}-\begin{vmatrix} 1 & -1 & 0 & 2 \\ 0 & -1 & -1 & 2 \\ -2 & 3 & -1 & 0 \\ 2 & 1 & 1 & 0 \end{vmatrix}\quad（将 a_{11} 化为非零元）$$

$$\xlongequal[r_4-2r_1]{r_3+2r_1}-\begin{vmatrix} \boxed{1} & -1 & 0 & 2 \\ \boxed{0} & -1 & -1 & 2 \\ \boxed{0} & 1 & -1 & 4 \\ \boxed{0} & 3 & 1 & -4 \end{vmatrix}，（将 a_{11} 下方元素全化为 0）$$

此时，行列式第 1 行第 1 列元素下方已全化为 0。接着，利用第 2 行第 2 列元素，通过倍加变换将其下方的元素全化为 0。如此继续下去，直至将它变为上三角形行列式。

$$D\xlongequal[r_4+3r_2]{r_3+r_2}-\begin{vmatrix} 1 & -1 & 0 & 2 \\ 0 & -1 & -1 & 2 \\ 0 & 0 & -2 & 6 \\ 0 & 0 & -2 & 2 \end{vmatrix}\quad（将 a_{22} 下方元素全化为 0）$$

$$\xlongequal{r_4-r_3}-\begin{vmatrix} 1 & -1 & 0 & 2 \\ 0 & -1 & -1 & 2 \\ 0 & 0 & -2 & 6 \\ 0 & 0 & 0 & -4 \end{vmatrix}\quad（将 a_{33} 下方元素全化为 0）$$

$$=(-1)\times 1\times(-1)\times(-2)\times(-4)=8。$$

可见，计算行列式时利用行列式的性质将其化为上(下) 三角形行列式，既简便又程序化。

例 1.13　计算行列式

$$D=\begin{vmatrix} 1 & 1 & 1 & 1 \\ 1 & 2 & 0 & 0 \\ 1 & 0 & 3 & 0 \\ 1 & 0 & 0 & 4 \end{vmatrix}。$$

解 注意到此行列式与上三角形行列式的差异，只需要将第 1 列中第一个元素的下方元素全化为 0，即

$$D=\begin{vmatrix}1&1&1&1\\1&2&0&0\\1&0&3&0\\1&0&0&4\end{vmatrix}\xlongequal{c_1-\frac{1}{2}c_2-\frac{1}{3}c_3-\frac{1}{4}c_4}\begin{vmatrix}-\frac{1}{12}&1&1&1\\0&2&0&0\\0&0&3&0\\0&0&0&4\end{vmatrix}=-\frac{1}{12}\times2\times3\times4=-2。$$

注 形如$\begin{vmatrix}\cdots&\cdots&\cdots\\\vdots&\ddots&\\\vdots&&\ddots\end{vmatrix}$，$\begin{vmatrix}\cdots&\cdots&\cdots\\&\iddots&\vdots\\\iddots&&\vdots\end{vmatrix}$，$\begin{vmatrix}\vdots&&\iddots\\\vdots&\iddots&\\\cdots&\cdots&\cdots\end{vmatrix}$，$\begin{vmatrix}\ddots&&\vdots\\&\ddots&\vdots\\\cdots&\cdots&\cdots\end{vmatrix}$的行列式称为**爪形行列式**(或**箭形行列式**)。爪形行列式可以利用列的变换化为上三角形行列式，也可利用行的变换化为下三角形行列式。

例 1.14 计算行列式

$$D=\begin{vmatrix}3&2&2&2\\2&3&2&2\\2&2&3&2\\2&2&2&3\end{vmatrix}。$$

解 注意到行列式中各行元素之和都为 9，可将第 2,3,4 列都加到第 1 列上，提出公因子 9，再将其化为上三角形行列式进行计算，即

$$D\xlongequal{c_1+c_2+c_3+c_4}\begin{vmatrix}9&2&2&2\\9&3&2&2\\9&2&3&2\\9&2&2&3\end{vmatrix}\xlongequal{c_1\div9}9\begin{vmatrix}1&2&2&2\\1&3&2&2\\1&2&3&2\\1&2&2&3\end{vmatrix}$$

$$\xlongequal[c_4-2c_1]{\substack{c_2-2c_1\\c_3-2c_1}}9\begin{vmatrix}1&0&0&0\\1&1&0&0\\1&0&1&0\\1&0&0&1\end{vmatrix}=9。$$

注 与此题中的行列式对应的 n 阶行列式为 $D_n=\begin{vmatrix}a&b&\cdots&b\\b&a&\cdots&b\\\vdots&\vdots&\ddots&\vdots\\b&b&\cdots&a\end{vmatrix}$，通常称之为 ***ab* 型行列式**，仿照此题中的解法可得一般的结果

$$D_n=\begin{vmatrix} a & b & \cdots & b \\ b & a & \cdots & b \\ \vdots & \vdots & \ddots & \vdots \\ b & b & \cdots & a \end{vmatrix}=[a+(n-1)b](a-b)^{n-1}。$$

例 1.15　计算行列式

$$D=\begin{vmatrix} a & b & c & d \\ a & a+b & a+b+c & a+b+c+d \\ a & 2a+b & 3a+2b+c & 4a+3b+2c+d \\ a & 3a+b & 6a+3b+c & 10a+6b+3c+d \end{vmatrix}。$$

解　从第 4 行开始，后行减前行，得

$$D\xlongequal[r_2-r_1]{\substack{r_4-r_3\\ r_3-r_2}}\begin{vmatrix} a & b & c & d \\ 0 & a & a+b & a+b+c \\ 0 & a & 2a+b & 3a+2b+c \\ 0 & a & 3a+b & 6a+3b+c \end{vmatrix}\xlongequal[r_3-r_2]{r_4-r_3}\begin{vmatrix} a & b & c & d \\ 0 & a & a+b & a+b+c \\ 0 & 0 & a & 2a+b \\ 0 & 0 & a & 3a+b \end{vmatrix}$$

$$\xlongequal{r_4-r_3}\begin{vmatrix} a & b & c & d \\ 0 & a & a+b & a+b+c \\ 0 & 0 & a & 2a+b \\ 0 & 0 & 0 & a \end{vmatrix}=a^4。$$

注　(1) 上例中用到把行列式的几步变换写在一起的省略写法，这里要注意各步变换的次序一般不能颠倒，这是由于后一次变换是作用在前一次变换结果上的。

(2) 注意变换 r_i+r_j 与 r_j+r_i 的区别，倍加变换 r_i+kr_j 是约定的行列式变换的记号，不能将其写作 kr_j+r_i。

例 1.16　（X 形行列式）计算六阶行列式

$$D_6=\begin{vmatrix} a & & & & & b \\ & a & & & b & \\ & & a & b & & \\ & & c & d & & \\ & c & & & d & \\ c & & & & & d \end{vmatrix}。$$

解　利用行列式的性质消去 X 型行列式的半条对角线，即可将其变为三角形行列式。

当 $a\neq 0$ 时，记 $t=d-\dfrac{bc}{a}$，依次将第 1、2、3 行的 $-\dfrac{c}{a}$ 倍分别加到第 6、5、4 行，即得

$$D_6=\begin{vmatrix} a & & & & & b \\ & a & & & b & \\ & & a & b & & \\ & & 0 & t & & \\ & 0 & & & t & \\ 0 & & & & & t \end{vmatrix}=a^3t^3=a^3\left(d-\frac{bc}{a}\right)^3=(ad-bc)^3;$$

当 $a=0$ 时,$D_6=(-1)^{\tau(654321)}b^3c^3=(-1)^{15}b^3c^3=-b^3c^3=(ad-bc)^3$。

综上所述,可知 $D_6=(ad-bc)^3$。

上述例子表明:任何行列式总能利用行的倍加变换 r_i+kr_j 化为上三角形行列式或者下三角形行列式。类似地,利用有限次列的倍加变换 c_i+kc_j 也可将行列式化为上三角形行列式或者下三角形行列式。

例 1.17 设行列式

$$D=\begin{vmatrix} a_{11} & \cdots & a_{1m} & 0 & \cdots & 0 \\ \vdots & & \vdots & \vdots & & \vdots \\ a_{m1} & \cdots & a_{mm} & 0 & \cdots & 0 \\ c_{11} & \cdots & c_{1m} & b_{11} & \cdots & b_{1n} \\ \vdots & & \vdots & \vdots & & \vdots \\ c_{n1} & \cdots & c_{nm} & b_{n1} & \cdots & b_{nn} \end{vmatrix},$$

$$D_1=\det(a_{ij})=\begin{vmatrix} a_{11} & \cdots & a_{1m} \\ \vdots & & \vdots \\ a_{m1} & \cdots & a_{mm} \end{vmatrix},\ D_2=\det(b_{ij})=\begin{vmatrix} b_{11} & \cdots & b_{1n} \\ \vdots & & \vdots \\ b_{n1} & \cdots & b_{nn} \end{vmatrix},$$

证明:$D=D_1D_2$。

证 对 D_1 只使用行的倍加变换 r_i+kr_j,对 D_2 只使用列的倍加变换 c_i+kc_j,将 D_1,D_2 均化为下三角形行列式,有

$$D_1=\begin{vmatrix} p_{11} & & \\ \vdots & \ddots & \\ p_{m1} & \cdots & p_{mm} \end{vmatrix}=p_{11}p_{22}\cdots p_{mm};$$

$$D_2=\begin{vmatrix} q_{11} & & \\ \vdots & \ddots & \\ q_{n1} & \cdots & q_{nn} \end{vmatrix}=q_{11}q_{22}\cdots q_{nn}。$$

再将对 D_1 的变换过程作用于 D 的前 m 行,对 D_2 的变换过程作用于 D 的后 n 列,从而有

$$D=\begin{vmatrix} p_{11} & & & & & \\ \vdots & \ddots & & & & \\ p_{m1} & \cdots & p_{mm} & & & \\ c_{11} & \cdots & c_{1m} & q_{11} & & \\ \vdots & & \vdots & \vdots & \ddots & \\ c_{n1} & \cdots & c_{nm} & q_{n1} & \cdots & q_{nn} \end{vmatrix}=p_{11}\cdots p_{mm}q_{11}\cdots q_{nn}=D_1D_2。$$

1.4 行列式按一行(列)展开

一般来说,低阶行列式的计算通常要比高阶行列式简便,那么,在计算高阶行列式时,我们自然地会考虑将高阶行列式转化为低阶行列式。观察三阶行列式可知,

$$\begin{vmatrix} a_{11} & a_{12} & a_{13} \\ a_{21} & a_{22} & a_{23} \\ a_{31} & a_{32} & a_{33} \end{vmatrix}=a_{11}a_{22}a_{33}+a_{12}a_{23}a_{31}+a_{13}a_{21}a_{32}-a_{11}a_{23}a_{32}-a_{12}a_{21}a_{33}-a_{13}a_{22}a_{31}$$

$$=a_{11}(a_{22}a_{33}-a_{23}a_{32})-a_{12}(a_{21}a_{33}-a_{23}a_{31})+a_{13}(a_{21}a_{32}-a_{22}a_{31})$$

$$=a_{11}\begin{vmatrix} a_{22} & a_{23} \\ a_{32} & a_{33} \end{vmatrix}-a_{12}\begin{vmatrix} a_{21} & a_{23} \\ a_{31} & a_{33} \end{vmatrix}+a_{13}\begin{vmatrix} a_{21} & a_{22} \\ a_{31} & a_{32} \end{vmatrix},$$

即三阶行列式可以转化为二阶行列式来计算,那么对于一般的 n 阶行列式,是否也有类似的结论呢?为后面讨论方便,先引进余子式和代数余子式的概念。

定义 1.6 在 n 阶行列式 $\det(a_{ij})$ 中,划去元素 a_{ij} 所在的第 i 行和第 j 列后,余下的元素按照原来的排法构成一个 $n-1$ 阶行列式,则这个 $n-1$ 阶行列式称为元素 a_{ij} 的**余子式**,记作 M_{ij},记

$$A_{ij}=(-1)^{i+j}M_{ij},$$

称 A_{ij} 为元素 a_{ij} 的**代数余子式**。

例如,在四阶行列式

$$\begin{vmatrix} a_{11} & a_{12} & a_{13} & a_{14} \\ a_{21} & a_{22} & a_{23} & a_{24} \\ a_{31} & a_{32} & a_{33} & a_{34} \\ a_{41} & a_{42} & a_{43} & a_{44} \end{vmatrix}$$

中,元素 a_{23} 的余子式 M_{23} 和代数余子式 A_{23} 分别为

$$M_{23}=\begin{vmatrix} a_{11} & a_{12} & a_{14} \\ a_{31} & a_{32} & a_{34} \\ a_{41} & a_{42} & a_{44} \end{vmatrix};$$

$$A_{23}=(-1)^{2+3}M_{23}=-M_{23}。$$

引理 一个 n 阶行列式 D，如果第 i 行(列) 所有元素除 a_{ij} 外全为零，那么此行列式等于 a_{ij} 乘以它的代数余子式，即

$$D=a_{ij}A_{ij}。$$

证 先证$(i,j)=(1,1)$ 的情形，此时

$$D=\begin{vmatrix} a_{11} & 0 & \cdots & 0 \\ a_{21} & a_{22} & \cdots & a_{2n} \\ \vdots & \vdots & & \vdots \\ a_{n1} & a_{n2} & \cdots & a_{nn} \end{vmatrix},$$

这是上一节例 1.17 中 $m=1$ 时的特殊情形，利用例 1.17 的结论有

$$D=a_{11}M_{11}=a_{11}A_{11}。$$

再证一般情形，此时

$$D=\begin{vmatrix} a_{11} & \cdots & a_{1j} & \cdots & a_{1n} \\ \vdots & & \vdots & & \vdots \\ 0 & \cdots & a_{ij} & \cdots & 0 \\ \vdots & & \vdots & & \vdots \\ a_{n1} & \cdots & a_{nj} & \cdots & a_{nn} \end{vmatrix}。$$

我们将 D 做如下变换：把 D 的第 i 行依次与第 $i-1$ 行，第 $i-2$ 行，…，第 1 行对换，这样数 a_{ij} 就调到了第 1 行第 j 列的位置，对换次数为 $i-1$；再把第 j 列依次与第 $j-1$ 列，第 $j-2$ 列，…，第 1 列对换，数 a_{ij} 就换到了第 1 行第 1 列的位置，对换次数为 $j-1$，总共经过$(i-1)+(j-1)$ 次对换，将数 a_{ij} 换到第 1 行第 1 列的位置，第 1 行其他元素为 0，所得的行列式记为 D_1，则

$$D_1=(-1)^{i+j-2}D=(-1)^{i+j}D,$$

而 a_{ij} 在 D_1 中的余子式仍然是 a_{ij} 在 D 中的余子式 M_{ij}，利用前面的结果，有

$$D_1=a_{ij}M_{ij},$$

于是
$$D=(-1)^{i+j}D_1=(-1)^{i+j}a_{ij}M_{ij}=a_{ij}A_{ij}。$$

定理 1.1 行列式等于它的任一行(列) 的各元素与其对应的代数余子式的乘积之和，即

$$D=a_{i1}A_{i1}+a_{i2}A_{i2}+\cdots+a_{in}A_{in}\ (i=1,2,\cdots,n),$$

或

$$D=a_{1j}A_{1j}+a_{2j}A_{2j}+\cdots+a_{nj}A_{nj}\ (j=1,2,\cdots,n)。$$

证 只需证明第一个等式即可，第二个等式同理可证。

$$D=\begin{vmatrix} a_{11} & a_{12} & \cdots & a_{1n} \\ \vdots & \vdots & & \vdots \\ a_{i1}+0+\cdots+0 & 0+a_{i2}+0+\cdots+0 & \cdots & 0+\cdots+0+a_{in} \\ \vdots & \vdots & & \vdots \\ a_{n1} & a_{n2} & \cdots & a_{nn} \end{vmatrix}$$

$$=\begin{vmatrix} a_{11} & a_{12} & \cdots & a_{1n} \\ \vdots & \vdots & & \vdots \\ a_{i1} & 0 & \cdots & 0 \\ \vdots & \vdots & & \vdots \\ a_{n1} & a_{n2} & \cdots & a_{nn} \end{vmatrix}+\begin{vmatrix} a_{11} & a_{12} & \cdots & a_{1n} \\ \vdots & \vdots & & \vdots \\ 0 & a_{i2} & \cdots & 0 \\ \vdots & \vdots & & \vdots \\ a_{n1} & a_{n2} & \cdots & a_{nn} \end{vmatrix}+\cdots+\begin{vmatrix} a_{11} & a_{12} & \cdots & a_{1n} \\ \vdots & \vdots & & \vdots \\ 0 & 0 & \cdots & a_{in} \\ \vdots & \vdots & & \vdots \\ a_{n1} & a_{n2} & \cdots & a_{nn} \end{vmatrix},$$

根据本节引理,有

$$D=a_{i1}A_{i1}+a_{i2}A_{i2}+\cdots+a_{in}A_{in}=\sum_{k=1}^{n}a_{ik}A_{ik}\ (i=1,2,\cdots,n)。$$

这个定理称为**行列式按行(列)展开法则**。利用这一法则可将行列式降阶,从而达到简化计算的目的。由这一法则可知,一个 n 阶行列式按某一行(列)展开后,其值等于 n 个 $n-1$ 阶行列式的代数和。在实际计算中,通常选择将行列式按含有较多零元的行(列)展开,行列式的某一行(列)中零元越多,那么展开式中需要计算的代数余子式就越少,行列式的计算也就越简单。

例 1.18　计算行列式

$$D=\begin{vmatrix} 3 & 0 & -1 & 0 \\ 2 & 0 & 0 & 5 \\ 0 & 1 & 4 & 1 \\ 0 & 2 & 3 & 1 \end{vmatrix}。$$

解　将此行列式按第 1 行展开,得

$$\begin{aligned} D &= 3A_{11}+0A_{12}+(-1)A_{13}+0A_{14} \\ &= 3\times(-1)^{1+1}M_{11}+(-1)\times(-1)^{1+3}M_{13} \\ &= 3\times(-1)^{1+1}\begin{vmatrix} 0 & 0 & 5 \\ 1 & 4 & 1 \\ 2 & 3 & 1 \end{vmatrix}+(-1)\times(-1)^{1+3}\begin{vmatrix} 2 & 0 & 5 \\ 0 & 1 & 1 \\ 0 & 2 & 1 \end{vmatrix} \\ &= 15\times(-1)^{1+3}\begin{vmatrix} 1 & 4 \\ 2 & 3 \end{vmatrix}-2\times(-1)^{1+1}\begin{vmatrix} 1 & 1 \\ 2 & 1 \end{vmatrix}=-75+2=-73。 \end{aligned}$$

例 1.19　计算行列式

$$D=\begin{vmatrix} 1 & -1 & 8 & -2 \\ 2 & 1 & -2 & 2 \\ 5 & 1 & 1 & -3 \\ -3 & 0 & 4 & 5 \end{vmatrix}。$$

解 $D=\begin{vmatrix}1&-1&8&-2\\2&1&-2&2\\5&1&1&-3\\-3&0&4&5\end{vmatrix}\xlongequal{r_2+r_1}\begin{vmatrix}1&-1&8&-2\\3&0&6&0\\5&1&1&-3\\-3&0&4&5\end{vmatrix}\xlongequal{r_3+r_1}\begin{vmatrix}1&-1&8&-2\\3&0&6&0\\6&0&9&-5\\-3&0&4&5\end{vmatrix}$

$$=(-1)\times(-1)^{1+2}\begin{vmatrix}3&6&0\\6&9&-5\\-3&4&5\end{vmatrix}\xlongequal{r_2+r_3}\begin{vmatrix}3&6&0\\3&13&0\\-3&4&5\end{vmatrix}$$

$$=5\times(-1)^{3+3}\begin{vmatrix}3&6\\3&13\end{vmatrix}=105。$$

注 计算行列式时,先将行列式的某一行(列)化为只有一个元素非零,其余元素都是零,再将行列式按这一行(列)展开,计算量将会减少很多。

例 1.20 计算 n 阶行列式

$$D_n=\begin{vmatrix}2&1&0&\cdots&0&0\\1&2&1&\cdots&0&0\\0&1&2&\cdots&0&0\\\vdots&\vdots&\vdots&&\vdots&\vdots\\0&0&0&\cdots&2&1\\0&0&0&\cdots&1&2\end{vmatrix}。$$

解 将行列式按第 1 列展开,得

$$D_n=2\times(-1)^{1+1}\begin{vmatrix}2&1&0&\cdots&0\\1&2&1&\cdots&0\\0&1&2&\cdots&0\\\vdots&\vdots&\vdots&&\vdots\\0&0&0&\cdots&2\end{vmatrix}+1\times(-1)^{2+1}\begin{vmatrix}1&0&0&\cdots&0\\1&2&1&\cdots&0\\0&1&2&\cdots&0\\\vdots&\vdots&\vdots&&\vdots\\0&0&0&\cdots&2\end{vmatrix},$$

上式右端的第 1 个行列式恰为 D_{n-1},第 2 个行列式按第 1 行展开即为 D_{n-2},因此

$$D_n=2D_{n-1}-D_{n-2},$$

从而有

$$D_n-D_{n-1}=D_{n-1}-D_{n-2},$$

由此递推得

$$D_n-D_{n-1}=D_{n-1}-D_{n-2}=\cdots=D_2-D_1=3-2=1,$$

从而

$$D_n=D_{n-1}+1=D_{n-2}+2=\cdots=D_1+(n-1)=n+1。$$

例 1.21 利用**加边法**(升阶法)计算行列式

$$D=\begin{vmatrix} 1+x_1^2 & x_1x_2 & x_1x_3 & \cdots & x_1x_n \\ x_2x_1 & 1+x_2^2 & x_2x_3 & \cdots & x_2x_n \\ x_3x_1 & x_3x_2 & 1+x_3^2 & \cdots & x_3x_n \\ \vdots & \vdots & \vdots & & \vdots \\ x_nx_1 & x_nx_2 & x_nx_3 & \cdots & 1+x_n^2 \end{vmatrix}。$$

解 根据行列式的特点,在 D 的左上角增加一行和一列,得到

$$D=\begin{vmatrix} 1 & x_1 & x_2 & x_3 & \cdots & x_n \\ 0 & 1+x_1^2 & x_1x_2 & x_1x_3 & \cdots & x_1x_n \\ 0 & x_2x_1 & 1+x_2^2 & x_2x_3 & \cdots & x_2x_n \\ 0 & x_3x_1 & x_3x_2 & 1+x_3^2 & \cdots & x_3x_n \\ \vdots & \vdots & \vdots & \vdots & & \vdots \\ 0 & x_nx_1 & x_nx_2 & x_nx_3 & \cdots & 1+x_n^2 \end{vmatrix}$$

$$\xlongequal[\substack{r_3-x_2r_1\\ \cdots \\ r_{n+1}-x_nr_1}]{r_2-x_1r_1}\begin{vmatrix} 1 & x_1 & x_2 & x_3 & \cdots & x_n \\ -x_1 & 1 & 0 & 0 & \cdots & 0 \\ -x_2 & 0 & 1 & 0 & \cdots & 0 \\ -x_3 & 0 & 0 & 1 & \cdots & 0 \\ \vdots & \vdots & \vdots & \vdots & & \vdots \\ -x_n & 0 & 0 & 0 & \cdots & 1 \end{vmatrix}\text{(爪型)}$$

$$\xlongequal{c_1+x_1c_2+x_2c_3+\cdots+x_nc_{n+1}}\begin{vmatrix} 1+\sum_{i=1}^{n}x_i^2 & x_1 & x_2 & x_3 & \cdots & x_n \\ 0 & 1 & 0 & 0 & \cdots & 0 \\ 0 & 0 & 1 & 0 & \cdots & 0 \\ 0 & 0 & 0 & 1 & \cdots & 0 \\ \vdots & \vdots & \vdots & \vdots & & \vdots \\ 0 & 0 & 0 & 0 & \cdots & 1 \end{vmatrix}=1+\sum_{i=1}^{n}x_i^2。$$

注 当行列式各行(列)中相同元素较多时,可考虑使用加边法,将行列式增加一行一列,阶数升高,升阶后的行列式与原行列式相等,且易于计算。加边法的关键是根据原行列式的特点适当选择所增加的行和列的元素,使得行列式容易计算。

例 1.22 证明**范德蒙**(Vandermonde)**行列式**

$$D_n=\begin{vmatrix} 1 & 1 & \cdots & 1 \\ x_1 & x_2 & \cdots & x_n \\ x_1^2 & x_2^2 & \cdots & x_n^2 \\ \vdots & \vdots & & \vdots \\ x_1^{n-1} & x_2^{n-1} & \cdots & x_n^{n-1} \end{vmatrix}=\prod_{n\geqslant i>j\geqslant 1}(x_i-x_j), \tag{1-7}$$

其中记号"$\prod$"表示所有同类型因子的连乘。

证 用数学归纳法证明。当 $n=2$ 时，

$$D_2=\begin{vmatrix}1&1\\x_1&x_2\end{vmatrix}=x_2-x_1=\prod_{2\geqslant i>j\geqslant 1}(x_i-x_j),$$

即(1-7)式成立。假设(1-7)式对 $n-1$ 阶范德蒙行列式成立，要证(1-7)式对 n 阶范德蒙行列式也成立。为此，将 D_n 降阶，从第 n 行开始，后一行减前一行的 x_1 倍，得

$$D_n=\begin{vmatrix}1&1&1&\cdots&1\\0&x_2-x_1&x_3-x_1&\cdots&x_n-x_1\\0&x_2(x_2-x_1)&x_3(x_3-x_1)&\cdots&x_n(x_n-x_1)\\\vdots&\vdots&\vdots&&\vdots\\0&x_2^{n-2}(x_2-x_1)&x_3^{n-2}(x_3-x_1)&\cdots&x_n^{n-2}(x_n-x_1)\end{vmatrix},$$

按第1列展开，并提取每一列的公因子，有

$$D_n=(x_2-x_1)(x_3-x_1)\cdots(x_n-x_1)\begin{vmatrix}1&1&\cdots&1\\x_2&x_3&\cdots&x_n\\\vdots&\vdots&&\vdots\\x_2^{n-2}&x_3^{n-2}&\cdots&x_n^{n-2}\end{vmatrix},$$

上式右端行列式是 $n-1$ 阶范德蒙行列式，由归纳假设，它等于 $\prod\limits_{n\geqslant i>j\geqslant 2}(x_i-x_j)$，故

$$D_n=(x_2-x_1)(x_3-x_1)\cdots(x_n-x_1)\prod_{n\geqslant i>j\geqslant 2}(x_i-x_j)=\prod_{n\geqslant i>j\geqslant 1}(x_i-x_j)\text{。}$$

例 1.23 设 $D=\begin{vmatrix}3&1&-1&2\\-5&1&3&-4\\2&0&1&-1\\1&-5&3&-3\end{vmatrix}$，$M_{ij}$ 和 A_{ij} 分别为 D 的 (i,j) 元的余子式和代数余子式。求：(1) $A_{31}+3A_{32}-2A_{33}+2A_{34}$；(2) $M_{31}+3M_{32}-2M_{33}+2M_{34}$。

解 (1) $A_{31}+3A_{32}-2A_{33}+2A_{34}=\begin{vmatrix}3&1&-1&2\\-5&1&3&-4\\1&3&-2&2\\1&-5&3&-3\end{vmatrix}$

$$\xlongequal[c_4-2c_2]{\substack{c_1-3c_2\\c_3+c_2}}\begin{vmatrix}0&1&0&0\\-8&1&4&-6\\-8&3&1&-4\\16&-5&-2&7\end{vmatrix}=-\begin{vmatrix}-8&4&-6\\-8&1&-4\\16&-2&7\end{vmatrix}$$

$$=8\begin{vmatrix}1&4&-6\\1&1&-4\\-2&-2&7\end{vmatrix}\xlongequal[r_3+2r_1]{r_2-r_1}8\begin{vmatrix}1&4&-6\\0&-3&2\\0&6&-5\end{vmatrix}=24。$$

(2) $M_{31}+3M_{32}-2M_{33}+2M_{34}=A_{31}-3A_{32}-2A_{33}-2A_{34}$

$$=\begin{vmatrix}3&1&-1&2\\-5&1&3&-4\\1&-3&-2&-2\\1&-5&3&-3\end{vmatrix}\xlongequal[c_4-2c_2]{\substack{c_1-3c_2\\c_3+c_2}}\begin{vmatrix}0&1&0&0\\-8&1&4&-6\\10&-3&-5&4\\16&-5&-2&7\end{vmatrix}=-\begin{vmatrix}-8&4&-6\\10&-5&4\\16&-2&7\end{vmatrix}$$

$$=-2\begin{vmatrix}-4&4&-6\\5&-5&4\\8&-2&7\end{vmatrix}\xlongequal{c_1+c_2}-2\begin{vmatrix}0&4&-6\\0&-5&4\\6&-2&7\end{vmatrix}=-2\times6\begin{vmatrix}4&-6\\-5&4\end{vmatrix}=168。$$

结合定理 1.1,可得以下推论:

推论 1.4　行列式中任一行(列)的元素与另一行(列)元素的代数余子式的乘积之和等于零,即

$$a_{i1}A_{j1}+a_{i2}A_{j2}+\cdots+a_{in}A_{jn}=0(i\neq j),$$

或

$$a_{1i}A_{1j}+a_{2i}A_{2j}+\cdots+a_{ni}A_{nj}=0(i\neq j)。$$

证　这里仅证明第一个等式,第二个等式类似可证。

将行列式 D 的第 j 行元素对应换成第 i 行元素,得到的行列式记为 D_1,即

$$D_1=\begin{vmatrix}a_{11}&\cdots&a_{1n}\\\vdots&&\vdots\\a_{i1}&\cdots&a_{in}\\\vdots&&\vdots\\a_{i1}&\cdots&a_{in}\\\vdots&&\vdots\\a_{n1}&\cdots&a_{nn}\end{vmatrix}\begin{matrix}\\\\\leftarrow\text{第 } i \text{ 行}\\\\\leftarrow\text{第 } j \text{ 行}\\\\\\\end{matrix}$$

此时 D_1 中第 i 行和第 j 行的元素对应相等,故 $D_1=0$。

另一方面,将 D_1 按第 j 行展开得

$$D_1=a_{i1}A_{j1}+a_{i2}A_{j2}+\cdots+a_{in}A_{jn},$$

从而

$$a_{i1}A_{j1}+a_{i2}A_{j2}+\cdots+a_{in}A_{jn}=0\quad(i\neq j)。$$

综合定理 1.1 和推论 1.4，可得有关行列式的代数余子式的重要性质，即

$$a_{i1}A_{j1}+a_{i2}A_{j2}+\cdots+a_{in}A_{jn}=\sum_{k=1}^{n}a_{ik}A_{jk}=\begin{cases}D, & \text{当 } i=j,\\ 0, & \text{当 } i\neq j,\end{cases}$$

或

$$a_{1i}A_{1j}+a_{2i}A_{2j}+\cdots+a_{ni}A_{nj}=\sum_{k=1}^{n}a_{ki}A_{kj}=\begin{cases}D, & \text{当 } i=j,\\ 0, & \text{当 } i\neq j。\end{cases}$$

1.5 克莱姆法则

本节介绍行列式的一个重要应用 —— 克莱姆(Cramer) 法则。在本章 1.1 节中，我们利用行列式表示了二元、三元线性方程组的解，本节将这种方法推广到 n 元线性方程组的情形。这里只考虑方程个数与未知量的个数相等的情形，至于更一般的情形留到第 3 章讨论。

含有 n 个未知数、n 个线性方程的方程组

$$\begin{cases}a_{11}x_1+a_{12}x_2+\cdots+a_{1n}x_n=b_1,\\ a_{21}x_1+a_{22}x_2+\cdots+a_{2n}x_n=b_2,\\ \cdots\cdots\cdots\cdots\\ a_{n1}x_1+a_{n2}x_2+\cdots+a_{nn}x_n=b_n\end{cases}\tag{1-8}$$

称为 n **元线性方程组**，其中 $a_{ij}\,(i,j=1,2,\cdots,n)$ 称为方程组的系数，$b_i\,(i=1,2,\cdots,n)$ 称为方程组的常数项，由方程组的系数 $a_{ij}\,(i,j=1,2,\cdots,n)$ 构成的行列式

$$D=\begin{vmatrix}a_{11} & a_{12} & \cdots & a_{1n}\\ a_{21} & a_{22} & \cdots & a_{2n}\\ \vdots & \vdots & & \vdots\\ a_{n1} & a_{n2} & \cdots & a_{nn}\end{vmatrix}$$

称为该线性方程组的**系数行列式**。

定理 1.2 (克莱姆法则) 若方程组(1-8) 的系数行列式

$$D=\begin{vmatrix}a_{11} & a_{21} & \cdots & a_{1n}\\ a_{21} & a_{22} & \cdots & a_{2n}\\ \vdots & \vdots & & \vdots\\ a_{n1} & a_{n2} & \cdots & a_{nn}\end{vmatrix}\neq 0,$$

则方程组有唯一解，且解可表示为

$$x_1=\frac{D_1}{D},x_2=\frac{D_2}{D},\cdots,x_n=\frac{D_n}{D},\tag{1-9}$$

其中 $D_j\,(j=1,2,\cdots,n)$ 是将 D 的第 j 列元素换成常数项所得的行列式，即

$$D_j=\begin{vmatrix} a_{11} & \cdots & a_{1,j-1} & b_1 & a_{1,j+1} & \cdots & a_{1n} \\ a_{21} & \cdots & a_{2,j-1} & b_2 & a_{2,j+1} & \cdots & a_{2n} \\ \vdots & & \vdots & \vdots & \vdots & & \vdots \\ a_{n1} & \cdots & a_{n,j-1} & b_n & a_{n,j+1} & \cdots & a_{nn} \end{vmatrix}。$$

证　(1) 首先证明(1-9) 式是方程组(1-8) 的解。

将(1-9) 式代入方程组(1-8) 的第 i 个方程的左边,得

$$a_{i1}\frac{D_1}{D}+a_{i2}\frac{D_2}{D}+\cdots+a_{in}\frac{D_n}{D}=\frac{1}{D}\sum_{j=1}^{n}a_{ij}D_j。$$

将行列式 D_j 按第 j 列展开,得

$$D_j=b_1A_{1j}+b_2A_{2j}+\cdots+b_nA_{nj}=\sum_{k=1}^{n}b_kA_{kj},$$

所以

$$\begin{aligned}\frac{1}{D}\sum_{j=1}^{n}a_{ij}D_j&=\frac{1}{D}\sum_{j=1}^{n}a_{ij}\sum_{k=1}^{n}b_kA_{kj}=\frac{1}{D}\sum_{j=1}^{n}\sum_{k=1}^{n}a_{ij}A_{kj}b_k\\&=\frac{1}{D}\sum_{k=1}^{n}(\sum_{j=1}^{n}a_{ij}A_{kj})b_k=\frac{1}{D}\cdot D\cdot b_i=b_i。\end{aligned}$$

由此可得,(1-9) 式满足方程组(1-8) 的每个方程,因此(1-9) 式是方程组(1-8) 的解。

(2) 再证明若方程组(1-8) 有解,则其解必由(1-9) 式给出。

设 $x_1,x_2,\cdots,x_n$ 是方程组(1-8) 的解,按行列式的性质,有

$$Dx_j=\begin{vmatrix} a_{11} & a_{12} & \cdots & a_{1j}x_j & \cdots & a_{1n} \\ a_{21} & a_{22} & \cdots & a_{2j}x_j & \cdots & a_{2n} \\ \vdots & \vdots & & \vdots & & \vdots \\ a_{n1} & a_{n2} & \cdots & a_{nj}x_j & \cdots & a_{nn} \end{vmatrix}$$

再把行列式的第 1 列,…,第 $j-1$ 列,第 $j+1$ 列,…,第 n 列分别乘以 $x_1,\cdots,x_{j-1},x_{j+1},\cdots,x_n$ 后都加到第 j 列上去,行列式的值不变,即

$$Dx_j=\begin{vmatrix} a_{11} & a_{12} & \cdots & \sum_{k=1}^{n}a_{1k}x_k & \cdots & a_{1n} \\ a_{21} & a_{22} & \cdots & \sum_{k=1}^{n}a_{2k}x_k & \cdots & a_{2n} \\ \vdots & \vdots & & \vdots & & \vdots \\ a_{n1} & a_{n2} & \cdots & \sum_{k=1}^{n}a_{nk}x_k & \cdots & a_{nn} \end{vmatrix}$$

$$=\begin{vmatrix} a_{11} & a_{12} & \cdots & b_1 & \cdots & a_{1n} \\ a_{21} & a_{22} & \cdots & b_2 & \cdots & a_{2n} \\ \vdots & \vdots & & \vdots & & \vdots \\ a_{n1} & a_{n2} & \cdots & b_n & \cdots & a_{nn} \end{vmatrix}=D_j。$$

因 $D \neq 0$,故

$$x_j = \frac{D_j}{D}(j = 1,2,\cdots,n),$$

即若方程组(1-8)有解,则其解必由(1-9)式给出。

注 克莱姆法则在一定条件下给出了线性方程组解的存在性、唯一性。使用克莱姆法则求解线性方程组具有一定的局限性,克莱姆法则只适用于满足以下两个条件的方程组:① 未知量的个数与方程的个数相等;② 系数行列式不为零。对于不满足这两个条件的方程组的求解,将在第3章中讨论。

例 1.24 求解线性方程组

$$\begin{cases} x_1 + x_2 + 2x_3 + 3x_4 = 4, \\ x_1 + x_2 + x_4 = 4, \\ 3x_1 + 2x_2 + 5x_3 + 10x_4 = 12, \\ 4x_1 + 5x_2 + 9x_3 + 13x_4 = 18。 \end{cases}$$

解 方程组的系数行列式

$$D = \begin{vmatrix} 1 & 1 & 2 & 3 \\ 1 & 1 & 0 & 1 \\ 3 & 2 & 5 & 10 \\ 4 & 5 & 9 & 13 \end{vmatrix} = -4 \neq 0,$$

根据克莱姆法则,方程组有唯一解,又因为

$$D_1 = \begin{vmatrix} 4 & 1 & 2 & 3 \\ 4 & 1 & 0 & 1 \\ 12 & 2 & 5 & 10 \\ 18 & 5 & 9 & 13 \end{vmatrix} = -4, \quad D_2 = \begin{vmatrix} 1 & 4 & 2 & 3 \\ 1 & 4 & 0 & 1 \\ 3 & 12 & 5 & 10 \\ 4 & 18 & 9 & 13 \end{vmatrix} = -8,$$

$$D_3 = \begin{vmatrix} 1 & 1 & 4 & 3 \\ 1 & 1 & 4 & 1 \\ 3 & 2 & 12 & 10 \\ 4 & 5 & 18 & 13 \end{vmatrix} = 4, \quad D_4 = \begin{vmatrix} 1 & 1 & 2 & 4 \\ 1 & 1 & 0 & 4 \\ 3 & 2 & 5 & 12 \\ 4 & 5 & 9 & 18 \end{vmatrix} = -4,$$

所以,此方程组的唯一解为

$$x_1 = \frac{D_1}{D} = 1, x_2 = \frac{D_2}{D} = 2, x_3 = \frac{D_3}{D} = -1, x_4 = \frac{D_4}{D} = 1。$$

由此可见,当方程组的未知量个数较多时,使用克莱姆法则解方程组需要计算较多行列式,计算量较大。但把方程组的解用公式表示出来,这在理论上是重要的。

当线性方程组(1-8)的常数项 $b_1, b_2, \cdots, b_n$ 全为零时,方程组

$$\begin{cases} a_{11}x_1 + a_{12}x_2 + \cdots + a_{1n}x_n = 0, \\ a_{21}x_1 + a_{22}x_2 + \cdots + a_{2n}x_n = 0, \\ \cdots\cdots\cdots\cdots \\ a_{n1}x_1 + a_{n2}x_2 + \cdots + a_{nn}x_n = 0 \end{cases} \tag{1-10}$$

称为 n **元齐次线性方程组**。对于齐次线性方程组(1-10)，显然 $x_1 = 0, x_2 = 0, \cdots, x_n = 0$ 一定是该方程组的解，称其为该方程组的**零解**；若该方程组除了零解外，还有 $x_1, x_2, \cdots, x_n$ 不全为 0 的解，则称该方程组有**非零解**。由于方程组(1-10) 是方程组(1-8) 的特例，所以由克莱姆法则可得下列结论：

定理 1.3 如果齐次线性方程组(1-10) 的系数行列式 $D \neq 0$，则该方程组只有零解。

定理 1.3′ 如果齐次线性方程组(1-10) 有非零解，则它的系数行列式 $D = 0$。

例 1.25 已知齐次线性方程组

$$\begin{cases} (5-\lambda)x + 2y + 2z = 0, \\ 2x + (6-\lambda)y = 0, \\ 2x + (4-\lambda)z = 0 \end{cases}$$

有非零解，求 λ。

解 因为该齐次线性方程组有非零解，所以其系数行列式 $D = 0$。通过计算可得

$$\begin{aligned} D &= \begin{vmatrix} 5-\lambda & 2 & 2 \\ 2 & 6-\lambda & 0 \\ 2 & 0 & 4-\lambda \end{vmatrix} \\ &= (5-\lambda)(6-\lambda)(4-\lambda) - 4(4-\lambda) - 4(6-\lambda) \\ &= (5-\lambda)(2-\lambda)(8-\lambda), \end{aligned}$$

由 $D = 0$ 得 $\lambda = 2$ 或 $\lambda = 5$ 或 $\lambda = 8$。

习 题 1

1. 求下列排列的逆序数：

(1)4231；　(2)463521；　(3)3742561；

(4)$n(n-1)\cdots 321$；　(5)$13\cdots(2n-1)(2n)(2n-2)\cdots 2$。

2. 写出四阶行列式中带负号且包含因子 $a_{14}a_{23}$ 的项。

3. 设 $\begin{vmatrix} a_{11} & a_{12} & a_{13} \\ a_{21} & a_{22} & a_{23} \\ a_{31} & a_{32} & a_{33} \end{vmatrix} = 1$，求 $\begin{vmatrix} 6a_{11} & -2a_{12} & -10a_{13} \\ -3a_{21} & a_{22} & 5a_{23} \\ -3a_{31} & a_{32} & 5a_{33} \end{vmatrix}$。

4. 计算下列行列式：

(1) $\begin{vmatrix} 1 & 4 \\ 2 & 7 \end{vmatrix}$； (2) $\begin{vmatrix} 1 & 2 & 4 \\ 3 & 2 & 1 \\ 1 & -3 & 5 \end{vmatrix}$；

(3) $\begin{vmatrix} x & y & x+y \\ y & x+y & x \\ x+y & x & y \end{vmatrix}$； (4) $\begin{vmatrix} 1+a_1 & 2+a_1 & 3+a_1 \\ 1+a_2 & 2+a_2 & 3+a_2 \\ 1+a_3 & 2+a_3 & 3+a_3 \end{vmatrix}$；

(5) $\begin{vmatrix} 0 & a & 0 & 0 \\ b & c & 0 & 0 \\ 0 & 0 & d & e \\ 0 & 0 & 0 & f \end{vmatrix}$； (6) $\begin{vmatrix} 4 & -5 & 10 & 3 \\ 1 & -1 & 3 & 1 \\ 2 & -4 & 5 & 2 \\ -3 & 2 & -7 & -1 \end{vmatrix}$；

(7) $\begin{vmatrix} 1 & 0 & -2 & 4 \\ -3 & 7 & 2 & 1 \\ 2 & 1 & -5 & -3 \\ 0 & -4 & 11 & 12 \end{vmatrix}$； (8) $\begin{vmatrix} 1 & 2 & 3 & 4 \\ 2 & 3 & 4 & 1 \\ 3 & 4 & 1 & 2 \\ 4 & 1 & 2 & 3 \end{vmatrix}$；

(9) $\begin{vmatrix} 4 & 2 & 2 & 2 \\ 2 & 4 & 2 & 2 \\ 2 & 2 & 4 & 2 \\ 2 & 2 & 2 & 4 \end{vmatrix}$； (10) $\begin{vmatrix} 1 & 1 & 1 & 1 \\ 4 & 3 & 6 & -2 \\ 16 & 9 & 36 & 4 \\ 64 & 27 & 216 & -8 \end{vmatrix}$；

(11) $\begin{vmatrix} 1 & x & y & z \\ x & 1 & 0 & 0 \\ y & 0 & 1 & 0 \\ z & 0 & 0 & 1 \end{vmatrix}$；

(12) $\begin{vmatrix} b+c+d & a+c+d & a+b+d & a+b+c \\ a & b & c & d \\ a^2 & b^2 & c^2 & d^2 \\ a^3 & b^3 & c^3 & d^3 \end{vmatrix}$。

5. 证明下列等式：

(1) $\begin{vmatrix} a^2 & ab & b^2 \\ 2a & a+b & 2b \\ 1 & 1 & 1 \end{vmatrix} = (a-b)^3$；

(2) $\begin{vmatrix} ax+by & ay+bz & az+bx \\ ay+bz & az+bx & ax+by \\ az+bx & ax+by & ay+bz \end{vmatrix} = (a^3+b^3)\begin{vmatrix} x & y & z \\ y & z & x \\ z & x & y \end{vmatrix}$；

(3) $\begin{vmatrix} a^2 & (a+1)^2 & (a+2)^2 & (a+3)^2 \\ b^2 & (b+1)^2 & (b+2)^2 & (b+3)^2 \\ c^2 & (c+1)^2 & (c+2)^2 & (c+3)^2 \\ d^2 & (d+1)^2 & (d+2)^2 & (d+3)^2 \end{vmatrix} = 0$；

(4) $\begin{vmatrix} 1 & 2 & 3 & \cdots & n-1 & n \\ 1 & -1 & 0 & \cdots & 0 & 0 \\ 0 & 2 & -2 & \cdots & 0 & 0 \\ \vdots & \vdots & \vdots & & \vdots & \vdots \\ 0 & 0 & 0 & \cdots & n-1 & 1-n \end{vmatrix} = (-1)^{n-1}\dfrac{(n+1)!}{2}$；

(5) $D_n = \begin{vmatrix} \alpha+\beta & \alpha\beta & 0 & \cdots & 0 & 0 \\ 1 & \alpha+\beta & \alpha\beta & \cdots & 0 & 0 \\ 0 & 1 & \alpha+\beta & \cdots & 0 & 0 \\ \vdots & \vdots & \vdots & & \vdots & \vdots \\ 0 & 0 & 0 & \cdots & \alpha+\beta & \alpha\beta \\ 0 & 0 & 0 & \cdots & 1 & \alpha+\beta \end{vmatrix} = \dfrac{\alpha^{n+1}-\beta^{n+1}}{\alpha-\beta}$；

(6) $\begin{vmatrix} x & -1 & 0 & \cdots & 0 & 0 \\ 0 & x & -1 & \cdots & 0 & 0 \\ \vdots & \vdots & \vdots & & \vdots & \vdots \\ 0 & 0 & 0 & \cdots & x & -1 \\ a_n & a_{n-1} & a_{n-2} & \cdots & a_2 & x+a_1 \end{vmatrix} = x^n + a_1x^{n-1} + \cdots + a_{n-1}x + a_n$。

6. 计算下列行列式：

(1) $\begin{vmatrix} 1 & 2 & 2 & \cdots & 2 \\ 2 & 2 & 2 & \cdots & 2 \\ 2 & 2 & 3 & \cdots & 2 \\ \vdots & \vdots & \vdots & & \vdots \\ 2 & 2 & 2 & \cdots & n \end{vmatrix}$；

(2) $D_n = \begin{vmatrix} a & 0 & \cdots & 0 & 1 \\ 0 & a & \cdots & 0 & 0 \\ \vdots & \vdots & & \vdots & \vdots \\ 0 & 0 & \cdots & a & 0 \\ 1 & 0 & \cdots & 0 & a \end{vmatrix}$；

$$(3)D_n=\begin{vmatrix} a & b & 0 & 0 & \cdots & 0 & 0 \\ 0 & a & b & 0 & \cdots & 0 & 0 \\ 0 & 0 & a & b & \cdots & 0 & 0 \\ \vdots & \vdots & \vdots & \vdots & & \vdots & \vdots \\ 0 & 0 & 0 & 0 & \cdots & a & b \\ b & 0 & 0 & 0 & \cdots & 0 & a \end{vmatrix};$$

$$(4)\begin{vmatrix} -a_1 & a_1 & 0 & \cdots & 0 & 0 \\ 0 & -a_2 & a_2 & \cdots & 0 & 0 \\ \vdots & \vdots & \vdots & & \vdots & \vdots \\ 0 & 0 & 0 & \cdots & -a_n & a_n \\ 1 & 1 & 1 & \cdots & 1 & 1 \end{vmatrix};$$

$$(5)\begin{vmatrix} 1+a_1 & a_2 & a_3 & \cdots & a_n \\ a_1 & 1+a_2 & a_3 & \cdots & a_n \\ a_1 & a_2 & 1+a_3 & \cdots & a_n \\ \vdots & \vdots & \vdots & & \vdots \\ a_1 & a_2 & a_3 & \cdots & 1+a_n \end{vmatrix};$$

$$(6)D_{2n}=\begin{vmatrix} a & & & & & b \\ & \ddots & & & \iddots & \\ & & a & b & & \\ & & c & d & & \\ & \iddots & & & \ddots & \\ c & & & & & d \end{vmatrix};$$

$$(7)\begin{vmatrix} b_1 & a_2 & a_3 & \cdots & a_n \\ a_1 & b_2 & a_3 & \cdots & a_n \\ a_1 & a_2 & b_3 & \cdots & a_n \\ \vdots & \vdots & \vdots & & \vdots \\ a_1 & a_2 & a_3 & \cdots & b_n \end{vmatrix},\text{其中 } b_i-a_i\neq 0(i=1,2,\cdots,n);$$

$$(8)D_n=\begin{vmatrix} 1 & x_1 & x_1^2 & \cdots & x_1^{n-2} & x_1^n \\ 1 & x_2 & x_2^2 & \cdots & x_2^{n-2} & x_2^n \\ \vdots & \vdots & \vdots & & \vdots & \vdots \\ 1 & x_{n-1} & x_{n-1}^2 & \cdots & x_{n-1}^{n-2} & x_{n-1}^n \\ 1 & x_n & x_n^2 & \cdots & x_n^{n-2} & x_n^n \end{vmatrix}。$$

7. 填空题：

(1)(2021 年考研数学二) 多项式 $f(x)=\begin{vmatrix} x & x & 1 & 2x \\ 1 & x & 2 & -1 \\ 2 & 1 & x & 1 \\ 2 & -1 & 1 & x \end{vmatrix}$ 中 x^3 项的系数为____；

(2)(2020 年考研数学一) 行列式 $\begin{vmatrix} a & 0 & -1 & 1 \\ 0 & a & 1 & -1 \\ -1 & 1 & a & 0 \\ 1 & -1 & 0 & a \end{vmatrix}=$________；

(3)(2016 年考研数学一) 行列式 $\begin{vmatrix} \lambda & -1 & 0 & 0 \\ 0 & \lambda & -1 & 0 \\ 0 & 0 & \lambda & -1 \\ 4 & 3 & 2 & \lambda+1 \end{vmatrix}=$________；

(4)(2015 年考研数学一)n 阶行列式 $\begin{vmatrix} 2 & 0 & \cdots & 0 & 2 \\ -1 & 2 & \cdots & 0 & 2 \\ \vdots & \vdots & \ddots & \vdots & \vdots \\ 0 & 0 & \cdots & 2 & 2 \\ 0 & 0 & \cdots & -1 & 2 \end{vmatrix}$________。

8. 设行列式为

$$D=\begin{vmatrix} 1 & 1 & 1 & 2 \\ 1 & 1 & -2 & 0 \\ 1 & 2 & 0 & -1 \\ 2 & -3 & 4 & 3 \end{vmatrix},$$

求 $A_{41}+A_{42}+A_{43}+A_{44}$ 和 $M_{41}+M_{42}+M_{43}+M_{44}$ 的值。

9. 利用克莱姆法则求解下列线性方程组：

(1)$\begin{cases} x_1+2x_2+3x_3=1, \\ 2x_1+2x_2+x_3=0, \\ 3x_1+4x_2+3x_3=1, \end{cases}$　　(2)$\begin{cases} x_1+x_2+2x_3+3x_4=4, \\ x_1+x_2+x_4=4, \\ 3x_1+2x_2+5x_3+10x_4=12, \\ 4x_1+5x_2+9x_3+13x_4=18。 \end{cases}$

10. 问当 λ 取何值时，齐次线性方程组 $\begin{cases} \lambda x_1+x_2=0, \\ x_1+\lambda x_2=0, \\ x_1+x_2-2\lambda x_3=0 \end{cases}$ 有非零解？

第 2 章

矩阵及其运算

矩阵是线性代数中的一个最基本也是最重要的概念，它贯穿于线性代数的各个方面，不仅是线性代数一个重要的研究对象，而且是一种重要的数学工具，在自然科学、经济学、工程技术和社会科学等各领域中均有着广泛应用。

本章首先引入了矩阵的概念，然后介绍矩阵的基本运算及其运算规律，接着介绍逆矩阵的概念、求法、性质和应用，以及分块矩阵和分块对角矩阵的运算，最后讨论矩阵的初等变换等问题。

2.1 矩阵的概念

2.1.1 矩阵的定义

在经济活动中，我们常用数表表示一些量或者关系，如产量的统计表、商品的价格表等。

例 2.1 某厂向三个商店（编号 A,B,C）发送四种产品（编号 Ⅰ，Ⅱ，Ⅲ，Ⅳ）的数量（单位：吨）情况如下表所示：

商店＼产品	Ⅰ	Ⅱ	Ⅲ	Ⅳ
A	3	5	2	1
B	7	8	9	3
C	2	6	1	8

如果用一个 3 行 4 列的数表来表示这些数量，可简记为：

$$\begin{pmatrix} 3 & 5 & 2 & 1 \\ 7 & 8 & 9 & 3 \\ 2 & 6 & 1 & 8 \end{pmatrix},$$

它清晰地反映出了工厂向每个商店发送每种产品的数量情况。这个矩形数表就是矩阵。

定义 2.1 由 $m\times n$ 个数 $a_{ij}(i=1,2,\cdots,m;j=1,2,\cdots,n)$ 排成 m 行 n 列的数表

$$\begin{matrix} a_{11} & a_{12} & \cdots & a_{1n} \\ a_{21} & a_{22} & \cdots & a_{2n} \\ \vdots & \vdots & & \vdots \\ a_{m1} & a_{m2} & \cdots & a_{mn} \end{matrix}$$

称为 m **行** n **列矩阵**，简称 $m\times n$ **矩阵**。为了表示它是一个整体，总是加一个括号(中括号或小括号)，并用大写黑斜体字母表示它，记作

$$\boldsymbol{A}=\begin{pmatrix} a_{11} & a_{12} & \cdots & a_{1n} \\ a_{21} & a_{22} & \cdots & a_{2n} \\ \vdots & \vdots & & \vdots \\ a_{m1} & a_{m2} & \cdots & a_{mn} \end{pmatrix}, \tag{2-1}$$

这 $m\times n$ 个数称为矩阵 $\boldsymbol{A}$ 的**元素**，简称**元**，数 a_{ij} 位于矩阵的第 i 行第 j 列，称为矩阵 $\boldsymbol{A}$ 的 (i,j) 元。矩阵(2-1) 也可简记为 $\boldsymbol{A}=(a_{ij})_{m\times n}$ 或 $\boldsymbol{A}=(a_{ij})$，$m\times n$ 矩阵 $\boldsymbol{A}$ 也记为 $\boldsymbol{A}_{m\times n}$。

元素是实数的矩阵称为**实矩阵**，元素是复数的矩阵称为**复矩阵**。本书中除特别声明外，都指实矩阵。

两个矩阵若行数相等且列数相等，则称它们是**同型的**。

若 $\boldsymbol{A}=(a_{ij})_{m\times n}$ 与 $\boldsymbol{B}=(b_{ij})_{m\times n}$ 同型，且它们的对应元素相等，即

$$a_{ij}=b_{ij}(i=1,2,\cdots,m;j=1,2,\cdots,n),$$

则称**矩阵 $\boldsymbol{A}$ 与 $\boldsymbol{B}$ 相等**，记为 $\boldsymbol{A}=\boldsymbol{B}$。

2.1.2　几类特殊矩阵

(1) 只有一行的矩阵

$$\boldsymbol{A}=(a_1 \quad a_2 \quad \cdots \quad a_n)$$

称为**行矩阵**，又称**行向量**。为了避免元素间的混淆，行矩阵一般记作 $\boldsymbol{A}=(a_1,a_2,\cdots,a_n)$。只有一列的矩阵

$$\boldsymbol{A}=\begin{pmatrix} a_1 \\ a_2 \\ \vdots \\ a_n \end{pmatrix}$$

称为**列矩阵**，又称**列向量**。

(2) 元素全为零的矩阵称为**零矩阵**，m 行 n 列的零矩阵记为 $\boldsymbol{O}_{m\times n}$，或简记为 $\boldsymbol{O}$。注意不同型的零矩阵是不相等的。例如：

$$\begin{pmatrix} 0 & 0 \\ 0 & 0 \end{pmatrix} \neq (0 \quad 0 \quad 0)。$$

(3) 行数和列数均等于 n 的矩阵称为 n **阶矩阵**或 n **阶方阵**。n **阶方阵 $\boldsymbol{A}$** 也记作 $\boldsymbol{A}_n$。

(4) 在 n 阶方阵中,从左上角到右下角的直线称为**主对角线**。主对角线以外的元素均为 0 的 n 阶方阵

$$\begin{pmatrix} \lambda_1 & 0 & \cdots & 0 \\ 0 & \lambda_2 & \cdots & 0 \\ \vdots & \vdots & & \vdots \\ 0 & 0 & \cdots & \lambda_n \end{pmatrix}$$

称为 n **阶对角矩阵**。对角矩阵也可记为 $\mathrm{diag}(\lambda_1, \lambda_2, \cdots, \lambda_n)$。

(5) 主对角线上的元素均为 a 的 n 阶对角矩阵

$$\begin{pmatrix} a & 0 & \cdots & 0 \\ 0 & a & \cdots & 0 \\ \vdots & \vdots & & \vdots \\ 0 & 0 & \cdots & a \end{pmatrix}$$

称为 n 阶**数量矩阵**。

(6) 特别的,主对角线上的元素均为 1 的 n 阶对角矩阵

$$\begin{pmatrix} 1 & 0 & \cdots & 0 \\ 0 & 1 & \cdots & 0 \\ \vdots & \vdots & & \vdots \\ 0 & 0 & \cdots & 1 \end{pmatrix}$$

称为 n 阶**单位矩阵**,简称**单位阵**,记为 $\boldsymbol{E}_n$ 或 $\boldsymbol{E}$。

2.2 矩阵的运算

2.2.1 矩阵的加法

定义 2.2 设有两个 $m \times n$ 矩阵 $\boldsymbol{A} = (a_{ij})_{m\times n}$ 和 $\boldsymbol{B} = (b_{ij})_{m\times n}$,规定

$$\begin{pmatrix} a_{11}+b_{11} & a_{12}+b_{12} & \cdots & a_{1n}+b_{1n} \\ a_{21}+b_{21} & a_{22}+b_{22} & \cdots & a_{2n}+b_{2n} \\ \vdots & \vdots & & \vdots \\ a_{m1}+b_{m1} & a_{m2}+b_{m2} & \cdots & a_{mn}+b_{mn} \end{pmatrix}$$

为矩阵 $\boldsymbol{A}$ 与 $\boldsymbol{B}$ 的**和**,记作 $\boldsymbol{A}+\boldsymbol{B}$。

注意,只有同型的矩阵才能进行加法运算。

设矩阵 $\boldsymbol{A} = (a_{ij})_{m\times n}$,记 $-\boldsymbol{A} = (-a_{ij})$,称 $-\boldsymbol{A}$ 为矩阵 $\boldsymbol{A}$ 的**负矩阵**,显然有

$$\boldsymbol{A} + (-\boldsymbol{A}) = \boldsymbol{O},$$

其中 $\boldsymbol{O}$ 是与 $\boldsymbol{A}$ 同型的零矩阵。由此,规定**矩阵的减法**为

$$\boldsymbol{A} - \boldsymbol{B} = \boldsymbol{A} + (-\boldsymbol{B})。$$

矩阵加法满足下列运算规律(设 $\boldsymbol{A},\boldsymbol{B},\boldsymbol{C},\boldsymbol{O}$ 均为 $m\times n$ 矩阵)：

(1) 交换律：$\boldsymbol{A}+\boldsymbol{B}=\boldsymbol{B}+\boldsymbol{A}$；

(2) 结合律：$(\boldsymbol{A}+\boldsymbol{B})+\boldsymbol{C}=\boldsymbol{A}+(\boldsymbol{B}+\boldsymbol{C})$；

(3) $\boldsymbol{A}+\boldsymbol{O}=\boldsymbol{A}$；

(4) $\boldsymbol{A}+(-\boldsymbol{A})=\boldsymbol{O}$。

2.2.2　数与矩阵的乘法

定义 2.3　设 λ 是常数，$\boldsymbol{A}=(a_{ij})_{m\times n}$，称矩阵

$$\begin{pmatrix} \lambda a_{11} & \lambda a_{12} & \cdots & \lambda a_{1n} \\ \lambda a_{21} & \lambda a_{22} & \cdots & \lambda a_{2n} \\ \vdots & \vdots & & \vdots \\ \lambda a_{m1} & \lambda a_{m2} & \cdots & \lambda a_{mn} \end{pmatrix}$$

为数 λ 与矩阵 $\boldsymbol{A}$ 的乘积，记为 $\lambda\boldsymbol{A}$ 或 $\boldsymbol{A}\lambda$。

数与矩阵的乘法满足下列运算规律(设 $\boldsymbol{A},\boldsymbol{B}$ 为同型矩阵，λ,μ 为实数)：

(1) $(\lambda\mu)\boldsymbol{A}=\lambda(\mu\boldsymbol{A})$；

(2) $(\lambda+\mu)\boldsymbol{A}=\lambda\boldsymbol{A}+\mu\boldsymbol{A}$；

(3) $\lambda(\boldsymbol{A}+\boldsymbol{B})=\lambda\boldsymbol{A}+\lambda\boldsymbol{B}$。

矩阵的加法和数与矩阵的乘法两种运算统称为**矩阵的线性运算**。

例 2.2　设有矩阵

$$\boldsymbol{A}=\begin{pmatrix} 2 & 3 & 4 \\ 2 & 0 & 5 \\ -1 & 0 & 6 \end{pmatrix},\boldsymbol{B}=\begin{pmatrix} 1 & 3 & 9 \\ 2 & 5 & 8 \\ 3 & 7 & 7 \end{pmatrix},$$

且 $\boldsymbol{A}-3\boldsymbol{X}=\boldsymbol{B}$，求矩阵 $\boldsymbol{X}$。

解　$$\boldsymbol{X}=\frac{1}{3}(\boldsymbol{A}-\boldsymbol{B})=\frac{1}{3}\begin{pmatrix} 1 & 0 & -5 \\ 0 & -5 & -3 \\ -4 & -7 & -1 \end{pmatrix}=\begin{pmatrix} \frac{1}{3} & 0 & -\frac{5}{3} \\ 0 & -\frac{5}{3} & -1 \\ -\frac{4}{3} & -\frac{7}{3} & -\frac{1}{3} \end{pmatrix}。$$

2.2.3　矩阵与矩阵的乘法

定义 2.4　设 $\boldsymbol{A}=(a_{ij})_{m\times s}$，$\boldsymbol{B}=(b_{ij})_{s\times n}$，那么规定矩阵 $\boldsymbol{A}$ 与 $\boldsymbol{B}$ 的乘积是

$$\boldsymbol{C}=(c_{ij})_{m\times n},$$

其中 $c_{ij}=a_{i1}b_{1j}+a_{i2}b_{2j}+\cdots+a_{is}b_{sj}=\sum\limits_{k=1}^{s}a_{ik}b_{kj}\ (i=1,2,\cdots,m;j=1,2,\cdots,n)$，并把此乘积记作 $\boldsymbol{C}=\boldsymbol{AB}$。

由定义可以看出：$\boldsymbol{C}$ 中第 i 行第 j 列元素 c_{ij} 等于 $\boldsymbol{A}$ 的第 i 行与 $\boldsymbol{B}$ 的第 j 列的对应元素的乘积之和，即

$$
\text{第 } i \text{ 行} \rightarrow \begin{pmatrix} a_{11} & a_{12} & \cdots & a_{1s} \\ \vdots & \vdots & & \vdots \\ \boxed{a_{i1} \quad a_{i2} \quad \cdots \quad a_{is}} \\ \vdots & \vdots & & \vdots \\ a_{m1} & a_{m2} & \cdots & a_{ms} \end{pmatrix} \begin{pmatrix} b_{11} & \cdots & b_{1j} & \cdots & b_{1n} \\ b_{21} & \cdots & b_{2j} & \cdots & b_{2n} \\ \vdots & & \vdots & & \vdots \\ b_{s1} & \cdots & b_{sj} & \cdots & b_{sn} \end{pmatrix} = \begin{pmatrix} c_{11} & \cdots & c_{1j} & \cdots & c_{1n} \\ \vdots & & \vdots & & \vdots \\ c_{i1} & \cdots & \boxed{c_{ij}} & \cdots & c_{in} \\ \vdots & & \vdots & & \vdots \\ c_{m1} & \cdots & c_{mj} & \cdots & c_{mn} \end{pmatrix}。
$$

第 j 列

即
$$
c_{ij} = (a_{i1}, a_{i2}, \cdots, a_{is}) \begin{pmatrix} b_{1j} \\ b_{2j} \\ \vdots \\ b_{sj} \end{pmatrix}。
$$

必须注意:只有当第一个矩阵(左矩阵)的列数等于第二个矩阵(右矩阵)的行数时,两个矩阵才能相乘。乘积矩阵的行数等于左矩阵的行数,列数等于右矩阵的列数。其行数与列数之间的关系可简记为

$$
\boldsymbol{A}_{m\times s}\boldsymbol{B}_{s\times n} = \boldsymbol{C}_{m\times n}。
$$

例 2.3 设矩阵

$$
\boldsymbol{A} = \begin{pmatrix} 4 & -1 & 2 & 1 \\ 1 & 1 & 0 & 3 \\ 0 & 3 & 1 & 4 \end{pmatrix}, \boldsymbol{B} = \begin{pmatrix} 1 & 2 \\ 0 & 1 \\ 3 & 0 \\ -1 & 2 \end{pmatrix},
$$

求乘积 $\boldsymbol{AB}$。

解 因为 $\boldsymbol{A}$ 是 3×4 矩阵,$\boldsymbol{B}$ 是 4×2 矩阵,$\boldsymbol{A}$ 的列数等于 $\boldsymbol{B}$ 的行数,所以矩阵 $\boldsymbol{A}$ 与 $\boldsymbol{B}$ 可以相乘,$\boldsymbol{AB}$ 是 3×2 矩阵。由定义 2.4 有

$$
\begin{aligned}
\boldsymbol{AB} &= \begin{pmatrix} 4 & -1 & 2 & 1 \\ 1 & 1 & 0 & 3 \\ 0 & 3 & 1 & 4 \end{pmatrix} \begin{pmatrix} 1 & 2 \\ 0 & 1 \\ 3 & 0 \\ -1 & 2 \end{pmatrix} \\
&= \begin{pmatrix} 4\times 1+(-1)\times 0+2\times 3+1\times(-1) & 4\times 2+(-1)\times 1+2\times 0+1\times 2 \\ 1\times 1+1\times 0+0\times 3+3\times(-1) & 1\times 2+1\times 1+0\times 0+3\times 2 \\ 0\times 1+3\times 0+1\times 3+4\times(-1) & 0\times 2+3\times 1+1\times 0+4\times 2 \end{pmatrix} \\
&= \begin{pmatrix} 9 & 9 \\ -2 & 9 \\ -1 & 11 \end{pmatrix}。
\end{aligned}
$$

而 $\boldsymbol{BA}$ 没有意义。

例 2.4 设 $\boldsymbol{A}=\begin{pmatrix}1 & 1\\-1 & -1\end{pmatrix}$，$\boldsymbol{B}=\begin{pmatrix}1 & -1\\-1 & 1\end{pmatrix}$，求 $\boldsymbol{AB}$ 与 $\boldsymbol{BA}$。

解
$$\boldsymbol{AB}=\begin{pmatrix}1 & 1\\-1 & -1\end{pmatrix}\begin{pmatrix}1 & -1\\-1 & 1\end{pmatrix}=\begin{pmatrix}0 & 0\\0 & 0\end{pmatrix},$$
$$\boldsymbol{BA}=\begin{pmatrix}1 & -1\\-1 & 1\end{pmatrix}\begin{pmatrix}1 & 1\\-1 & -1\end{pmatrix}=\begin{pmatrix}2 & 2\\-2 & -2\end{pmatrix}。$$

由以上例子可知，相比数的乘法运算，矩阵的乘法运算有以下几点不同：

(1) 矩阵的乘法不满足交换律，即在一般情形下，$\boldsymbol{AB}\neq\boldsymbol{BA}$。事实上，乘积 $\boldsymbol{AB}$ 有意义时，由例 2.3 知，$\boldsymbol{BA}$ 不一定有意义。即使 $\boldsymbol{BA}$ 有意义，由例 2.4 可知，$\boldsymbol{AB}$ 也不一定等于 $\boldsymbol{BA}$。因此在矩阵的乘法中必须注意矩阵相乘的顺序，$\boldsymbol{AB}$ 是"$\boldsymbol{A}$ 左乘 $\boldsymbol{B}$"的乘积，$\boldsymbol{BA}$ 是"$\boldsymbol{A}$ 右乘 $\boldsymbol{B}$"的乘积。对于两个 n 阶方阵 $\boldsymbol{A}$ 和 $\boldsymbol{B}$，若 $\boldsymbol{AB}=\boldsymbol{BA}$，则称 $\boldsymbol{A}$ 与 $\boldsymbol{B}$ 是可交换的。

(2) 当 $\boldsymbol{A},\boldsymbol{B}$ 都不是零矩阵时，也可能有 $\boldsymbol{AB}=\boldsymbol{O}$。由 $\boldsymbol{AB}=\boldsymbol{O}$ 不能得到 $\boldsymbol{A}=\boldsymbol{O}$ 或 $\boldsymbol{B}=\boldsymbol{O}$ 的结论；由 $\boldsymbol{AB}=\boldsymbol{AC}$ 且 $\boldsymbol{A}\neq\boldsymbol{O}$ 也不能推出 $\boldsymbol{B}=\boldsymbol{C}$，即矩阵的乘法不满足消去律。

矩阵的乘法满足以下运算规律(假设所涉及的运算都是可行的)：

(1) 结合律：$(\boldsymbol{AB})\boldsymbol{C}=\boldsymbol{A}(\boldsymbol{BC})$；

(2) 分配律：$\boldsymbol{A}(\boldsymbol{B}+\boldsymbol{C})=\boldsymbol{AB}+\boldsymbol{AC}$，$(\boldsymbol{B}+\boldsymbol{C})\boldsymbol{A}=\boldsymbol{BA}+\boldsymbol{CA}$；

(3) $\lambda(\boldsymbol{AB})=(\lambda\boldsymbol{A})\boldsymbol{B}=\boldsymbol{A}(\lambda\boldsymbol{B})$(其中 λ 为数)。

对于单位矩阵 $\boldsymbol{E}$，容易验证
$$\boldsymbol{E}_m\boldsymbol{A}_{m\times n}=\boldsymbol{A}_{m\times n},\boldsymbol{A}_{m\times n}\boldsymbol{E}_n=\boldsymbol{A}_{m\times n},$$
可简写为
$$\boldsymbol{EA}=\boldsymbol{A},\boldsymbol{AE}=\boldsymbol{A},$$
可见单位矩阵 $\boldsymbol{E}$ 在矩阵的乘法中的作用类似于实数中的 1。

下面的两个例子利用矩阵的乘法运算给出了线性方程组和线性变换的矩阵表示，这种表示在后续章节中经常用到。

例 2.5 对于 n 个未知量，m 个方程的线性方程组
$$\begin{cases}a_{11}x_1+a_{12}x_2+\cdots+a_{1n}x_n=b_1,\\a_{21}x_1+a_{22}x_2+\cdots+a_{2n}x_n=b_2,\\\cdots\cdots\cdots\cdots\\a_{m1}x_1+a_{m2}x_2+\cdots+a_{mn}x_n=b_m,\end{cases}\tag{2-2}$$
记
$$\boldsymbol{A}=\begin{pmatrix}a_{11} & a_{12} & \cdots & a_{1n}\\a_{21} & a_{22} & \cdots & a_{2n}\\\vdots & \vdots & & \vdots\\a_{m1} & a_{m2} & \cdots & a_{mn}\end{pmatrix},\boldsymbol{x}=\begin{pmatrix}x_1\\x_2\\\vdots\\x_n\end{pmatrix},\boldsymbol{b}=\begin{pmatrix}b_1\\b_2\\\vdots\\b_m\end{pmatrix},\boldsymbol{B}=\begin{pmatrix}a_{11} & a_{12} & \cdots & a_{1n} & b_1\\a_{21} & a_{22} & \cdots & a_{2n} & b_2\\\vdots & \vdots & & \vdots & \vdots\\a_{m1} & a_{m2} & \cdots & a_{mn} & b_m\end{pmatrix},$$

其中 $\boldsymbol{A}$ 称为**系数矩阵**,$\boldsymbol{B}$ 称为**增广矩阵**。显然,当未知量 $x_1,x_2,\cdots,x_n$ 的顺序排定后,线性方程组(2-2) 与增广矩阵 $\boldsymbol{B}$ 是一一对应的,于是可以用矩阵来研究线性方程组。利用矩阵的乘法,线性方程组(2-2) 可写成矩阵的形式:

$$\boldsymbol{Ax}=\boldsymbol{b}, \tag{2-3}$$

式(2-3) 称为**矩阵方程**。

特别的,当 $b_1,b_2,\cdots,b_n$ 全为零时,齐次线性方程组可以表示为 $\boldsymbol{Ax}=\boldsymbol{0}$,其中

$$\boldsymbol{0}=\begin{pmatrix}0\\0\\\vdots\\0\end{pmatrix}。$$

将线性方程组写成矩阵方程的形式,不仅书写方便,而且可以把线性方程组的理论与矩阵理论联系起来,这给线性方程组的研究带来很大的便利。

例 2.6 设一组变量 $x_1,x_2,\cdots,x_n$ 到另一组变量 $y_1,y_2,\cdots,y_n$ 的变换由 m 个线性表达式给出:

$$\begin{cases}y_1=a_{11}x_1+a_{12}x_2+\cdots+a_{1n}x_n,\\y_2=a_{21}x_1+a_{22}x_2+\cdots+a_{2n}x_n,\\\cdots\cdots\cdots\cdots\\y_m=a_{m1}x_1+a_{m2}x_2+\cdots+a_{mn}x_n,\end{cases} \tag{2-4}$$

这种从变量 $x_1,x_2,\cdots,x_n$ 到变量 $y_1,y_2,\cdots,y_m$ 的变换称为**线性变换**,其中 a_{ij} 为常数。线性变换(2-4) 的系数 a_{ij} 构成的矩阵

$$\boldsymbol{A}=\begin{pmatrix}a_{11}&a_{12}&\cdots&a_{1n}\\a_{21}&a_{22}&\cdots&a_{2n}\\\vdots&\vdots&&\vdots\\a_{m1}&a_{m2}&\cdots&a_{mn}\end{pmatrix} \tag{2-5}$$

称为线性变换(2-4) 的**系数矩阵**。线性变换和它的系数矩阵之间也存在着一一对应的关系,因此,对线性变换的研究也常常归结为对它的系数矩阵的研究。

由矩阵乘法的定义,线性变换(2-4) 可表示为

$$\boldsymbol{y}=\boldsymbol{Ax},$$

其中 $\boldsymbol{A}$ 为矩阵(2-5),且

$$\boldsymbol{x}=\begin{pmatrix}x_1\\x_2\\\vdots\\x_n\end{pmatrix},\boldsymbol{y}=\begin{pmatrix}y_1\\y_2\\\vdots\\y_n\end{pmatrix}。$$

例 2.7　设有两个线性变换

$$\begin{cases} y_1 = a_{11}x_1 + a_{12}x_2, \\ y_2 = a_{21}x_1 + a_{22}x_2, \\ y_3 = a_{31}x_1 + a_{32}x_2 \end{cases} \tag{2-6}$$

与

$$\begin{cases} x_1 = b_{11}t_1 + b_{12}t_2 + b_{13}t_3, \\ x_2 = b_{21}t_1 + b_{22}t_2 + b_{23}t_3, \end{cases} \tag{2-7}$$

试用矩阵表示从变量 t_1, t_2, t_3 到变量 y_1, y_2, y_3 的变换，这个变换称为线性变换(2-6) 和(2-7) 的乘积。

解　记

$$\boldsymbol{A} = \begin{pmatrix} a_{11} & a_{12} \\ a_{21} & a_{22} \\ a_{31} & a_{32} \end{pmatrix}, \boldsymbol{B} = \begin{pmatrix} b_{11} & b_{12} & b_{13} \\ b_{21} & b_{22} & b_{23} \end{pmatrix},$$

$$\boldsymbol{x} = \begin{pmatrix} x_1 \\ x_2 \end{pmatrix}, \boldsymbol{y} = \begin{pmatrix} y_1 \\ y_2 \\ y_3 \end{pmatrix}, \boldsymbol{t} = \begin{pmatrix} t_1 \\ t_2 \\ t_3 \end{pmatrix},$$

则线性变换(2-6) 和(2-7) 可分别表示为：

$$\boldsymbol{y} = \boldsymbol{Ax}, \boldsymbol{x} = \boldsymbol{Bt},$$

所以

$$\boldsymbol{y} = \boldsymbol{Ax} = \boldsymbol{A}(\boldsymbol{Bt}) = (\boldsymbol{AB})\boldsymbol{t}。$$

这说明，线性变换的乘积仍为线性变换，它对应的矩阵为两线性变换对应的矩阵的乘积。

2.2.4　方阵的幂

有了矩阵的乘法，就可定义方阵的幂。

定义 2.5　设 $\boldsymbol{A}$ 是 n 阶方阵，k 为正整数，规定

$$\boldsymbol{A}^k = \underbrace{\boldsymbol{AA}\cdots\boldsymbol{A}}_{k个},$$

称 $\boldsymbol{A}^k$ 为 $\boldsymbol{A}$ 的 k **次幂**。

显然只有方阵的幂才有意义。由于矩阵的乘法满足结合律，所以方阵的幂满足以下运算规律(其中 k, l 为正整数)：

(1)$\boldsymbol{A}^k\boldsymbol{A}^l = \boldsymbol{A}^{k+l}$；

(2)$(\boldsymbol{A}^k)^l = \boldsymbol{A}^{kl}$。

注　对于两个 n 阶方阵 $\boldsymbol{A}$ 与 $\boldsymbol{B}$，一般来说 $(\boldsymbol{AB})^k \neq \boldsymbol{A}^k\boldsymbol{B}^k$。但如果 $\boldsymbol{A}$ 与 $\boldsymbol{B}$ 可交换，那么此时有 $(\boldsymbol{AB})^k = \boldsymbol{A}^k\boldsymbol{B}^k$。

例 2.8　(1) 计算 $\begin{pmatrix} a & 0 & 0 \\ 0 & b & 0 \\ 0 & 0 & c \end{pmatrix}\begin{pmatrix} x & 0 & 0 \\ 0 & y & 0 \\ 0 & 0 & z \end{pmatrix}$；

(2) 设 $\boldsymbol{A}=\begin{pmatrix}\lambda_1 & 0 & 0\\ 0 & \lambda_2 & 0\\ 0 & 0 & \lambda_3\end{pmatrix}$，求 $\boldsymbol{A}^3$。

解 (1) $\begin{pmatrix}a & 0 & 0\\ 0 & b & 0\\ 0 & 0 & c\end{pmatrix}\begin{pmatrix}x & 0 & 0\\ 0 & y & 0\\ 0 & 0 & z\end{pmatrix}=\begin{pmatrix}ax & 0 & 0\\ 0 & by & 0\\ 0 & 0 & cz\end{pmatrix}$。

(2) 因为

$$\boldsymbol{A}^2=\begin{pmatrix}\lambda_1 & 0 & 0\\ 0 & \lambda_2 & 0\\ 0 & 0 & \lambda_3\end{pmatrix}\begin{pmatrix}\lambda_1 & 0 & 0\\ 0 & \lambda_2 & 0\\ 0 & 0 & \lambda_3\end{pmatrix}=\begin{pmatrix}\lambda_1^2 & 0 & 0\\ 0 & \lambda_2^2 & 0\\ 0 & 0 & \lambda_3^2\end{pmatrix},$$

所以

$$\boldsymbol{A}^3=\begin{pmatrix}\lambda_1^2 & 0 & 0\\ 0 & \lambda_2^2 & 0\\ 0 & 0 & \lambda_3^2\end{pmatrix}\begin{pmatrix}\lambda_1 & 0 & 0\\ 0 & \lambda_2 & 0\\ 0 & 0 & \lambda_3\end{pmatrix}=\begin{pmatrix}\lambda_1^3 & 0 & 0\\ 0 & \lambda_2^3 & 0\\ 0 & 0 & \lambda_3^3\end{pmatrix}。$$

注 两个同阶对角矩阵相乘，只需将主对角线上的元素对应相乘即可。对任意正整数 n，利用数学归纳法可以证明：

$$\begin{pmatrix}\lambda_1 & 0 & 0\\ 0 & \lambda_2 & 0\\ 0 & 0 & \lambda_3\end{pmatrix}^n=\begin{pmatrix}\lambda_1^n & 0 & 0\\ 0 & \lambda_2^n & 0\\ 0 & 0 & \lambda_3^n\end{pmatrix}。$$

更一般的，对任意对角矩阵有：

$$\begin{pmatrix}\lambda_1 & 0 & \cdots & 0\\ 0 & \lambda_2 & \cdots & 0\\ \vdots & \vdots & & \vdots\\ 0 & 0 & \cdots & \lambda_m\end{pmatrix}^n=\begin{pmatrix}\lambda_1^n & 0 & \cdots & 0\\ 0 & \lambda_2^n & \cdots & 0\\ \vdots & \vdots & & \vdots\\ 0 & 0 & \cdots & \lambda_m^n\end{pmatrix}。$$

2.2.5 矩阵的转置

定义 2.6 将 $m\times n$ 矩阵 $\boldsymbol{A}=(a_{ij})_{m\times n}$ 的行和列依次互换位置，得到一个 $n\times m$ 矩阵，这个矩阵称为 $\boldsymbol{A}$ 的**转置**，记为 $\boldsymbol{A}^{\mathrm{T}}$，即若 $\boldsymbol{A}=\begin{pmatrix}a_{11} & a_{12} & \cdots & a_{1n}\\ a_{21} & a_{22} & \cdots & a_{2n}\\ \vdots & \vdots & & \vdots\\ a_{m1} & a_{m2} & \cdots & a_{mn}\end{pmatrix}$，则 $\boldsymbol{A}^{\mathrm{T}}=\begin{pmatrix}a_{11} & a_{21} & \cdots & a_{m1}\\ a_{12} & a_{22} & \cdots & a_{m2}\\ \vdots & \vdots & & \vdots\\ a_{1n} & a_{2n} & \cdots & a_{mn}\end{pmatrix}$。

例如，矩阵 $\boldsymbol{A}=\begin{pmatrix}1 & 2 & 0\\ 3 & 1 & -1\end{pmatrix}$ 的转置矩阵为 $\boldsymbol{A}^{\mathrm{T}}=\begin{pmatrix}1 & 3\\ 2 & 1\\ 0 & -1\end{pmatrix}$。

矩阵的转置也是一种运算，满足下列规律(假设运算都是可行的)：

(1)$(\boldsymbol{A}^{\mathrm{T}})^{\mathrm{T}}=\boldsymbol{A}$;

(2)$(\boldsymbol{A}+\boldsymbol{B})^{\mathrm{T}}=\boldsymbol{A}^{\mathrm{T}}+\boldsymbol{B}^{\mathrm{T}}$;

(3)$(\lambda\boldsymbol{A})^{\mathrm{T}}=\lambda\boldsymbol{A}^{\mathrm{T}}$($\lambda$ 为数);

(4)$(\boldsymbol{AB})^{\mathrm{T}}=\boldsymbol{B}^{\mathrm{T}}\boldsymbol{A}^{\mathrm{T}}$。

这里只证明(4),前三个等式可直接按定义验证。

证　设 $\boldsymbol{A}=(a_{ij})_{m\times s}$,$\boldsymbol{B}=(b_{ij})_{s\times n}$,则$(\boldsymbol{AB})^{\mathrm{T}}$ 与 $\boldsymbol{B}^{\mathrm{T}}\boldsymbol{A}^{\mathrm{T}}$ 均为 $n\times m$ 阶矩阵,并且矩阵$(\boldsymbol{AB})^{\mathrm{T}}$ 中第 i 行第 j 列的元素是 $\boldsymbol{AB}$ 的第 j 行第 i 列的元素,即

$$a_{j1}b_{1i}+a_{j2}b_{2i}+\cdots+a_{js}b_{si},$$

而 $\boldsymbol{B}^{\mathrm{T}}\boldsymbol{A}^{\mathrm{T}}$ 中第 i 行第 j 列位置的元素为 $\boldsymbol{B}^{\mathrm{T}}$ 的第 i 行(即 $\boldsymbol{B}$ 的第 i 列) 与 $\boldsymbol{A}^{\mathrm{T}}$ 的第 j 列(即 $\boldsymbol{A}$ 的第 j 行) 对应元素乘积之和,即

$$b_{1i}a_{j1}+b_{2i}a_{j2}+\cdots+b_{si}a_{js},$$

所以有$(\boldsymbol{AB})^{\mathrm{T}}=\boldsymbol{B}^{\mathrm{T}}\boldsymbol{A}^{\mathrm{T}}$。

例 2.9　设 $\boldsymbol{A}=\begin{pmatrix}-1&2\\1&0\\2&-3\end{pmatrix}$,$\boldsymbol{B}=\begin{pmatrix}2&1&3\\1&1&-2\end{pmatrix}$,求$(\boldsymbol{AB})^{\mathrm{T}}$。

解法 1　因为

$$\boldsymbol{AB}=\begin{pmatrix}-1&2\\1&0\\2&-3\end{pmatrix}\begin{pmatrix}2&1&3\\1&1&-2\end{pmatrix}=\begin{pmatrix}0&1&-7\\2&1&3\\1&-1&12\end{pmatrix},$$

所以

$$(\boldsymbol{AB})^{\mathrm{T}}=\begin{pmatrix}0&2&1\\1&1&-1\\-7&3&12\end{pmatrix}。$$

解法 2　$\boldsymbol{B}^{\mathrm{T}}\boldsymbol{A}^{\mathrm{T}}=\begin{pmatrix}2&1\\1&1\\3&-2\end{pmatrix}\begin{pmatrix}-1&1&2\\2&0&-3\end{pmatrix}=\begin{pmatrix}0&2&1\\1&1&-1\\-7&3&12\end{pmatrix}$。

矩阵的转置运算规律中的(2) 和(4) 还可推广到一般情形:

$$(\boldsymbol{A}_1+\boldsymbol{A}_2+\cdots+\boldsymbol{A}_k)^{\mathrm{T}}=\boldsymbol{A}_1^{\mathrm{T}}+\boldsymbol{A}_2^{\mathrm{T}}+\cdots+\boldsymbol{A}_k^{\mathrm{T}},$$

$$(\boldsymbol{A}_1\boldsymbol{A}_2\cdots\boldsymbol{A}_k)^{\mathrm{T}}=\boldsymbol{A}_k^{\mathrm{T}}\boldsymbol{A}_{k-1}^{\mathrm{T}}\cdots\boldsymbol{A}_2^{\mathrm{T}}\boldsymbol{A}_1^{\mathrm{T}}。$$

定义 2.7　设 $\boldsymbol{A}$ 为 n 阶方阵,如果满足 $\boldsymbol{A}^{\mathrm{T}}=\boldsymbol{A}$,即 $a_{ij}=a_{ji}(i,j=1,2,\cdots,n)$,则称 $\boldsymbol{A}$ 为**对称矩阵**;如果满足 $\boldsymbol{A}^{\mathrm{T}}=-\boldsymbol{A}$,即 $a_{ij}=-a_{ji}(i,j=1,2,\cdots,n)$,则称 $\boldsymbol{A}$ 为**反对称矩阵**。

例如,$\boldsymbol{A}=\begin{pmatrix}2&-3&-1\\-3&7&0\\-1&0&8\end{pmatrix}$为对称矩阵,$\boldsymbol{B}=\begin{pmatrix}0&5&-1\\-5&0&-4\\1&4&0\end{pmatrix}$为反对称矩阵。

这两类矩阵的特点是:对称矩阵的元素关于主对角线对称,而反对称矩阵中以主对角

线为对称轴的对应元素互为相反数，并且主对角线上的元素全为 0。

例 2.10 设列矩阵 $\boldsymbol{x}=(x_1,x_2,\cdots,x_n)^{\mathrm{T}}$ 满足 $\boldsymbol{x}^{\mathrm{T}}\boldsymbol{x}=1$，$\boldsymbol{E}$ 为 n 阶单位矩阵，且 $\boldsymbol{H}=\boldsymbol{E}-2\boldsymbol{x}\boldsymbol{x}^{\mathrm{T}}$，证明：$\boldsymbol{H}$ 是对称矩阵，且 $\boldsymbol{H}\boldsymbol{H}^{\mathrm{T}}=\boldsymbol{E}$。

证 因为

$$\boldsymbol{H}^{\mathrm{T}}=(\boldsymbol{E}-2\boldsymbol{x}\boldsymbol{x}^{\mathrm{T}})^{\mathrm{T}}=\boldsymbol{E}^{\mathrm{T}}-(2\boldsymbol{x}\boldsymbol{x}^{\mathrm{T}})^{\mathrm{T}}=\boldsymbol{E}-2(\boldsymbol{x}^{\mathrm{T}})^{\mathrm{T}}\boldsymbol{x}^{\mathrm{T}}=\boldsymbol{E}-2\boldsymbol{x}\boldsymbol{x}^{\mathrm{T}}=\boldsymbol{H},$$

所以 $\boldsymbol{H}$ 是对称矩阵，且

$$\begin{aligned}\boldsymbol{H}\boldsymbol{H}^{\mathrm{T}}=\boldsymbol{H}^2&=(\boldsymbol{E}-2\boldsymbol{x}\boldsymbol{x}^{\mathrm{T}})(\boldsymbol{E}-2\boldsymbol{x}\boldsymbol{x}^{\mathrm{T}})=\boldsymbol{E}-4\boldsymbol{x}\boldsymbol{x}^{\mathrm{T}}+4(\boldsymbol{x}\boldsymbol{x}^{\mathrm{T}})(\boldsymbol{x}\boldsymbol{x}^{\mathrm{T}})\\&=\boldsymbol{E}-4\boldsymbol{x}\boldsymbol{x}^{\mathrm{T}}+4\boldsymbol{x}(\boldsymbol{x}^{\mathrm{T}}\boldsymbol{x})\boldsymbol{x}^{\mathrm{T}}=\boldsymbol{E}-4\boldsymbol{x}\boldsymbol{x}^{\mathrm{T}}+4\boldsymbol{x}\boldsymbol{x}^{\mathrm{T}}=\boldsymbol{E}。\end{aligned}$$

2.2.6 方阵的行列式

定义 2.8 由 n 阶方阵 $\boldsymbol{A}$ 的元素所构成的行列式（各元素的位置不变），称为**方阵 $\boldsymbol{A}$ 的行列式**，记为 $|\boldsymbol{A}|$ 或 $\det\boldsymbol{A}$。

注 方阵与行列式是两个不同的概念，n 阶方阵是 n^2 个数按一定方式排成的数表，而 n 阶行列式则是 n^2 个数按一定的运算规则所确定的一个数。

方阵的行列式满足以下运算律（设 $\boldsymbol{A},\boldsymbol{B}$ 为 n 阶方阵，λ 为实数）：

(1) $|\boldsymbol{A}^{\mathrm{T}}|=|\boldsymbol{A}|$（行列式性质 1）；

(2) $|\lambda\boldsymbol{A}|=\lambda^n|\boldsymbol{A}|$；

(3) $|\boldsymbol{A}\boldsymbol{B}|=|\boldsymbol{A}||\boldsymbol{B}|$。

证 我们仅证明(3)，且仅就 $n=2$ 给出证明，$n\geqslant 3$ 的情形类似可证。

设 $\boldsymbol{A}=(a_{ij})_{n\times n}$，$\boldsymbol{B}=(b_{ij})_{n\times n}$，构造四阶行列式

$$D=\begin{vmatrix}a_{11}&a_{12}&0&0\\a_{21}&a_{22}&0&0\\-1&0&b_{11}&b_{12}\\0&-1&b_{21}&b_{22}\end{vmatrix}=\begin{vmatrix}\boldsymbol{A}&\boldsymbol{O}\\-\boldsymbol{E}&\boldsymbol{B}\end{vmatrix},$$

由第 1 章例 1.17 可知 $D=|\boldsymbol{A}||\boldsymbol{B}|$。在 D 中用 b_{11} 乘第 1 列，b_{21} 乘第 2 列后都加到第 3 列上；再用 b_{12} 乘第 1 列，b_{22} 乘第 2 列后都加到第 4 列上，即

$$\begin{aligned}D&\xlongequal{c_3+b_{11}c_1+b_{21}c_2}\begin{vmatrix}a_{11}&a_{12}&a_{11}b_{11}+a_{12}b_{21}&0\\a_{21}&a_{22}&a_{21}b_{11}+a_{22}b_{21}&0\\-1&0&0&b_{12}\\0&-1&0&b_{22}\end{vmatrix}\\&\xlongequal{c_4+b_{12}c_1+b_{22}c_2}\begin{vmatrix}a_{11}&a_{12}&a_{11}b_{11}+a_{12}b_{21}&a_{11}b_{12}+a_{12}b_{22}\\a_{21}&a_{22}&a_{21}b_{11}+a_{22}b_{21}&a_{21}b_{12}+a_{22}b_{22}\\-1&0&0&0\\0&-1&0&0\end{vmatrix}\\&=\begin{vmatrix}\boldsymbol{A}&\boldsymbol{C}\\-\boldsymbol{E}&\boldsymbol{O}\end{vmatrix},\end{aligned}$$

其中二阶矩阵 $\boldsymbol{C}=(c_{ij})$，$c_{ij}=a_{i1}b_{1j}+a_{i2}b_{2j}$，故 $\boldsymbol{C}=\boldsymbol{AB}$。进一步，对换行列式的第 1 行与第 3 行，第 2 行与第 4 行，有

$$D\xlongequal[r_2\leftrightarrow r_4]{r_1\leftrightarrow r_3}(-1)^2\begin{vmatrix}-1 & 0 & 0 & 0\\ 0 & -1 & 0 & 0\\ a_{11} & a_{12} & a_{11}b_{11}+a_{12}b_{21} & a_{11}b_{12}+a_{12}b_{22}\\ a_{21} & a_{22} & a_{21}b_{11}+a_{22}b_{21} & a_{21}b_{12}+a_{22}b_{22}\end{vmatrix}=(-1)^2\begin{vmatrix}-\boldsymbol{E} & \boldsymbol{O}\\ \boldsymbol{A} & \boldsymbol{C}\end{vmatrix},$$

则

$$D=(-1)^2\,|-\boldsymbol{E}|\,|\boldsymbol{C}|=(-1)^2(-1)^2\,|\boldsymbol{C}|=|\boldsymbol{AB}|。$$

于是

$$|\boldsymbol{AB}|=|\boldsymbol{A}|\,|\boldsymbol{B}|。$$

由运算律(3)可知，两个方阵乘积的行列式等于它们各自行列式的乘积。运算律(3)可以推广到一般情形：

$$|\boldsymbol{A}_1\boldsymbol{A}_2\cdots\boldsymbol{A}_k|=|\boldsymbol{A}_1|\,|\boldsymbol{A}_2|\cdots|\boldsymbol{A}_k|,$$

进而有

$$|\boldsymbol{A}^n|=|\boldsymbol{A}|^n。$$

对于 n 阶方阵 $\boldsymbol{A}$ 与 $\boldsymbol{B}$，一般来说 $\boldsymbol{AB}\neq\boldsymbol{BA}$，但由运算律(3)可得 $|\boldsymbol{AB}|=|\boldsymbol{BA}|$。

定义 2.9　设 $\boldsymbol{A}=(a_{ij})$ 为 n 阶方阵，行列式 $|\boldsymbol{A}|$ 的各元素 a_{ij} 的代数余子式 A_{ij} 所构成的如下矩阵

$$\boldsymbol{A}^*=\begin{pmatrix}A_{11} & A_{21} & \cdots & A_{n1}\\ A_{12} & A_{22} & \cdots & A_{n2}\\ \vdots & \vdots & & \vdots\\ A_{1n} & A_{2n} & \cdots & A_{nn}\end{pmatrix}$$

称为矩阵 $\boldsymbol{A}$ 的**伴随矩阵**。

伴随矩阵有如下重要的性质：

性质　$\boldsymbol{AA}^*=\boldsymbol{A}^*\boldsymbol{A}=|\boldsymbol{A}|\boldsymbol{E}$。

证　由行列式按行(列)展开定理知

$$a_{i1}A_{j1}+a_{i2}A_{j2}+\cdots+a_{in}A_{jn}=\begin{cases}|\boldsymbol{A}|, & i=j,\\ 0, & i\neq j,\end{cases}$$

因此，

$$\boldsymbol{AA}^*=\begin{pmatrix}a_{11} & a_{12} & \cdots & a_{1n}\\ a_{21} & a_{22} & \cdots & a_{2n}\\ \vdots & \vdots & & \vdots\\ a_{n1} & a_{n2} & \cdots & a_{nn}\end{pmatrix}\begin{pmatrix}A_{11} & A_{21} & \cdots & A_{n1}\\ A_{12} & A_{22} & \cdots & A_{n2}\\ \vdots & \vdots & & \vdots\\ A_{1n} & A_{2n} & \cdots & A_{nn}\end{pmatrix}$$

$$=\begin{pmatrix} |\boldsymbol{A}| & 0 & \cdots & 0 \\ 0 & |\boldsymbol{A}| & \cdots & 0 \\ \vdots & \vdots & & \vdots \\ 0 & 0 & \cdots & |\boldsymbol{A}| \end{pmatrix}=|\boldsymbol{A}|\boldsymbol{E},$$

同理，

$$\boldsymbol{A}^*\boldsymbol{A}=\begin{pmatrix} A_{11} & A_{21} & \cdots & A_{n1} \\ A_{12} & A_{22} & \cdots & A_{n2} \\ \vdots & \vdots & & \vdots \\ A_{1n} & A_{2n} & \cdots & A_{nn} \end{pmatrix}\begin{pmatrix} a_{11} & a_{12} & \cdots & a_{1n} \\ a_{21} & a_{22} & \cdots & a_{2n} \\ \vdots & \vdots & & \vdots \\ a_{n1} & a_{n2} & \cdots & a_{nn} \end{pmatrix}$$

$$=\begin{pmatrix} |\boldsymbol{A}| & 0 & \cdots & 0 \\ 0 & |\boldsymbol{A}| & \cdots & 0 \\ \vdots & \vdots & & \vdots \\ 0 & 0 & \cdots & |\boldsymbol{A}| \end{pmatrix}=|\boldsymbol{A}|\boldsymbol{E},$$

由此可得

$$\boldsymbol{A}\boldsymbol{A}^*=\boldsymbol{A}^*\boldsymbol{A}=|\boldsymbol{A}|\boldsymbol{E}。$$

2.3 逆矩阵

在数的运算中，对于非零的数 a，总存在唯一的数 b，使得 $a\cdot b=b\cdot a=1$，此数 b 即为数 a 的倒数(逆元)，即 $b=\frac{1}{a}=a^{-1}$。利用数的逆元，数的除法可转化为乘法的形式：$x\div a=x\cdot a^{-1}$，其中 $a\neq 0$。对于一个矩阵 $\boldsymbol{A}$，是否也存在类似的“逆元”，又如何求它的“逆元”呢?注意到单位矩阵 $\boldsymbol{E}$ 在矩阵的乘法中的作用与数 1 类似，由此我们引入逆矩阵的概念。

2.3.1 逆矩阵的概念

定义 2.10 对于 n 阶方阵 $\boldsymbol{A}$，若存在一个 n 阶方阵 $\boldsymbol{B}$，使得

$$\boldsymbol{AB}=\boldsymbol{BA}=\boldsymbol{E},$$

则称 $\boldsymbol{A}$ 为**可逆矩阵**，或简称 $\boldsymbol{A}$ **可逆**，并把 $\boldsymbol{B}$ 称为 $\boldsymbol{A}$ 的**逆矩阵**。

注 (1) 满足等式 $\boldsymbol{AB}=\boldsymbol{BA}=\boldsymbol{E}$ 的矩阵 $\boldsymbol{A}$，$\boldsymbol{B}$ 一定是方阵，矩阵是否可逆仅对方阵而言。

(2) 若 $\boldsymbol{B}$ 是 $\boldsymbol{A}$ 的逆矩阵，则 $\boldsymbol{A}$ 也是 $\boldsymbol{B}$ 的逆矩阵，即矩阵 $\boldsymbol{A}$ 与 $\boldsymbol{B}$ 互为逆矩阵。

(3) 若方阵 $\boldsymbol{A}$ 有逆矩阵，则 $\boldsymbol{A}$ 的逆矩阵是唯一的。

事实上，若 $\boldsymbol{B}$ 和 $\boldsymbol{C}$ 都是 $\boldsymbol{A}$ 的逆矩阵，由定义知 $\boldsymbol{AC}=\boldsymbol{E}$，$\boldsymbol{BA}=\boldsymbol{E}$，于是

$$\boldsymbol{B}=\boldsymbol{BE}=\boldsymbol{B}(\boldsymbol{AC})=(\boldsymbol{BA})\boldsymbol{C}=\boldsymbol{EC}=\boldsymbol{C}。$$

当 $\boldsymbol{A}$ 可逆时，将 $\boldsymbol{A}$ 的逆矩阵记为 $\boldsymbol{A}^{-1}$，则

$$\boldsymbol{A}\boldsymbol{A}^{-1}=\boldsymbol{A}^{-1}\boldsymbol{A}=\boldsymbol{E}。$$

2.3.2 逆矩阵的求法

对于给定的一个方阵，如何判断其是否可逆？如果可逆，又如何求出它的逆矩阵呢？下面的定理给出了方阵可逆的条件和逆矩阵的求法。

定理 2.1　方阵 $\boldsymbol{A}$ 可逆的充分必要条件是 $|\boldsymbol{A}|\neq 0$，且当 $\boldsymbol{A}$ 可逆时，有

$$\boldsymbol{A}^{-1}=\frac{1}{|\boldsymbol{A}|}\boldsymbol{A}^{*}, \tag{2-8}$$

其中 $\boldsymbol{A}^{*}$ 为 $\boldsymbol{A}$ 的伴随矩阵。

证　必要性　由 $\boldsymbol{A}$ 可逆知，存在 n 阶方阵 $\boldsymbol{B}$，满足 $\boldsymbol{AB}=\boldsymbol{E}$，两边取行列式，得

$$|\boldsymbol{A}||\boldsymbol{B}|=|\boldsymbol{E}|=1,$$

因此 $|\boldsymbol{A}|\neq 0$。

充分性　由伴随矩阵的性质知

$$\boldsymbol{AA}^{*}=\boldsymbol{A}^{*}\boldsymbol{A}=|\boldsymbol{A}|\boldsymbol{E}。$$

因 $|\boldsymbol{A}|\neq 0$，则

$$\boldsymbol{A}\left(\frac{1}{|\boldsymbol{A}|}\boldsymbol{A}^{*}\right)=\left(\frac{1}{|\boldsymbol{A}|}\boldsymbol{A}^{*}\right)\boldsymbol{A}=\boldsymbol{E}。$$

根据矩阵可逆的定义知，$\boldsymbol{A}$ 可逆，且 $\boldsymbol{A}^{-1}=\dfrac{1}{|\boldsymbol{A}|}\boldsymbol{A}^{*}$。

例 2.11　求二阶方阵 $\boldsymbol{A}=\begin{pmatrix} a & b \\ c & d \end{pmatrix}$ 的逆矩阵。

解　$|\boldsymbol{A}|=ad-bc$，$\boldsymbol{A}^{*}=\begin{pmatrix} d & -b \\ -c & a \end{pmatrix}$，根据求逆矩阵公式(2-8)知，当 $|\boldsymbol{A}|\neq 0$ 时，有

$$\boldsymbol{A}^{-1}=\frac{1}{|\boldsymbol{A}|}\boldsymbol{A}^{*}=\frac{1}{ad-bc}\begin{pmatrix} d & -b \\ -c & a \end{pmatrix}。$$

注　利用公式(2-8)求逆矩阵的方法称为**伴随矩阵法**。

例 2.12　设方阵 $\boldsymbol{A}=\begin{pmatrix} 1 & -1 & 2 \\ -2 & -1 & -2 \\ 4 & 3 & 3 \end{pmatrix}$，求 $\boldsymbol{A}^{-1}$。

解　经计算，知

$$|\boldsymbol{A}|=\begin{vmatrix} 1 & -1 & 2 \\ -2 & -1 & -2 \\ 4 & 3 & 3 \end{vmatrix}=1\neq 0,$$

故 $\boldsymbol{A}$ 可逆，且

$$A_{11}=\begin{vmatrix} -1 & -2 \\ 3 & 3 \end{vmatrix}=3,\quad A_{12}=-\begin{vmatrix} -2 & -2 \\ 4 & 3 \end{vmatrix}=-2,\quad A_{13}=\begin{vmatrix} -2 & -1 \\ 4 & 3 \end{vmatrix}=-2,$$

$$A_{21}=-\begin{vmatrix}-1 & 2\\ 3 & 3\end{vmatrix}=9,\quad A_{22}=\begin{vmatrix}1 & 2\\ 4 & 3\end{vmatrix}=-5,\quad A_{23}=-\begin{vmatrix}1 & -1\\ 4 & 3\end{vmatrix}=-7,$$

$$A_{31}=\begin{vmatrix}-1 & 2\\ -1 & -2\end{vmatrix}=4,\quad A_{32}=-\begin{vmatrix}1 & 2\\ -2 & -2\end{vmatrix}=-2,\quad A_{33}=\begin{vmatrix}1 & -1\\ -2 & -1\end{vmatrix}=-3,$$

故

$$\boldsymbol{A}^{-1}=\frac{1}{|\boldsymbol{A}|}\boldsymbol{A}^{*}=\begin{pmatrix}3 & 9 & 4\\ -2 & -5 & -2\\ -2 & -7 & -3\end{pmatrix}。$$

从例 2.12 的求解过程可以看出,对于三阶及以上的方阵,利用伴随矩阵法求逆矩阵时,计算量较大。后面我们会介绍一种求逆矩阵的简便有效的方法。

设 $\boldsymbol{A}$ 为方阵,若 $|\boldsymbol{A}|\neq 0$,则称 $\boldsymbol{A}$ 为**非奇异矩阵**;若 $|\boldsymbol{A}|=0$,则称 $\boldsymbol{A}$ 为**奇异矩阵**。由定理 2.1 知,可逆矩阵即为非奇异矩阵。

推论 2.1 若方阵 $\boldsymbol{A},\boldsymbol{B}$ 满足 $\boldsymbol{AB}=\boldsymbol{E}$(或 $\boldsymbol{BA}=\boldsymbol{E}$),则 $\boldsymbol{A}$ 一定可逆,且 $\boldsymbol{A}^{-1}=\boldsymbol{B}$。

证 由 $\boldsymbol{AB}=\boldsymbol{E}$,两边取行列式有 $|\boldsymbol{A}||\boldsymbol{B}|=1\neq 0$,得 $|\boldsymbol{A}|\neq 0$,故 $\boldsymbol{A}^{-1}$ 存在,于是

$$\boldsymbol{B}=\boldsymbol{EB}=(\boldsymbol{A}^{-1}\boldsymbol{A})\boldsymbol{B}=\boldsymbol{A}^{-1}(\boldsymbol{AB})=\boldsymbol{A}^{-1}\boldsymbol{E}=\boldsymbol{A}^{-1}。$$

注 要判断 $\boldsymbol{B}$ 是否为 $\boldsymbol{A}$ 的逆矩阵,不必严格按照定义检验 $\boldsymbol{AB}=\boldsymbol{BA}=\boldsymbol{E}$,而只要检验 $\boldsymbol{AB}=\boldsymbol{E}$ 与 $\boldsymbol{BA}=\boldsymbol{E}$ 这两个等式中的其中一个是否成立即可。

例 2.13 已知 n 阶对角矩阵

$$\boldsymbol{A}=\begin{pmatrix}\lambda_1 & & & \\ & \lambda_2 & & \\ & & \ddots & \\ & & & \lambda_n\end{pmatrix},$$

其中 $\lambda_i\neq 0(i=1,2,\cdots,n)$,求 $\boldsymbol{A}^{-1}$。

证 由于

$$\begin{pmatrix}\lambda_1 & & & \\ & \lambda_2 & & \\ & & \ddots & \\ & & & \lambda_n\end{pmatrix}\begin{pmatrix}\lambda_1^{-1} & & & \\ & \lambda_2^{-1} & & \\ & & \ddots & \\ & & & \lambda_n^{-1}\end{pmatrix}=\begin{pmatrix}1 & & & \\ & 1 & & \\ & & \ddots & \\ & & & 1\end{pmatrix},$$

根据推论 2.1 知,

$$\boldsymbol{A}^{-1}=\begin{pmatrix}\lambda_1^{-1} & & & \\ & \lambda_2^{-1} & & \\ & & \ddots & \\ & & & \lambda_n^{-1}\end{pmatrix}。$$

2.3.3 逆矩阵的性质

方阵的逆矩阵具有以下性质:

(1) 若矩阵 $\boldsymbol{A}$ 可逆,则 $|\boldsymbol{A}^{-1}| = \dfrac{1}{|\boldsymbol{A}|} = |\boldsymbol{A}|^{-1}$,$\boldsymbol{A}^{-1}$ 也可逆,且$(\boldsymbol{A}^{-1})^{-1} = \boldsymbol{A}$;

(2) 若矩阵 $\boldsymbol{A}$ 可逆,数 $\lambda \neq 0$,则 $\lambda\boldsymbol{A}$ 也可逆,且$(\lambda\boldsymbol{A})^{-1} = \dfrac{1}{\lambda}\boldsymbol{A}^{-1}$;

(3) 若矩阵 $\boldsymbol{A}$ 可逆,则 $\boldsymbol{A}^{\mathrm{T}}$ 也可逆,且$(\boldsymbol{A}^{\mathrm{T}})^{-1} = (\boldsymbol{A}^{-1})^{\mathrm{T}}$;

(4) 若矩阵 $\boldsymbol{A}$ 可逆,且 $\boldsymbol{AB} = \boldsymbol{AC}$,则 $\boldsymbol{B} = \boldsymbol{C}$;

(5) 若 $\boldsymbol{A}$,$\boldsymbol{B}$ 为两个同阶方阵且均可逆,则 $\boldsymbol{AB}$ 也可逆,且$(\boldsymbol{AB})^{-1} = \boldsymbol{B}^{-1}\boldsymbol{A}^{-1}$。

证　(1) 由 $\boldsymbol{A}^{-1}\boldsymbol{A} = \boldsymbol{E}$,两边取行列式有 $|\boldsymbol{A}^{-1}||\boldsymbol{A}| = 1$,又 $|\boldsymbol{A}| \neq 0$,故

$$|\boldsymbol{A}^{-1}| = \frac{1}{|\boldsymbol{A}|} = |\boldsymbol{A}|^{-1}。$$

由推论 2.1 知,$\boldsymbol{A}^{-1}$ 也可逆,且$(\boldsymbol{A}^{-1})^{-1} = \boldsymbol{A}$。

(2) 由于$(\lambda\boldsymbol{A})\left(\dfrac{1}{\lambda}\boldsymbol{A}^{-1}\right) = \boldsymbol{E}$,故 $\lambda\boldsymbol{A}$ 也可逆,且$(\lambda\boldsymbol{A})^{-1} = \dfrac{1}{\lambda}\boldsymbol{A}^{-1}$。

(3) 由 $\boldsymbol{A}^{-1}\boldsymbol{A} = \boldsymbol{E}$,两边取转置有$(\boldsymbol{A}^{-1}\boldsymbol{A})^{\mathrm{T}} = \boldsymbol{A}^{\mathrm{T}}(\boldsymbol{A}^{-1})^{\mathrm{T}} = \boldsymbol{E}$,从而

$$(\boldsymbol{A}^{\mathrm{T}})^{-1} = (\boldsymbol{A}^{-1})^{\mathrm{T}}。$$

(4) 等式 $\boldsymbol{AB} = \boldsymbol{AC}$ 两边同时左乘 $\boldsymbol{A}^{-1}$ 得,$\boldsymbol{B} = \boldsymbol{C}$。

(5) 由于

$$(\boldsymbol{AB})(\boldsymbol{B}^{-1}\boldsymbol{A}^{-1}) = \boldsymbol{A}(\boldsymbol{BB}^{-1})\boldsymbol{A}^{-1} = \boldsymbol{AEA}^{-1} = \boldsymbol{AA}^{-1} = \boldsymbol{E},$$

故

$$(\boldsymbol{AB})^{-1} = \boldsymbol{B}^{-1}\boldsymbol{A}^{-1}。$$

注　性质(5) 可以推广到任意有限个矩阵相乘的情形,即若 $\boldsymbol{A}_1, \boldsymbol{A}_2, \cdots, \boldsymbol{A}_k$ 均为同阶可逆矩阵,则 $\boldsymbol{A}_1\boldsymbol{A}_2\cdots\boldsymbol{A}_k$ 也可逆,且

$$(\boldsymbol{A}_1\boldsymbol{A}_2\cdots\boldsymbol{A}_k)^{-1} = \boldsymbol{A}_k^{-1}\boldsymbol{A}_{k-1}^{-1}\cdots\boldsymbol{A}_2^{-1}\boldsymbol{A}_1^{-1}。$$

当 $\boldsymbol{A}$ 可逆时,还可以定义

$$\boldsymbol{A}^0 = \boldsymbol{E},\ \boldsymbol{A}^{-k} = (\boldsymbol{A}^{-1})^k,其中 k 为正整数。$$

这样,当 $\boldsymbol{A}$ 可逆时,对于整数 s 和 l,有

$$\boldsymbol{A}^s\boldsymbol{A}^l = \boldsymbol{A}^{s+l},\ (\boldsymbol{A}^s)^l = \boldsymbol{A}^{sl}。$$

2.3.4　逆矩阵的应用举例

逆矩阵在线性代数中占有重要的地位,它的应用有很多方面,下面举例说明逆矩阵的应用。

利用矩阵的逆矩阵,可以简洁地将未知量个数与方程个数相等的线性方程组的解表示出来。设 $\boldsymbol{A}$ 为 n 阶可逆矩阵,对于线性方程组 $\boldsymbol{Ax} = \boldsymbol{b}$,两边同时左乘 $\boldsymbol{A}^{-1}$ 得,$\boldsymbol{x} = \boldsymbol{A}^{-1}\boldsymbol{b}$。

同样的,利用逆矩阵也可以求解系数矩阵为可逆矩阵的矩阵方程。若 $\boldsymbol{A}$ 是 n 阶可逆矩阵,则矩阵方程

$$\boldsymbol{AX} = \boldsymbol{B}(其中 \boldsymbol{X} 为未知矩阵)$$

有唯一解 $\boldsymbol{X} = \boldsymbol{A}^{-1}\boldsymbol{B}$。类似的,若 $\boldsymbol{A}$,$\boldsymbol{B}$ 是可逆矩阵,则通过在矩阵方程

$$XA=B,\ AXB=C$$

两边左乘或右乘相应矩阵的逆矩阵,可求其解分别为

$$X=BA^{-1},\ X=A^{-1}CB^{-1}。$$

例 2.14 设

$$A=\begin{pmatrix}1&-1&2\\-2&-1&-2\\4&3&3\end{pmatrix},B=\begin{pmatrix}2&4\\-3&-5\end{pmatrix},C=\begin{pmatrix}-2&0\\0&1\\1&-3\end{pmatrix},$$

求解矩阵方程 $AXB=C$。

解 由于 $|A|=1\neq 0$, $|B|=2\neq 0$,所以 A^{-1},B^{-1} 存在。方程两边同时左乘 A^{-1},右乘 B^{-1},有

$$A^{-1}AXBB^{-1}=A^{-1}CB^{-1},$$

即

$$X=A^{-1}CB^{-1}。$$

由例 2.12 知

$$A^{-1}=\begin{pmatrix}3&9&4\\-2&-5&-2\\-2&-7&-3\end{pmatrix}。$$

而

$$B^{-1}=\frac{1}{2}\begin{pmatrix}-5&-4\\3&2\end{pmatrix},$$

于是

$$X=A^{-1}CB^{-1}=\frac{1}{2}\begin{pmatrix}3&9&4\\-2&-5&-2\\-2&-7&-3\end{pmatrix}\begin{pmatrix}-2&0\\0&1\\1&-3\end{pmatrix}\begin{pmatrix}-5&-4\\3&2\end{pmatrix}$$

$$=\frac{1}{2}\begin{pmatrix}-2&-3\\2&1\\1&2\end{pmatrix}\begin{pmatrix}-5&-4\\3&2\end{pmatrix}=\begin{pmatrix}\frac{1}{2}&1\\-\frac{7}{2}&-3\\\frac{1}{2}&0\end{pmatrix}。$$

设

$$f(x)=a_kx^k+a_{k-1}x^{k-1}+\cdots+a_1x+a_0$$

是 x 的一个 k 次多项式,A 是一个 n 阶方阵,则

$$f(A)=a_kA^k+a_{k-1}A^{k-1}+\cdots+a_1A+a_0E$$

仍是一个 n 阶方阵,称作方阵 A 的 k **次多项式**。因为方阵 A^k,A^l 和 E 都是可换的,所以 A 的两个多项式也可换,即总有 $f(A)g(A)=g(A)f(A)$,从而 A 的几个多项式可以像数 x 的

多项式一样相乘或因式分解。例如：

$$(\boldsymbol{A}-2\boldsymbol{E})(\boldsymbol{A}+\boldsymbol{E})=\boldsymbol{A}^2-\boldsymbol{A}-2\boldsymbol{E},(\boldsymbol{E}-\boldsymbol{A})^3=\boldsymbol{E}-3\boldsymbol{A}+3\boldsymbol{A}^2-\boldsymbol{A}^3。$$

例 2.15　已知方阵 $\boldsymbol{A}$ 满足 $\boldsymbol{A}^2-3\boldsymbol{A}-10\boldsymbol{E}=\boldsymbol{O}$，试证 $\boldsymbol{A}$ 与 $\boldsymbol{A}-4\boldsymbol{E}$ 都可逆，并求 $\boldsymbol{A}^{-1}$ 与 $(\boldsymbol{A}-4\boldsymbol{E})^{-1}$。

证　由 $\boldsymbol{A}^2-3\boldsymbol{A}-10\boldsymbol{E}=\boldsymbol{O}$ 得 $\boldsymbol{A}(\boldsymbol{A}-3\boldsymbol{E})=10\boldsymbol{E}$，故

$$\boldsymbol{A}\left[\frac{1}{10}(\boldsymbol{A}-3\boldsymbol{E})\right]=\boldsymbol{E},$$

因此 $\boldsymbol{A}$ 可逆，且 $\boldsymbol{A}^{-1}=\frac{1}{10}(\boldsymbol{A}-3\boldsymbol{E})$。

又由 $\boldsymbol{A}^2-3\boldsymbol{A}-10\boldsymbol{E}=\boldsymbol{O}$ 得，$(\boldsymbol{A}-4\boldsymbol{E})(\boldsymbol{A}+\boldsymbol{E})=6\boldsymbol{E}$，故

$$(\boldsymbol{A}-4\boldsymbol{E})\left[\frac{1}{6}(\boldsymbol{A}+\boldsymbol{E})\right]=\boldsymbol{E},$$

因此 $\boldsymbol{A}-4\boldsymbol{E}$ 可逆，且 $(\boldsymbol{A}-4\boldsymbol{E})^{-1}=\frac{1}{6}(\boldsymbol{A}+\boldsymbol{E})$。

例 2.16　设 $\boldsymbol{P}=\begin{pmatrix}1&2\\1&4\end{pmatrix}$，$\boldsymbol{\Lambda}=\begin{pmatrix}1&0\\0&2\end{pmatrix}$，$\boldsymbol{AP}=\boldsymbol{P\Lambda}$，求 $\boldsymbol{A}^n$。

解　计算可得

$$|\boldsymbol{P}|=2\neq 0,\boldsymbol{P}^{-1}=\frac{1}{2}\begin{pmatrix}4&-2\\-1&1\end{pmatrix},$$

$$\boldsymbol{A}=\boldsymbol{P\Lambda P}^{-1},\boldsymbol{A}^2=(\boldsymbol{P\Lambda P}^{-1})(\boldsymbol{P\Lambda P}^{-1})=\boldsymbol{P\Lambda}^2\boldsymbol{P}^{-1},\cdots,\boldsymbol{A}^n=\boldsymbol{P\Lambda}^n\boldsymbol{P}^{-1},$$

而 $\boldsymbol{\Lambda}$ 为对角矩阵，故

$$\boldsymbol{\Lambda}^n=\begin{pmatrix}1&0\\0&2^n\end{pmatrix},$$

所以

$$\boldsymbol{A}^n=\boldsymbol{P\Lambda}^n\boldsymbol{P}^{-1}=\begin{pmatrix}1&2\\1&4\end{pmatrix}\begin{pmatrix}1&0\\0&2^n\end{pmatrix}\frac{1}{2}\begin{pmatrix}4&-2\\-1&1\end{pmatrix}=\begin{pmatrix}2-2^n&2^n-1\\2-2^{n+1}&2^{n+1}-1\end{pmatrix}。$$

2.4　分块矩阵

本节介绍矩阵运算的一种技巧，即矩阵的分块。这种技巧在处理较高阶矩阵时常常被用到。对较高阶矩阵做适当的分块，有利于显示其结构特征，将大矩阵间的运算转化为小矩阵间的运算，以便利用矩阵的特点简化计算。

2.4.1　分块矩阵的概念

定义 2.11　将矩阵 $\boldsymbol{A}$ 用若干条纵线和横线分成若干个小块，每一个小块构成的小矩阵称为 $\boldsymbol{A}$ 的**子块**；以这些子块为元素构成的矩阵称为**分块矩阵**。

例如，将一个 3×4 矩阵 $\boldsymbol{A}$ 做如下分块：

$$A=\left(\begin{array}{cc:cc} a_{11} & a_{12} & a_{13} & a_{14} \\ a_{21} & a_{22} & a_{23} & a_{24} \\ \hdashline a_{31} & a_{32} & a_{33} & a_{34} \end{array}\right),$$

记 $A_{11}=\begin{pmatrix} a_{11} & a_{12} \\ a_{21} & a_{22} \end{pmatrix}$，$A_{12}=\begin{pmatrix} a_{13} & a_{14} \\ a_{23} & a_{24} \end{pmatrix}$，$A_{21}=(a_{31},a_{32})$，$A_{22}=(a_{33},a_{34})$，则 A 可由这四个子块表示为如下分块矩阵

$$A=\begin{pmatrix} A_{11} & A_{12} \\ A_{21} & A_{22} \end{pmatrix}。$$

上述矩阵 A 也可如下分块：

$$A=\left(\begin{array}{cc:c:c} a_{11} & a_{12} & a_{13} & a_{14} \\ a_{21} & a_{22} & a_{23} & a_{24} \\ \hdashline a_{31} & a_{32} & a_{33} & a_{34} \end{array}\right)=\begin{pmatrix} A_{11} & A_{12} & A_{13} \\ A_{21} & A_{22} & A_{23} \end{pmatrix}。$$

又如，$A=(a_{ij})_{m\times n}$ 按行分块，得

$$A=\left(\begin{array}{cccc} a_{11} & a_{12} & \cdots & a_{1n} \\ \hdashline a_{21} & a_{22} & \cdots & a_{2n} \\ \hdashline \vdots & \vdots & & \vdots \\ \hdashline a_{m1} & a_{m2} & \cdots & a_{mn} \end{array}\right)=\begin{pmatrix} A_1 \\ A_2 \\ \vdots \\ A_m \end{pmatrix},$$

其中 $A_i=(a_{i1},a_{i2},\cdots,a_{in})(i=1,2,\cdots,m)$ 是**行矩阵**，也叫**行向量**。矩阵 $A=(a_{ij})_{m\times n}$ 按列分块为

$$A=\left(\begin{array}{c:c:c:c} a_{11} & a_{12} & \cdots & a_{1n} \\ a_{21} & a_{22} & \cdots & a_{2n} \\ \vdots & \vdots & & \vdots \\ a_{m1} & a_{m2} & \cdots & a_{mn} \end{array}\right)=(B_1,B_2,\cdots,B_n),$$

其中 $B_j=(a_{1j},a_{2j},\cdots,a_{mj})^{\mathrm{T}}(j=1,2,\cdots,n)$ 是**列矩阵**，也叫**列向量**。

矩阵的分块方式并不唯一，究竟采用哪种方式分块，要根据矩阵自身的结构特点和不同的需要来确定，以便于简化矩阵的运算。

2.4.2 分块矩阵的运算

分块矩阵的运算规则和普通矩阵的运算规则类似，分别说明如下：

1. 分块矩阵的加法

设 A 和 B 是两个 $m\times n$ 矩阵，采用相同的分块法，得分块矩阵

$$A=\begin{pmatrix} A_{11} & \cdots & A_{1r} \\ \vdots & & \vdots \\ A_{s1} & \cdots & A_{sr} \end{pmatrix},B=\begin{pmatrix} B_{11} & \cdots & B_{1r} \\ \vdots & & \vdots \\ B_{s1} & \cdots & B_{sr} \end{pmatrix},$$

其中对应的子块 A_{ij} 与 B_{ij} 行数相同，列数也相同，那么

$$A \pm B = \begin{pmatrix} A_{11} \pm B_{11} & \cdots & A_{1r} \pm B_{1r} \\ \vdots & & \vdots \\ A_{s1} \pm B_{s1} & \cdots & A_{sr} \pm B_{sr} \end{pmatrix}。$$

2. 分块矩阵的数乘

设 $A = \begin{pmatrix} A_{11} & \cdots & A_{1r} \\ \vdots & & \vdots \\ A_{s1} & \cdots & A_{sr} \end{pmatrix}$，$\lambda$ 为一个数，则

$$\lambda A = \begin{pmatrix} \lambda A_{11} & \cdots & \lambda A_{1r} \\ \vdots & & \vdots \\ \lambda A_{s1} & \cdots & \lambda A_{sr} \end{pmatrix}。$$

3. 分块矩阵的乘法

设 A 为 $m \times l$ 矩阵，B 为 $l \times n$ 矩阵，分块成

$$A = \begin{pmatrix} A_{11} & \cdots & A_{1t} \\ \vdots & & \vdots \\ A_{s1} & \cdots & A_{st} \end{pmatrix}, B = \begin{pmatrix} B_{11} & \cdots & B_{1r} \\ \vdots & & \vdots \\ B_{t1} & \cdots & B_{tr} \end{pmatrix},$$

其中 $A_{i1}, A_{i2}, \cdots, A_{it}$ 的列数分别等于 $B_{1j}, B_{2j}, \cdots, B_{tj}$ 的行数，则

$$AB = \begin{pmatrix} C_{11} & \cdots & C_{1r} \\ \vdots & & \vdots \\ C_{s1} & \cdots & C_{sr} \end{pmatrix},$$

其中 $C_{ij} = \sum_{k=1}^{t} A_{ik} B_{kj} (i = 1, 2, \cdots, s; j = 1, 2, \cdots, r)$。

注　两个分块矩阵相乘，第一个矩阵列的分法要与第二个矩阵行的分法相同，保证子块间的运算可行。

例 2.17　设矩阵

$$A = \begin{pmatrix} 1 & 0 & 0 & 0 & 0 \\ 0 & 1 & 0 & 0 & 0 \\ 0 & 0 & 1 & 0 & 0 \\ 1 & 2 & 0 & 1 & 0 \\ -2 & 0 & 0 & 0 & 1 \end{pmatrix}, B = \begin{pmatrix} -1 & 2 & 1 & 0 \\ 4 & 0 & 0 & 1 \\ 0 & 1 & 0 & 0 \\ -2 & 0 & 0 & 0 \\ 2 & -1 & 0 & 0 \end{pmatrix},$$

求 AB。

解　令

$$A = \left(\begin{array}{cc|ccc} 1 & 0 & 0 & 0 & 0 \\ 0 & 1 & 0 & 0 & 0 \\ \hline 0 & 0 & 1 & 0 & 0 \\ 1 & 2 & 0 & 1 & 0 \\ -2 & 0 & 0 & 0 & 1 \end{array}\right) = \begin{pmatrix} E_2 & O \\ A_1 & E_3 \end{pmatrix}, B = \left(\begin{array}{cc|cc} -1 & 2 & 1 & 0 \\ 4 & 0 & 0 & 1 \\ \hline 0 & 1 & 0 & 0 \\ -2 & 0 & 0 & 0 \\ 2 & -1 & 0 & 0 \end{array}\right) = \begin{pmatrix} B_1 & E_2 \\ B_2 & O \end{pmatrix},$$

则有

$$\boldsymbol{AB}=\begin{pmatrix}\boldsymbol{E}_2 & \boldsymbol{O}\\ \boldsymbol{A}_1 & \boldsymbol{E}_3\end{pmatrix}\begin{pmatrix}\boldsymbol{B}_1 & \boldsymbol{E}_2\\ \boldsymbol{B}_2 & \boldsymbol{O}\end{pmatrix}=\begin{pmatrix}\boldsymbol{B}_1 & \boldsymbol{E}_2\\ \boldsymbol{A}_1\boldsymbol{B}_1+\boldsymbol{B}_2 & \boldsymbol{A}_1\end{pmatrix},$$

其中

$$\boldsymbol{A}_1\boldsymbol{B}_1+\boldsymbol{B}_2=\begin{pmatrix}0 & 0\\ 1 & 2\\ -2 & 0\end{pmatrix}\begin{pmatrix}-1 & 2\\ 4 & 0\end{pmatrix}+\begin{pmatrix}0 & 1\\ -2 & 0\\ 2 & -1\end{pmatrix}=\begin{pmatrix}0 & 1\\ 5 & 2\\ 4 & -5\end{pmatrix},$$

因此

$$\boldsymbol{AB}=\begin{pmatrix}-1 & 2 & 1 & 0\\ 4 & 0 & 0 & 1\\ 0 & 1 & 0 & 0\\ 5 & 2 & 1 & 2\\ 4 & -5 & -2 & 0\end{pmatrix}。$$

例 2.18 证明矩阵$\boldsymbol{A}=\boldsymbol{O}$的充分必要条件是方阵$\boldsymbol{A}^{\mathrm{T}}\boldsymbol{A}=\boldsymbol{O}$。

证 必要性显然,下面证明充分性。

设$\boldsymbol{A}=(a_{ij})_{m\times n}$,将$\boldsymbol{A}$按列分块为$\boldsymbol{A}=(\boldsymbol{\alpha}_1,\boldsymbol{\alpha}_2,\cdots,\boldsymbol{\alpha}_n)$,则

$$\boldsymbol{A}^{\mathrm{T}}\boldsymbol{A}=\begin{pmatrix}\boldsymbol{\alpha}_1^{\mathrm{T}}\\ \boldsymbol{\alpha}_2^{\mathrm{T}}\\ \vdots\\ \boldsymbol{\alpha}_n^{\mathrm{T}}\end{pmatrix}(\boldsymbol{\alpha}_1,\boldsymbol{\alpha}_2,\cdots,\boldsymbol{\alpha}_n)=\begin{pmatrix}\boldsymbol{\alpha}_1^{\mathrm{T}}\boldsymbol{\alpha}_1 & \boldsymbol{\alpha}_1^{\mathrm{T}}\boldsymbol{\alpha}_2 & \cdots & \boldsymbol{\alpha}_1^{\mathrm{T}}\boldsymbol{\alpha}_n\\ \boldsymbol{\alpha}_2^{\mathrm{T}}\boldsymbol{\alpha}_1 & \boldsymbol{\alpha}_2^{\mathrm{T}}\boldsymbol{\alpha}_2 & \cdots & \boldsymbol{\alpha}_2^{\mathrm{T}}\boldsymbol{\alpha}_n\\ \vdots & \vdots & \vdots & \vdots\\ \boldsymbol{\alpha}_n^{\mathrm{T}}\boldsymbol{\alpha}_1 & \boldsymbol{\alpha}_n^{\mathrm{T}}\boldsymbol{\alpha}_2 & \cdots & \boldsymbol{\alpha}_n^{\mathrm{T}}\boldsymbol{\alpha}_n\end{pmatrix},$$

因$\boldsymbol{A}^{\mathrm{T}}\boldsymbol{A}=\boldsymbol{O}$,所以矩阵$\boldsymbol{A}^{\mathrm{T}}\boldsymbol{A}$的$(i,j)$元

$$\boldsymbol{\alpha}_i^{\mathrm{T}}\boldsymbol{\alpha}_j=0\ (i,j=1,2,\cdots,n)。$$

特别的,有

$$\boldsymbol{\alpha}_i^{\mathrm{T}}\boldsymbol{\alpha}_i=0(i=1,2,\cdots,n)。$$

而

$$\boldsymbol{\alpha}_i^{\mathrm{T}}\boldsymbol{\alpha}_i=(a_{1i},a_{2i},\cdots,a_{mi})\begin{pmatrix}a_{1i}\\ a_{2i}\\ \vdots\\ a_{mi}\end{pmatrix}=a_{1i}^2+a_{2i}^2+\cdots+a_{mi}^2,$$

由$a_{1i}^2+a_{2i}^2+\cdots+a_{mi}^2=0$,得

$$a_{1i}=a_{2i}=\cdots=a_{mi}=0\ (i=1,2,\cdots,n),$$

故

$$\boldsymbol{A}=\boldsymbol{O}。$$

例 2.19　在例 2.5 中,我们曾将一般的线性方程组

$$\begin{cases} a_{11}x_1 + a_{12}x_2 + \cdots + a_{1n}x_n = b_1, \\ a_{21}x_1 + a_{22}x_2 + \cdots + a_{2n}x_n = b_2, \\ \cdots\cdots\cdots\cdots \\ a_{m1}x_1 + a_{m2}x_2 + \cdots + a_{mn}x_n = b_m, \end{cases} \tag{2-9}$$

表示为矩阵乘积的形式,即

$$\boldsymbol{Ax} = \boldsymbol{b}, \tag{2-10}$$

其中

$$\boldsymbol{A} = \begin{pmatrix} a_{11} & a_{12} & \cdots & a_{1n} \\ a_{21} & a_{22} & \cdots & a_{2n} \\ \vdots & \vdots & & \vdots \\ a_{m1} & a_{m2} & \cdots & a_{mn} \end{pmatrix}, \boldsymbol{x} = \begin{pmatrix} x_1 \\ x_2 \\ \vdots \\ x_n \end{pmatrix}, \boldsymbol{b} = \begin{pmatrix} b_1 \\ b_2 \\ \vdots \\ b_m \end{pmatrix}。$$

上式中,将 $\boldsymbol{A}$ 按列分块,$\boldsymbol{x}$ 按行分块,由分块矩阵的乘法可得

$$(\boldsymbol{a}_1, \boldsymbol{a}_2, \cdots, \boldsymbol{a}_n)\begin{pmatrix} x_1 \\ x_2 \\ \vdots \\ x_n \end{pmatrix} = \boldsymbol{b},$$

即

$$x_1\boldsymbol{a}_1 + x_2\boldsymbol{a}_2 + \cdots + x_n\boldsymbol{a}_n = \boldsymbol{b}。 \tag{2-11}$$

事实上,把方程组(2-9)表示成

$$\begin{pmatrix} a_{11} \\ a_{21} \\ \vdots \\ a_{m1} \end{pmatrix} x_1 + \begin{pmatrix} a_{12} \\ a_{22} \\ \vdots \\ a_{m2} \end{pmatrix} x_2 + \cdots + \begin{pmatrix} a_{1n} \\ a_{2n} \\ \vdots \\ a_{mn} \end{pmatrix} x_n = \begin{pmatrix} b_1 \\ b_2 \\ \vdots \\ b_m \end{pmatrix},$$

也即为(2-11)式。

(2-10)式和(2-11)式是线性方程组(2-9)的两种常用表达形式。今后,它们将与(2-9)式混同使用而不加区分,并都称为线性方程组。解与解向量亦不加区别。

4. 分块矩阵的转置

设 $\boldsymbol{A} = \begin{pmatrix} \boldsymbol{A}_{11} & \cdots & \boldsymbol{A}_{1t} \\ \vdots & & \vdots \\ \boldsymbol{A}_{s1} & \cdots & \boldsymbol{A}_{st} \end{pmatrix}$,则$\boldsymbol{A}^{\mathrm{T}} = \begin{pmatrix} \boldsymbol{A}_{11}^{\mathrm{T}} & \cdots & \boldsymbol{A}_{s1}^{\mathrm{T}} \\ \vdots & & \vdots \\ \boldsymbol{A}_{1t}^{\mathrm{T}} & \cdots & \boldsymbol{A}_{st}^{\mathrm{T}} \end{pmatrix}$。

分块矩阵转置时,不仅要把行变成相应的列,而且要把每一个子块转置。

2.4.3 分块对角矩阵

若方阵$\boldsymbol{A}$的分块矩阵只在主对角线上有非零子块，其余的子块都为零矩阵，且在对角线上的子块都是方阵，即

$$\boldsymbol{A}=\begin{pmatrix}\boldsymbol{A}_1 & & & \\ & \boldsymbol{A}_2 & & \\ & & \ddots & \\ & & & \boldsymbol{A}_s\end{pmatrix},$$

其中$\boldsymbol{A}_i(i=1,2,\cdots,s)$都是方阵，未写出的子块都是零矩阵，则称$\boldsymbol{A}$为**分块对角矩阵**。

例如，将矩阵$\boldsymbol{A}$做如下分块

$$\boldsymbol{A}=\left(\begin{array}{ccc:c:cc}1&2&3&0&0&0\\4&5&6&0&0&0\\7&8&9&0&0&0\\ \hdashline 0&0&0&10&0&0\\ \hdashline 0&0&0&0&11&12\\0&0&0&0&13&14\end{array}\right)$$

后，即为如下分块对角矩阵

$$\boldsymbol{A}=\begin{pmatrix}\boldsymbol{A}_1 & & \\ & \boldsymbol{A}_2 & \\ & & \boldsymbol{A}_3\end{pmatrix},$$

其中

$$\boldsymbol{A}_1=\begin{pmatrix}1&2&3\\4&5&6\\7&8&9\end{pmatrix},\ \boldsymbol{A}_2=(10),\ \boldsymbol{A}_3=\begin{pmatrix}11&12\\13&14\end{pmatrix}。$$

分块对角矩阵具有以下性质：

设

$$\boldsymbol{A}=\begin{pmatrix}\boldsymbol{A}_1 & & & \\ & \boldsymbol{A}_2 & & \\ & & \ddots & \\ & & & \boldsymbol{A}_s\end{pmatrix},\ \boldsymbol{B}=\begin{pmatrix}\boldsymbol{B}_1 & & & \\ & \boldsymbol{B}_2 & & \\ & & \ddots & \\ & & & \boldsymbol{B}_s\end{pmatrix}$$

是两个分块对角矩阵，其中$\boldsymbol{A}_i$与$\boldsymbol{B}_i(i=1,2,\cdots,s)$是同阶方阵，则

$$(1)\boldsymbol{AB}=\begin{pmatrix}\boldsymbol{A}_1\boldsymbol{B}_1 & & & \\ & \boldsymbol{A}_2\boldsymbol{B}_2 & & \\ & & \ddots & \\ & & & \boldsymbol{A}_s\boldsymbol{B}_s\end{pmatrix};$$

(2) $\boldsymbol{A}^k = \begin{pmatrix} \boldsymbol{A}_1^k & & & \\ & \boldsymbol{A}_2^k & & \\ & & \ddots & \\ & & & \boldsymbol{A}_s^k \end{pmatrix}$，其中 k 为正整数；

(3) 若 $\boldsymbol{A}_i(i=1,2,\cdots,s)$ 都可逆，则 A 可逆，且

$$\boldsymbol{A}^{-1} = \begin{pmatrix} \boldsymbol{A}_1^{-1} & & & \\ & \boldsymbol{A}_2^{-1} & & \\ & & \ddots & \\ & & & \boldsymbol{A}_s^{-1} \end{pmatrix};$$

(4) $|\boldsymbol{A}| = |\boldsymbol{A}_1||\boldsymbol{A}_2|\cdots|\boldsymbol{A}_s|$。

例 2.20　设矩阵

$$\boldsymbol{A} = \begin{pmatrix} 3 & 0 & 0 & 0 & 0 \\ 0 & 0 & 1 & 0 & 0 \\ 0 & 2 & 5 & 0 & 0 \\ 0 & 0 & 0 & 1 & 0 \\ 0 & 0 & 0 & 0 & 1 \end{pmatrix},$$

求 $\boldsymbol{A}^{-1}$。

解　将 $\boldsymbol{A}$ 做如下分块

$$\boldsymbol{A} = \left(\begin{array}{c:cc:cc} 3 & 0 & 0 & 0 & 0 \\ \hdashline 0 & 0 & 1 & 0 & 0 \\ 0 & 2 & 5 & 0 & 0 \\ \hdashline 0 & 0 & 0 & 1 & 0 \\ 0 & 0 & 0 & 0 & 1 \end{array}\right) = \begin{pmatrix} \boldsymbol{A}_1 & & \\ & \boldsymbol{A}_2 & \\ & & \boldsymbol{E}_2 \end{pmatrix},$$

其中

$$\boldsymbol{A}_1 = (3), \boldsymbol{A}_2 = \begin{pmatrix} 0 & 1 \\ 2 & 5 \end{pmatrix}, \boldsymbol{E}_2 = \begin{pmatrix} 1 & 0 \\ 0 & 1 \end{pmatrix}。$$

由于

$$\boldsymbol{A}_1^{-1} = \left(\frac{1}{3}\right), \boldsymbol{A}_2^{-1} = -\frac{1}{2}\begin{pmatrix} 5 & -1 \\ -2 & 0 \end{pmatrix}, \boldsymbol{E}_2^{-1} = \boldsymbol{E}_2,$$

因此

$$\boldsymbol{A}^{-1} = \begin{pmatrix} \boldsymbol{A}_1^{-1} & & \\ & \boldsymbol{A}_2^{-1} & \\ & & \boldsymbol{E}_2^{-1} \end{pmatrix} = \left(\begin{array}{c:cc:cc} \frac{1}{3} & 0 & 0 & 0 & 0 \\ \hdashline 0 & -\frac{5}{2} & \frac{1}{2} & 0 & 0 \\ 0 & 1 & 0 & 0 & 0 \\ \hdashline 0 & 0 & 0 & 1 & 0 \\ 0 & 0 & 0 & 0 & 1 \end{array}\right)。$$

2.5 矩阵的初等变换

矩阵的初等变换是处理矩阵问题的一种基本方法，它在化简矩阵、解线性方程组、求逆矩阵和求矩阵的秩等诸多领域中发挥着重要作用。

2.5.1 矩阵的初等变换

类似于1.3节中所定义的行列式的三种变换：对换、数乘和倍加，我们来定义矩阵的初等变换。

定义2.12 对矩阵的行(列)进行下列三种变换，称为矩阵的**初等行(列)变换**：

(1) 对换：对换矩阵的第i行(列)和第j行(列)，记作$r_i \leftrightarrow r_j (c_i \leftrightarrow c_j)$；

(2) 数乘：用一个非零常数k乘以矩阵的第i行(列)，记作$r_i \times k (c_i \times k)$；

(3) 倍加：把矩阵第j行(列)的各元素的k倍加到第i行(列)对应元素上，记为$r_i + kr_j (c_i + kc_j)$。

矩阵的初等行变换和初等列变换统称为矩阵的**初等变换**。

例如，以下变换是矩阵的初等行变换：

$$\begin{pmatrix} a_{11} & a_{12} & a_{13} & a_{14} \\ a_{21} & a_{22} & a_{23} & a_{24} \\ a_{31} & a_{32} & a_{33} & a_{34} \end{pmatrix} \xrightarrow{r_1 \leftrightarrow r_3} \begin{pmatrix} a_{31} & a_{32} & a_{33} & a_{34} \\ a_{21} & a_{22} & a_{23} & a_{24} \\ a_{11} & a_{12} & a_{13} & a_{14} \end{pmatrix},$$

$$\begin{pmatrix} a_{11} & a_{12} & a_{13} & a_{14} \\ a_{21} & a_{22} & a_{23} & a_{24} \\ a_{31} & a_{32} & a_{33} & a_{34} \end{pmatrix} \xrightarrow{r_2 \times 5} \begin{pmatrix} a_{11} & a_{12} & a_{13} & a_{14} \\ 5a_{21} & 5a_{22} & 5a_{23} & 5a_{24} \\ a_{31} & a_{32} & a_{33} & a_{34} \end{pmatrix},$$

$$\begin{pmatrix} a_{11} & a_{12} & a_{13} & a_{14} \\ a_{21} & a_{22} & a_{23} & a_{24} \\ a_{31} & a_{32} & a_{33} & a_{34} \end{pmatrix} \xrightarrow{r_1 + r_2 \times 4} \begin{pmatrix} a_{11} + 4a_{21} & a_{12} + 4a_{22} & a_{13} + 4a_{23} & a_{14} + 4a_{24} \\ a_{21} & a_{22} & a_{23} & a_{24} \\ a_{31} & a_{32} & a_{33} & a_{34} \end{pmatrix}。$$

显然，三种初等变换都是可逆的，且其逆变换是同一类型的初等变换。以初等行变换为例，对换变换$r_i \leftrightarrow r_j$的逆变换就是其本身；数乘变换$r_i \times k$的逆变换是$r_i \times \frac{1}{k}$(或记作$r_i \div k$)；倍加变换$r_i + kr_j$的逆变换为$r_i + (-k)r_j$(或记作$r_i - kr_j$)。

定义2.13 如果矩阵$\boldsymbol{A}$经过有限次初等行变换变成矩阵$\boldsymbol{B}$，那么称$\boldsymbol{A}$与$\boldsymbol{B}$**行等价**，记作$\boldsymbol{A} \overset{r}{\sim} \boldsymbol{B}$；如果矩阵$\boldsymbol{A}$经过有限次初等列变换变成矩阵$\boldsymbol{B}$，那么称$\boldsymbol{A}$与$\boldsymbol{B}$**列等价**，记作$\boldsymbol{A} \overset{c}{\sim} \boldsymbol{B}$；如果矩阵$\boldsymbol{A}$经过有限次初等变换变成矩阵$\boldsymbol{B}$，那么称$\boldsymbol{A}$与$\boldsymbol{B}$**等价**，记作$\boldsymbol{A} \sim \boldsymbol{B}$。

等价是矩阵间的一种关系，等价关系具有下列性质：

(1) 自反性：$\boldsymbol{A} \sim \boldsymbol{A}$；

(2) 对称性:若 $\boldsymbol{A} \sim \boldsymbol{B}$,则 $\boldsymbol{B} \sim \boldsymbol{A}$;

(3) 传递性:若 $\boldsymbol{A} \sim \boldsymbol{B}, \boldsymbol{B} \sim \boldsymbol{C}$,则 $\boldsymbol{A} \sim \boldsymbol{C}$。

例 2.21　对矩阵 $\boldsymbol{A}=\begin{pmatrix} 1 & -2 & -1 & 0 & 2 \\ -2 & 4 & 2 & 6 & -6 \\ 2 & -1 & 0 & 2 & 3 \\ 3 & 3 & 3 & 3 & 4 \end{pmatrix}$做如下初等变换:

$$\boldsymbol{A} \xrightarrow[r_4-3r_1]{\substack{r_2+2r_1 \\ r_3-2r_1}} \begin{pmatrix} 1 & -2 & -1 & 0 & 2 \\ 0 & 0 & 0 & 6 & -2 \\ 0 & 3 & 2 & 2 & -1 \\ 0 & 9 & 6 & 3 & -2 \end{pmatrix} \xrightarrow[r_3 \leftrightarrow r_4]{r_2 \leftrightarrow r_3} \begin{pmatrix} 1 & -2 & -1 & 0 & 2 \\ 0 & 3 & 2 & 2 & -1 \\ 0 & 9 & 6 & 3 & -2 \\ 0 & 0 & 0 & 6 & -2 \end{pmatrix}$$

$$\xrightarrow{r_3-3r_2} \begin{pmatrix} 1 & -2 & -1 & 0 & 2 \\ 0 & 3 & 2 & 2 & -1 \\ 0 & 0 & 0 & -3 & 1 \\ 0 & 0 & 0 & 6 & -2 \end{pmatrix} \xrightarrow{r_4+2r_3} \begin{pmatrix} 1 & -2 & -1 & 0 & 2 \\ 0 & 3 & 2 & 2 & -1 \\ 0 & 0 & 0 & -3 & 1 \\ 0 & 0 & 0 & 0 & 0 \end{pmatrix}=\boldsymbol{B}。$$

矩阵 $\boldsymbol{B}$ 称作是**行阶梯形矩阵**。为明确起见,给出如下定义:

定义 2.14　如果一个矩阵满足条件:可以在矩阵内部画出一条阶梯线,线的左下方元素全是 0,且每段竖线的高度只有一行,竖线的右方第一个元素是非零元,则称该矩阵为**行阶梯形矩阵**。

例如矩阵

$$\begin{pmatrix} 3 & 2 & 1 & 2 \\ 0 & 2 & 1 & 5 \\ 0 & 0 & 4 & 1 \end{pmatrix}, \begin{pmatrix} 0 & 3 & 0 & 1 \\ 0 & 0 & 2 & 1 \\ 0 & 0 & 0 & 3 \end{pmatrix}, \begin{pmatrix} 1 & -3 & -1 & 2 \\ 0 & -1 & 3 & 5 \\ 0 & 0 & 0 & 0 \end{pmatrix}$$

都是阶梯形矩阵。

对例 2.21 中的行阶梯矩阵 $\boldsymbol{B}$ 继续施行初等行变换:

$$\boldsymbol{B} \xrightarrow[r_3 \div (-3)]{r_2 \div 3} \begin{pmatrix} 1 & -2 & -1 & 0 & 2 \\ 0 & 1 & \frac{2}{3} & \frac{2}{3} & -\frac{1}{3} \\ 0 & 0 & 0 & 1 & -\frac{1}{3} \\ 0 & 0 & 0 & 0 & 0 \end{pmatrix} \xrightarrow[r_1+2r_2]{r_2+(-\frac{2}{3})r_3} \begin{pmatrix} 1 & 0 & \frac{1}{3} & 0 & \frac{16}{9} \\ 0 & 1 & \frac{2}{3} & 0 & -\frac{1}{9} \\ 0 & 0 & 0 & 1 & -\frac{1}{3} \\ 0 & 0 & 0 & 0 & 0 \end{pmatrix}=\boldsymbol{C}。$$

矩阵 $\boldsymbol{C}$ 不仅是行阶梯形矩阵,而且还具有下列特征:各非零行的首非零元是 1,且这些"1"所在列的其余元素都为零,这样的行阶梯形矩阵称为**行最简形矩阵**。

对矩阵 $\boldsymbol{C}$ 继续施行初等列变换,则可将其进一步化为更简单的形式:

$$C\xrightarrow{c_3\leftrightarrow c_4}\begin{pmatrix}1&0&0&\frac{1}{3}&\frac{16}{9}\\0&1&0&\frac{2}{3}&-\frac{1}{9}\\0&0&1&0&-\frac{1}{3}\\0&0&0&0&0\end{pmatrix}\xrightarrow[c_4+\left(-\frac{2}{3}\right)c_2]{c_4+\left(-\frac{1}{3}\right)c_1}\begin{pmatrix}1&0&0&0&\frac{16}{9}\\0&1&0&0&-\frac{1}{9}\\0&0&1&0&-\frac{1}{3}\\0&0&0&0&0\end{pmatrix}$$

$$\xrightarrow[\substack{c_5+\frac{1}{9}c_2\\c_5+\frac{1}{3}c_3}]{c_5+\left(-\frac{16}{9}\right)c_1}\begin{pmatrix}1&0&0&0&0\\0&1&0&0&0\\0&0&1&0&0\\0&0&0&0&0\end{pmatrix}=\begin{pmatrix}\boldsymbol{E}_3&\boldsymbol{O}\\\boldsymbol{O}&\boldsymbol{O}\end{pmatrix}=\boldsymbol{D},$$

矩阵 $\boldsymbol{D}$ 称为原矩阵 $\boldsymbol{A}$ 的**标准形**,其特点是:$\boldsymbol{D}$ 的左上角是一个单位矩阵,其余元素全为 0。$m\times n$ 矩阵的标准形具有下列形式

$$\begin{pmatrix}\boldsymbol{E}_r&\boldsymbol{O}\\\boldsymbol{O}&\boldsymbol{O}\end{pmatrix}_{m\times n},$$

此标准形由 m,n,r 三个数完全确定,其中 r 就是行阶梯形中非零行的行数。

定理 2.2 任意一个矩阵都可以经过有限次初等行变换化为行阶梯形矩阵和行最简形矩阵,再经过有限次初等列变换化为标准形矩阵。

一般地,一个矩阵的行阶梯形矩阵是不唯一的,而行最简形矩阵和标准形矩阵是唯一的。

例 2.22 对矩阵 $\boldsymbol{A}$ 做初等变换,使其化为行阶梯形矩阵、行最简形矩阵和标准形矩阵,其中

$$\boldsymbol{A}=\begin{pmatrix}1&1&2&2&1\\0&2&1&5&-1\\2&0&3&-1&3\\1&1&0&4&-1\end{pmatrix}。$$

解
$$\boldsymbol{A}=\begin{pmatrix}1&1&2&2&1\\0&2&1&5&-1\\2&0&3&-1&3\\1&1&0&4&-1\end{pmatrix}\xrightarrow[r_4-r_1]{r_3-2r_1}\begin{pmatrix}1&1&2&2&1\\0&2&1&5&-1\\0&-2&-1&-5&1\\0&0&-2&2&-2\end{pmatrix}$$

$$\xrightarrow[r_4\times\left(-\frac{1}{2}\right)]{r_3+r_2}\begin{pmatrix}1&1&2&2&1\\0&2&1&5&-1\\0&0&0&0&0\\0&0&1&-1&1\end{pmatrix}\xrightarrow{r_3\leftrightarrow r_4}\begin{pmatrix}1&1&2&2&1\\0&2&1&5&-1\\0&0&1&-1&1\\0&0&0&0&0\end{pmatrix}\text{(行阶梯形)}$$

$$\xrightarrow[r_2-r_3]{r_1-2r_3}\begin{pmatrix}1&1&0&4&-1\\0&2&0&6&-2\\0&0&1&-1&1\\0&0&0&0&0\end{pmatrix}\xrightarrow{r_2\times\frac{1}{2}}\begin{pmatrix}1&1&0&4&-1\\0&1&0&3&-1\\0&0&1&-1&1\\0&0&0&0&0\end{pmatrix}$$

$$\xrightarrow{r_1-r_2}\begin{pmatrix}1&0&0&1&0\\0&1&0&3&-1\\0&0&1&-1&1\\0&0&0&0&0\end{pmatrix}\text{(行最简形)}$$

$$\xrightarrow[\substack{c_4-3c_2\\c_4+c_3}]{c_4-c_1}\begin{pmatrix}1&0&0&0&0\\0&1&0&0&-1\\0&0&1&0&1\\0&0&0&0&0\end{pmatrix}\xrightarrow[c_5-c_3]{c_5+c_2}\begin{pmatrix}1&0&0&0&0\\0&1&0&0&0\\0&0&1&0&0\\0&0&0&0&0\end{pmatrix}\text{(标准形)。}$$

2.5.2　初等矩阵

定义 2.15　由单位矩阵 $\boldsymbol{E}$ 经过一次初等变换得到的矩阵称为**初等矩阵**。三种初等变换分别对应着三种初等矩阵。

(1) 对换 $\boldsymbol{E}$ 的第 i 行和第 j 行(或对换 $\boldsymbol{E}$ 的第 i 列和第 j 列),得初等矩阵

$$\boldsymbol{E}(i,j)=\begin{pmatrix}1&&&&&&&&\\&\ddots&&&&&&&\\&&1&&&&&&\\&&&0&\cdots&1&&&\\&&&&1&&&&\\&&&\vdots&\ddots&\vdots&&&\\&&&&&1&&&\\&&&1&\cdots&0&&&\\&&&&&&1&&\\&&&&&&&\ddots&\\&&&&&&&&1\end{pmatrix}\begin{matrix}\\\\\\\leftarrow\text{第 } i \text{ 行}\\\\\\\\\leftarrow\text{第 } j \text{ 行}\\\\\\\\\end{matrix}$$

$$\begin{matrix}\uparrow&&\uparrow\\\text{第 } i \text{ 列}&&\text{第 } j \text{ 列}\end{matrix}$$

(2) 将 $\boldsymbol{E}$ 的第 i 行(或第 i 列)乘以非零数 k,得初等矩阵

$$
E(i(k))=\begin{pmatrix}1 & & & & & & \\ & \ddots & & & & & \\ & & 1 & & & & \\ & & & k & & & \\ & & & & 1 & & \\ & & & & & \ddots & \\ & & & & & & 1\end{pmatrix} \begin{matrix} \\ \\ \\ \leftarrow \text{第 } i \text{ 行} \\ \\ \\ \\ \end{matrix}
$$

$$
\uparrow \text{第 } i \text{ 列}
$$

(3) 将 $\boldsymbol{E}$ 的第 j 行的 k 倍加到第 i 行(或将 $\boldsymbol{E}$ 的第 i 列的 k 倍加到第 j 列),得初等矩阵

$$
E(ij(k))=\begin{pmatrix}1 & & & & & & \\ & \ddots & & & & & \\ & & 1 & \cdots & k & & \\ & & & \ddots & \vdots & & \\ & & & & 1 & & \\ & & & & & \ddots & \\ & & & & & & 1\end{pmatrix} \begin{matrix} \\ \\ \leftarrow \text{第 } i \text{ 行} \\ \\ \leftarrow \text{第 } j \text{ 行} \\ \\ \\ \end{matrix}
$$

$$
\uparrow \text{第 } i \text{ 列} \quad \uparrow \text{第 } j \text{ 列}
$$

不难看出,初等矩阵都是可逆矩阵,它们的逆矩阵是同一类型的初等矩阵,即

$$
\boldsymbol{E}(i,j)^{-1}=\boldsymbol{E}(i,j),\boldsymbol{E}(i(k))^{-1}=\boldsymbol{E}\left(i\left(\frac{1}{k}\right)\right),\boldsymbol{E}(ij(k))^{-1}=\boldsymbol{E}(ij(-k))。
$$

例 2.23 设 $\boldsymbol{A}=(a_{ij})_{3\times3}$,用三阶初等矩阵 $\boldsymbol{E}(1,2)$ 分别左乘和右乘矩阵 $\boldsymbol{A}$ 得:

$$
\boldsymbol{E}(1,2)\boldsymbol{A}=\begin{pmatrix}0&1&0\\1&0&0\\0&0&1\end{pmatrix}\begin{pmatrix}a_{11}&a_{12}&a_{13}\\a_{21}&a_{22}&a_{23}\\a_{31}&a_{32}&a_{33}\end{pmatrix}=\begin{pmatrix}a_{21}&a_{22}&a_{23}\\a_{11}&a_{12}&a_{13}\\a_{31}&a_{32}&a_{33}\end{pmatrix};
$$

$$
\boldsymbol{A}\boldsymbol{E}(1,2)=\begin{pmatrix}a_{11}&a_{12}&a_{13}\\a_{21}&a_{22}&a_{23}\\a_{31}&a_{32}&a_{33}\end{pmatrix}\begin{pmatrix}0&1&0\\1&0&0\\0&0&1\end{pmatrix}=\begin{pmatrix}a_{12}&a_{11}&a_{13}\\a_{22}&a_{21}&a_{23}\\a_{32}&a_{31}&a_{33}\end{pmatrix}。
$$

可以看出:用 $\boldsymbol{E}(1,2)$ 左乘矩阵 $\boldsymbol{A}$,其结果相当于对 $\boldsymbol{A}$ 施行了一次初等行变换,即对换 $\boldsymbol{A}$ 的第 1 行和第 2 行($r_1\leftrightarrow r_2$);用 $\boldsymbol{E}(1,2)$ 右乘矩阵 $\boldsymbol{A}$,其结果相当于对 $\boldsymbol{A}$ 施行了一次初等列变换,即对换 $\boldsymbol{A}$ 的第 1 列和第 2 列($c_1\leftrightarrow c_2$)。

类似的，设 $\boldsymbol{A}=(a_{ij})_{m\times n}$，可以直接验证：

(1) 用 m 阶初等矩阵 $\boldsymbol{E}_m(i,j)$ 左乘矩阵 $\boldsymbol{A}$，其结果相当于对换 $\boldsymbol{A}$ 的第 i 行和第 j 行 $(r_i\leftrightarrow r_j)$；用 n 阶初等矩阵 $\boldsymbol{E}_n(i,j)$ 右乘矩阵 $\boldsymbol{A}$，其结果相当于对换 $\boldsymbol{A}$ 的第 i 列和第 j 列 $(c_i\leftrightarrow c_j)$；

(2) 用 $\boldsymbol{E}_m(i(k))$ 左乘矩阵 $\boldsymbol{A}$，其结果相当于用数 k 乘 $\boldsymbol{A}$ 的第 i 行 $(r_i\times k)$；用 $\boldsymbol{E}_n(i(k))$ 右乘矩阵 $\boldsymbol{A}$，其结果相当于用数 k 乘 $\boldsymbol{A}$ 的第 i 列 $(c_i\times k)$；

(3) 用 $\boldsymbol{E}(ij(k))$ 左乘矩阵 $\boldsymbol{A}$，其结果相当于把 $\boldsymbol{A}$ 的第 j 行的 k 倍加到第 i 行上 (r_i+kr_j)；用 $\boldsymbol{E}(ij(k))$ 右乘矩阵 $\boldsymbol{A}$，其结果相当于把 $\boldsymbol{A}$ 的第 i 列的 k 倍加到第 j 列上 (c_j+kc_i)。

归纳以上讨论结果，可得矩阵的初等变换与初等矩阵的关系如下：

定理 2.3　设 $\boldsymbol{A}$ 是一个 $m\times n$ 阶矩阵，则对 $\boldsymbol{A}$ 施行一次初等行变换，相当于用相应的 m 阶初等矩阵左乘 $\boldsymbol{A}$；对 $\boldsymbol{A}$ 施行一次初等列变换，相当于用相应的 n 阶初等矩阵右乘 $\boldsymbol{A}$。

例如，对于 $\boldsymbol{A}=\begin{pmatrix}1&2&3\\4&5&6\\7&8&9\end{pmatrix}$，有

(1) $\boldsymbol{E}_3(2(3))\boldsymbol{A}=\begin{pmatrix}1&0&0\\0&3&0\\0&0&1\end{pmatrix}\begin{pmatrix}1&2&3\\4&5&6\\7&8&9\end{pmatrix}=\begin{pmatrix}1&2&3\\12&15&18\\7&8&9\end{pmatrix}$，即用 $\boldsymbol{E}_3(2(3))$ 左乘 $\boldsymbol{A}$，相当于将矩阵 $\boldsymbol{A}$ 的第 2 行乘 3。

(2) $\boldsymbol{A}\boldsymbol{E}_3(31(-2))=\begin{pmatrix}1&2&3\\4&5&6\\7&8&9\end{pmatrix}\begin{pmatrix}1&0&0\\0&1&0\\-2&0&1\end{pmatrix}=\begin{pmatrix}-5&2&3\\-8&5&6\\-11&8&9\end{pmatrix}$，即用 $\boldsymbol{E}_3(31(-2))$ 右乘 $\boldsymbol{A}$，相当于将矩阵 $\boldsymbol{A}$ 的第 3 列的 -2 倍加到第 1 列上。

定理 2.4　设 $\boldsymbol{A}$ 与 $\boldsymbol{B}$ 为 $m\times n$ 矩阵，则

(1) $\boldsymbol{A}\overset{r}{\sim}\boldsymbol{B}$ 的充分必要条件是存在 m 阶可逆矩阵 $\boldsymbol{P}$，使 $\boldsymbol{PA}=\boldsymbol{B}$；

(2) $\boldsymbol{A}\overset{c}{\sim}\boldsymbol{B}$ 的充分必要条件是存在 n 阶可逆矩阵 $\boldsymbol{Q}$，使 $\boldsymbol{AQ}=\boldsymbol{B}$；

(3) $\boldsymbol{A}\sim\boldsymbol{B}$ 的充分必要条件是存在 m 阶可逆矩阵 $\boldsymbol{P}$ 和 n 阶可逆矩阵 $\boldsymbol{Q}$，使 $\boldsymbol{PAQ}=\boldsymbol{B}$。

证　(1) 根据矩阵行等价的定义和定理 2.3 可知，

$\boldsymbol{A}\overset{r}{\sim}\boldsymbol{B}\Leftrightarrow\boldsymbol{A}$ 经过有限次初等行变换变成 $\boldsymbol{B}$

$\Leftrightarrow$ 存在有限个 m 阶初等矩阵 $\boldsymbol{P}_1,\cdots,\boldsymbol{P}_l$，使 $\boldsymbol{P}_l\cdots\boldsymbol{P}_2\boldsymbol{P}_1\boldsymbol{A}=\boldsymbol{B}$

$\Leftrightarrow$ 存在 m 阶可逆矩阵 $\boldsymbol{P}=\boldsymbol{P}_l\cdots\boldsymbol{P}_2\boldsymbol{P}_1$，使 $\boldsymbol{PA}=\boldsymbol{B}$。

类似可证明(2) 和(3)。

推论 2.2 设$\boldsymbol{A}_{m\times n}$的标准形为$\begin{pmatrix} \boldsymbol{E}_r & \boldsymbol{O} \\ \boldsymbol{O} & \boldsymbol{O} \end{pmatrix}_{m\times n}$，则存在$m$阶可逆矩阵$\boldsymbol{P}$和$n$阶可逆矩阵$\boldsymbol{Q}$，使$\boldsymbol{PAQ}=\begin{pmatrix} \boldsymbol{E}_r & \boldsymbol{O} \\ \boldsymbol{O} & \boldsymbol{O} \end{pmatrix}_{m\times n}$。

定理 2.5 方阵$\boldsymbol{A}$可逆的充分必要条件是$\boldsymbol{A}$可表示为有限个初等矩阵的乘积。

证 充分性 设存在有限个初等矩阵$\boldsymbol{P}_1,\boldsymbol{P}_2,\cdots,\boldsymbol{P}_l$，使$\boldsymbol{A}=\boldsymbol{P}_1\boldsymbol{P}_2\cdots\boldsymbol{P}_l$。由于初等矩阵是可逆矩阵，它们的乘积仍然是可逆矩阵，故$\boldsymbol{A}$可逆。

必要性 设$\boldsymbol{A}$为n阶方阵，$\boldsymbol{A}$的标准形为$\begin{pmatrix} \boldsymbol{E}_r & \boldsymbol{O} \\ \boldsymbol{O} & \boldsymbol{O} \end{pmatrix}_{n\times n}$，根据推论2.2，存在$n$阶可逆矩阵$\boldsymbol{P}$和$\boldsymbol{Q}$，使$\boldsymbol{PAQ}=\begin{pmatrix} \boldsymbol{E}_r & \boldsymbol{O} \\ \boldsymbol{O} & \boldsymbol{O} \end{pmatrix}_{n\times n}$，等式两边取行列式得，

$$|\boldsymbol{P}||\boldsymbol{A}||\boldsymbol{Q}|=\left|\begin{pmatrix} \boldsymbol{E}_r & \boldsymbol{O} \\ \boldsymbol{O} & \boldsymbol{O} \end{pmatrix}_{n\times n}\right|。$$

因为$\boldsymbol{P}$和$\boldsymbol{Q}$是可逆矩阵，所以$|\boldsymbol{P}|\neq 0$且$|\boldsymbol{Q}|\neq 0$。由于$\boldsymbol{A}$可逆，根据定理2.1知$|\boldsymbol{A}|\neq 0$，由以上等式得$r=n$，此时$\boldsymbol{A}$的标准形为n阶单位矩阵$\boldsymbol{E}$。因此，$\boldsymbol{A}\sim\boldsymbol{E}$，从而有$\boldsymbol{E}\sim\boldsymbol{A}$。结合定理2.3得，存在有限个初等矩阵$\boldsymbol{P}_1,\boldsymbol{P}_2,\cdots,\boldsymbol{P}_l$和$\boldsymbol{Q}_1,\boldsymbol{Q}_2,\cdots,\boldsymbol{Q}_s$，使$\boldsymbol{P}_1\boldsymbol{P}_2\cdots\boldsymbol{P}_l\boldsymbol{E}\boldsymbol{Q}_1\boldsymbol{Q}_2\cdots\boldsymbol{Q}_s=\boldsymbol{A}$，所以$\boldsymbol{A}=\boldsymbol{P}_1\boldsymbol{P}_2\cdots\boldsymbol{P}_l\boldsymbol{Q}_1\boldsymbol{Q}_2\cdots\boldsymbol{Q}_s$。

推论 2.3 方阵$\boldsymbol{A}$可逆的充分必要条件是$\boldsymbol{A}\overset{r}{\sim}\boldsymbol{E}$。

证 由定理2.5知，方阵$\boldsymbol{A}$可逆当且仅当存在有限个初等矩阵$\boldsymbol{P}_1,\boldsymbol{P}_2,\cdots,\boldsymbol{P}_l$，使得$\boldsymbol{A}=\boldsymbol{P}_1\boldsymbol{P}_2\cdots\boldsymbol{P}_l$，即$\boldsymbol{P}_1\boldsymbol{P}_2\cdots\boldsymbol{P}_l\boldsymbol{E}=\boldsymbol{A}$，这表明$\boldsymbol{E}\overset{r}{\sim}\boldsymbol{A}$，也即$\boldsymbol{A}\overset{r}{\sim}\boldsymbol{E}$。

2.5.3 初等变换法求逆矩阵

由定理2.5可以得到求逆矩阵的一种简便有效的方法，即**初等变换法**。

若$\boldsymbol{A}$可逆，则$\boldsymbol{A}^{-1}$也可逆，由定理2.5可知，存在有限个初等矩阵$\boldsymbol{P}_1,\boldsymbol{P}_2,\cdots,\boldsymbol{P}_l$，使得

$$\boldsymbol{A}^{-1}=\boldsymbol{P}_1\boldsymbol{P}_2\cdots\boldsymbol{P}_l,$$

所以

$$(\boldsymbol{P}_1\boldsymbol{P}_2\cdots\boldsymbol{P}_l)\boldsymbol{A}=\boldsymbol{E},$$

$$(\boldsymbol{P}_1\boldsymbol{P}_2\cdots\boldsymbol{P}_l)\boldsymbol{E}=\boldsymbol{A}^{-1}。$$

结合以上两式和定理2.3可知：用一系列初等行变换把$\boldsymbol{A}$化为$\boldsymbol{E}$时，这一系列初等行变换同时也把$\boldsymbol{E}$化为$\boldsymbol{A}^{-1}$。

于是我们得到用**初等变换法求逆矩阵**的方法：对于给定的n阶可逆方阵$\boldsymbol{A}$，在$\boldsymbol{A}$的右

边写上一个同阶单位矩阵 $\boldsymbol{E}$，构造 $n\times 2n$ 矩阵 $(\boldsymbol{A}\mid\boldsymbol{E})$，对矩阵 $(\boldsymbol{A}\mid\boldsymbol{E})$ 作初等行变换(仅用行变换) 把左边的矩阵 $\boldsymbol{A}$ 化为单位矩阵 $\boldsymbol{E}$ 的同时，右边的单位矩阵 $\boldsymbol{E}$ 便化成了 $\boldsymbol{A}^{-1}$，即

$$(\boldsymbol{A}\mid\boldsymbol{E})\xrightarrow{\text{初等行变换}}(\boldsymbol{E}\mid\boldsymbol{A}^{-1})。$$

例 2.24　设矩阵

$$\boldsymbol{A}=\begin{pmatrix}1&2&3\\2&1&2\\1&3&4\end{pmatrix},$$

求$\boldsymbol{A}^{-1}$。

解　对 $(\boldsymbol{A}\mid\boldsymbol{E})$ 施行初等行变换，得

$$(\boldsymbol{A}\mid\boldsymbol{E})=\left(\begin{array}{ccc|ccc}1&2&3&1&0&0\\2&1&2&0&1&0\\1&3&4&0&0&1\end{array}\right)\xrightarrow[r_3-r_1]{r_2-2r_1}\begin{pmatrix}1&2&3&1&0&0\\0&-3&-4&-2&1&0\\0&1&1&-1&0&1\end{pmatrix}$$

$$\xrightarrow{r_2\leftrightarrow r_3}\begin{pmatrix}1&2&3&1&0&0\\0&1&1&-1&0&1\\0&-3&-4&-2&1&0\end{pmatrix}\xrightarrow{r_3+3r_2}\begin{pmatrix}1&2&3&1&0&0\\0&1&1&-1&0&1\\0&0&-1&-5&1&3\end{pmatrix}$$

$$\xrightarrow{r_1-2r_2}\begin{pmatrix}1&0&1&3&0&-2\\0&1&1&-1&0&1\\0&0&-1&-5&1&3\end{pmatrix}\xrightarrow[r_1+r_3]{r_2+r_3}\begin{pmatrix}1&0&0&-2&1&1\\0&1&0&-6&1&4\\0&0&-1&-5&1&3\end{pmatrix}$$

$$\xrightarrow{r_3\times(-1)}\left(\begin{array}{ccc|ccc}1&0&0&-2&1&1\\0&1&0&-6&1&4\\0&0&1&5&-1&-3\end{array}\right),$$

所以

$$\boldsymbol{A}^{-1}=\begin{pmatrix}-2&1&1\\-6&1&4\\5&-1&-3\end{pmatrix}。$$

注　要求矩阵的逆矩阵，相比伴随矩阵法，初等变换法显得更加方便快捷。对于三阶或者更高阶的矩阵，求它们的逆矩阵时通常都用初等变换法。

以上求逆矩阵的过程只用到了初等行变换，类似的，也可以只用初等列变换求矩阵的逆矩阵。对于 n 阶可逆方阵 $\boldsymbol{A}$，在 $\boldsymbol{A}$ 的下边写上一个同阶单位矩阵 $\boldsymbol{E}$，构造 $2n\times n$ 矩阵 $\begin{pmatrix}\boldsymbol{A}\\ \hdashline \boldsymbol{E}\end{pmatrix}$，用初等列变换(仅用列变换) 把上方的矩阵 $\boldsymbol{A}$ 化为单位矩阵 $\boldsymbol{E}$ 的同时，下方的单位矩阵 $\boldsymbol{E}$ 就化成了 $\boldsymbol{A}^{-1}$，即

$$\begin{pmatrix}\boldsymbol{A}\\ \hdashline \boldsymbol{E}\end{pmatrix}\xrightarrow{\text{初等列变换}}\begin{pmatrix}\boldsymbol{E}\\ \hdashline \boldsymbol{A}^{-1}\end{pmatrix}。$$

2.5.4 用初等变换法求解矩阵方程

设矩阵 $\boldsymbol{A}$ 可逆，则求解矩阵方程 $\boldsymbol{AX}=\boldsymbol{B}$ 等价于求矩阵 $\boldsymbol{X}=\boldsymbol{A}^{-1}\boldsymbol{B}$。由定理 2.5 知 $\boldsymbol{A}^{-1}$ 可以表示为一些初等矩阵的积，即

$$\boldsymbol{A}^{-1}=\boldsymbol{P}_1\boldsymbol{P}_2\cdots\boldsymbol{P}_l。$$

于是

$$(\boldsymbol{P}_1\boldsymbol{P}_2\cdots\boldsymbol{P}_l)\boldsymbol{A}=\boldsymbol{E},$$

$$(\boldsymbol{P}_1\boldsymbol{P}_2\cdots\boldsymbol{P}_l)\boldsymbol{B}=\boldsymbol{A}^{-1}\boldsymbol{B}=\boldsymbol{X}。$$

以上两式表明：用一系列初等行变换把 $\boldsymbol{A}$ 化为单位矩阵 $\boldsymbol{E}$ 时，这一系列初等行变换同时也把 $\boldsymbol{B}$ 化为 $\boldsymbol{X}$。

于是得到用**初等变换法求解矩阵方程**的方法：构造矩阵 $(\boldsymbol{A}\,\vdots\,\boldsymbol{B})$，对其施行初等行变换，当左边的矩阵 $\boldsymbol{A}$ 化为单位矩阵 $\boldsymbol{E}$ 时，右边的矩阵 $\boldsymbol{B}$ 就化为方程的解 $\boldsymbol{X}$，即

$$(\boldsymbol{A}\,\vdots\,\boldsymbol{B})\xrightarrow{\text{初等行变换}}(\boldsymbol{E}\,\vdots\,\boldsymbol{X})。$$

例 2.25 求解矩阵方程 $\boldsymbol{AX}=\boldsymbol{X}+\boldsymbol{A}$，其中

$$\boldsymbol{A}=\begin{pmatrix}2&2&0\\2&1&3\\0&1&0\end{pmatrix}。$$

解 矩阵方程变形为 $(\boldsymbol{A}-\boldsymbol{E})\boldsymbol{X}=\boldsymbol{A}$。因为

$$(\boldsymbol{A}-\boldsymbol{E}\,\vdots\,\boldsymbol{A})=\left(\begin{array}{ccc:ccc}1&2&0&2&2&0\\2&0&3&2&1&3\\0&1&-1&0&1&0\end{array}\right)\xrightarrow[r_2\leftrightarrow r_3]{r_2-2r_1}\begin{pmatrix}1&2&0&2&2&0\\0&1&-1&0&1&0\\0&-4&3&-2&-3&3\end{pmatrix}$$

$$\xrightarrow{r_3+4r_2}\begin{pmatrix}1&2&0&2&2&0\\0&1&-1&0&1&0\\0&0&-1&-2&1&3\end{pmatrix}\xrightarrow{r_2-r_3}\begin{pmatrix}1&2&0&2&2&0\\0&1&0&2&0&-3\\0&0&-1&-2&1&3\end{pmatrix}$$

$$\xrightarrow[r_1-2r_2]{r_3\div(-1)}\left(\begin{array}{ccc:ccc}1&0&0&-2&2&6\\0&1&0&2&0&-3\\0&0&1&2&-1&-3\end{array}\right),$$

所以

$$\boldsymbol{X}=\begin{pmatrix}-2&2&6\\2&0&-3\\2&-1&-3\end{pmatrix}。$$

设矩阵 $\boldsymbol{A}$ 可逆，求解线性方程组 $\boldsymbol{Ax}=\boldsymbol{b}$，除了使用克莱姆法则和逆矩阵法（先求 $\boldsymbol{A}^{-1}$，再用 $\boldsymbol{A}^{-1}$ 乘 $\boldsymbol{b}$）外，还可以使用初等变换法，即对方程组的增广矩阵 $(\boldsymbol{A}\,\vdots\,\boldsymbol{b})$ 做初等行变换，将其化为行最简形（此时左边的矩阵 $\boldsymbol{A}$ 即化为单位矩阵），其最后一列即为解向量 $\boldsymbol{x}$。相比前两种方法，初等变换法更加简单高效。

例 2.26 求解线性方程组

$$\begin{cases}2x_1+2x_2+x_3=0,\\ x_1+2x_2+3x_3=1,\\ 3x_1+4x_2+3x_3=1。\end{cases}$$

解 记此方程组为 $\boldsymbol{Ax}=\boldsymbol{b}$,其中

$$\boldsymbol{A}=\begin{pmatrix}2&2&1\\1&2&3\\3&4&3\end{pmatrix},\boldsymbol{x}=\begin{pmatrix}x_1\\x_2\\x_3\end{pmatrix},\boldsymbol{b}=\begin{pmatrix}b_1\\b_2\\b_3\end{pmatrix}。$$

因为

$$(\boldsymbol{A}\vdots\boldsymbol{b})=\left(\begin{array}{ccc:c}2&2&1&0\\1&2&3&1\\3&4&3&1\end{array}\right)\xrightarrow{r_1\leftrightarrow r_2}\begin{pmatrix}1&2&3&1\\2&2&1&0\\3&4&3&1\end{pmatrix}$$

$$\xrightarrow[r_3-3r_1]{r_2-2r_1}\begin{pmatrix}1&2&3&1\\0&-2&-5&-2\\0&-2&-6&-2\end{pmatrix}\xrightarrow[r_3+r_2]{r_2\times(-1)}\begin{pmatrix}1&2&3&1\\0&2&5&2\\0&0&-1&0\end{pmatrix}$$

$$\xrightarrow[r_3\times(-1)]{r_1-r_2}\begin{pmatrix}1&0&-2&-1\\0&2&5&2\\0&0&1&0\end{pmatrix}\xrightarrow{r_2\times\frac{1}{2}}\begin{pmatrix}1&0&-2&-1\\0&1&\frac{5}{2}&1\\0&0&1&0\end{pmatrix}$$

$$\xrightarrow[r_2-\frac{5}{2}r_3]{r_1+2r_3}\left(\begin{array}{ccc:c}1&0&0&-1\\0&1&0&1\\0&0&1&0\end{array}\right),$$

所以原方程组的解为

$$\boldsymbol{x}=\begin{pmatrix}x_1\\x_2\\x_3\end{pmatrix}=\begin{pmatrix}-1\\1\\0\end{pmatrix}。$$

同理,若矩阵 $\boldsymbol{A}$ 可逆,则求解矩阵方程 $\boldsymbol{XA}=\boldsymbol{B}$ 等价于求矩阵 $\boldsymbol{X}=\boldsymbol{BA}^{-1}$,可利用初等列变换求矩阵 $\boldsymbol{BA}^{-1}$,即

$$\begin{pmatrix}\boldsymbol{A}\\\boldsymbol{B}\end{pmatrix}\xrightarrow{\text{初等列变换}}\begin{pmatrix}\boldsymbol{E}\\\boldsymbol{X}\end{pmatrix}。$$

另一方面,求解矩阵方程 $\boldsymbol{XA}=\boldsymbol{B}$ 等价于求解矩阵方程 $\boldsymbol{A}^{\mathrm{T}}\boldsymbol{X}^{\mathrm{T}}=\boldsymbol{B}^{\mathrm{T}}$,

$$(\boldsymbol{A}^{\mathrm{T}}\vdots\boldsymbol{B}^{\mathrm{T}})\xrightarrow{\text{初等行变换}}(\boldsymbol{E}\vdots\boldsymbol{X}^{\mathrm{T}}),$$

再将得到的矩阵X^{T}转置，即得矩阵 X。

例 2.27 求解矩阵方程 $XA=B$，其中

$$A=\begin{pmatrix}0&2&1\\2&-1&3\\-3&3&-4\end{pmatrix},B=\begin{pmatrix}1&2&3\\2&-3&1\end{pmatrix}。$$

解 因为

$$(A^{\mathrm{T}} \vdots B^{\mathrm{T}})\xrightarrow{\text{初等行变换}}\begin{pmatrix}1&0&0&2&-4\\0&1&0&-1&7\\0&0&1&-1&4\end{pmatrix},$$

所以

$$X^{\mathrm{T}}=\begin{pmatrix}2&-4\\-1&7\\-1&4\end{pmatrix},$$

从而

$$X=\begin{pmatrix}2&-1&-1\\-4&7&4\end{pmatrix}。$$

习　题　2

1. 设 $A=\begin{pmatrix}-3&2&3\\3&1&2\end{pmatrix}$，$B=\begin{pmatrix}-2&0&1\\-1&3&2\end{pmatrix}$，求：

(1)$A+B$，$A-B$，$3A-2B$；

(2) 若矩阵 X 满足$(3A+X)+3(B-X)=O$，求 X。

2. 求下列矩阵的乘积：

(1) $\begin{pmatrix}-1&1&0\\2&0&-3\\2&1&1\end{pmatrix}\begin{pmatrix}1\\2\\3\end{pmatrix}$；　　(2) $\begin{pmatrix}1&2\\-1&1\\0&0\end{pmatrix}\begin{pmatrix}1&0&-1\\2&0&1\end{pmatrix}$；

(3) $\begin{pmatrix}3\\2\\1\end{pmatrix}(1,2,3)$；　　(4)$(1,1,1)\begin{pmatrix}1\\2\\3\end{pmatrix}$；

(5) $\begin{pmatrix}2&1&3&-2\\0&3&1&0\end{pmatrix}\begin{pmatrix}2&0&3\\0&1&0\\2&0&2\\0&3&0\end{pmatrix}\begin{pmatrix}-1&0\\2&6\\0&3\end{pmatrix}$；

(6) $(x_1,x_2,x_3)\begin{pmatrix}a_{11}&a_{12}&a_{13}\\a_{12}&a_{22}&a_{23}\\a_{13}&a_{23}&a_{33}\end{pmatrix}\begin{pmatrix}x_1\\x_2\\x_3\end{pmatrix}$。

3. 若 $\boldsymbol{A}=\begin{pmatrix}1&2&3\\4&5&6\\7&8&9\end{pmatrix}$，$\boldsymbol{B}=\begin{pmatrix}1&0&0\\0&1&0\\0&0&2\end{pmatrix}$，求：(1) $\boldsymbol{A}^{\mathrm{T}}-3\boldsymbol{B}^{\mathrm{T}}$；(2) $(\boldsymbol{AB})^{\mathrm{T}}$。

4. 设 $\boldsymbol{A}=\begin{pmatrix}0&1\\0&0\end{pmatrix}$，求满足 $\boldsymbol{AB}=\boldsymbol{BA}$ 的矩阵 $\boldsymbol{B}$。

5. 设 $\boldsymbol{A},\boldsymbol{B}$ 为 n 阶方阵，求下列等式成立的条件：

(1) $(\boldsymbol{A}+\boldsymbol{B})(\boldsymbol{A}-\boldsymbol{B})=\boldsymbol{A}^2-\boldsymbol{B}^2$；

(2) $(\boldsymbol{A}+\boldsymbol{B})^2=\boldsymbol{A}^2+2\boldsymbol{AB}+\boldsymbol{B}^2$。

6. 设两个线性变换为

$$\begin{cases}y_1=3x_1-2x_2,\\y_2=x_2+x_3,\\y_3=x_1+x_2+x_3,\end{cases}\quad\begin{cases}z_1=y_1-2y_2+3y_3,\\z_2=y_1-y_3,\\z_3=3y_2+y_3,\end{cases}$$

用矩阵乘法求从变量 x_1,x_2,x_3 到变量 z_1,z_2,z_3 的线性变换。

7. 设 $\boldsymbol{A}=\begin{pmatrix}1&0\\\lambda&1\end{pmatrix}$（$\lambda$ 为非零常数），求 $\boldsymbol{A}^n$。

8. 设

$$\boldsymbol{A}=\begin{pmatrix}1&0&0\\1&0&1\\0&1&0\end{pmatrix},$$

求证：当 $n\geqslant 3$ 时恒有 $\boldsymbol{A}^n=\boldsymbol{A}^{n-2}+\boldsymbol{A}^2-\boldsymbol{E}$，并利用此关系求 $\boldsymbol{A}^{100}$。

9. 已知矩阵 $\boldsymbol{A}=\boldsymbol{PQ}$，其中 $\boldsymbol{P}=\begin{pmatrix}1\\2\\1\end{pmatrix}$，$\boldsymbol{Q}=(2,-1,2)$，求矩阵 $\boldsymbol{A},\boldsymbol{A}^2,\boldsymbol{A}^n$。

10. 求证：(1) 若 $\boldsymbol{A}$ 为 n 阶方阵，则 $\boldsymbol{A}+\boldsymbol{A}^{\mathrm{T}}$ 是对称矩阵，$\boldsymbol{A}-\boldsymbol{A}^{\mathrm{T}}$ 是反对称矩阵；

(2) 若 $\boldsymbol{A}$ 为可逆对称矩阵，则 $\boldsymbol{A}^{-1}$ 是对称矩阵；

(3) 设 $\boldsymbol{A},\boldsymbol{B}$ 均为 n 阶方阵，$\boldsymbol{B}$ 为对称矩阵，求证：$\boldsymbol{A}^{\mathrm{T}}\boldsymbol{BA}$ 是对称矩阵。

11. 若 $\boldsymbol{A}$ 是反对称矩阵，$\boldsymbol{B}$ 是对称矩阵，求证：

(1) $\boldsymbol{AB}-\boldsymbol{BA}$ 是对称矩阵；

(2) $\boldsymbol{AB}$ 是反对称矩阵的充要条件是 $\boldsymbol{AB}=\boldsymbol{BA}$。

12. 将矩阵 $\boldsymbol{A}$ 化为行阶梯形矩阵和行最简形矩阵：

(1)$\boldsymbol{A}=\begin{pmatrix}-2&6&2&6\\1&-2&-1&0\\2&-4&0&2\end{pmatrix}$；　　(2)$\boldsymbol{A}=\begin{pmatrix}3&1&0&2\\1&-1&2&-1\\1&3&-4&4\end{pmatrix}$。

13. 利用初等变换和初等矩阵的关系计算下列矩阵的乘积：

(1)$\begin{pmatrix}1&0&-1\\0&1&0\\0&0&1\end{pmatrix}\begin{pmatrix}x_1&y_1&z_1\\x_2&y_2&z_2\\x_3&y_3&z_3\end{pmatrix}$；　　(2)$\begin{pmatrix}x_1&y_1&z_1\\x_2&y_2&z_2\\x_3&y_3&z_3\end{pmatrix}\begin{pmatrix}1&0&2\\0&1&0\\0&0&1\end{pmatrix}$；

(3)$\begin{pmatrix}0&1&0\\1&0&0\\0&0&1\end{pmatrix}^{2021}\begin{pmatrix}-2&1&7\\3&6&-4\\2&0&-7\end{pmatrix}$；

(4)$\begin{pmatrix}1&0&0\\0&1&0\\0&0&-2\end{pmatrix}\begin{pmatrix}-4&0&1\\3&6&-2\\4&7&0\end{pmatrix}\begin{pmatrix}1&0&0\\1&1&0\\0&0&1\end{pmatrix}$。

14. 选择题：

(1)(2011 年考研数学一) 设 $\boldsymbol{A}$ 为三阶矩阵，将 $\boldsymbol{A}$ 的第 2 列加到第 1 列得到矩阵 $\boldsymbol{B}$，再交换 $\boldsymbol{B}$ 的第 2 行与第 3 行得单位矩阵，记 $\boldsymbol{P}_1=\begin{pmatrix}1&0&0\\1&1&0\\0&0&1\end{pmatrix}$，$\boldsymbol{P}_2=\begin{pmatrix}1&0&0\\0&0&1\\0&1&0\end{pmatrix}$，则 $\boldsymbol{A}=$ (　　)。

(A)$\boldsymbol{P}_1\boldsymbol{P}_2$　　(B)$\boldsymbol{P}_1^{-1}\boldsymbol{P}_2$　　(C)$\boldsymbol{P}_2\boldsymbol{P}_1$　　(D)$\boldsymbol{P}_2\boldsymbol{P}_1^{-1}$

(2)(2021 年考研数学二) 已知矩阵 $\boldsymbol{A}=\begin{pmatrix}1&0&-1\\2&-1&1\\-1&2&-5\end{pmatrix}$，若下三角可逆矩阵 $\boldsymbol{P}$ 和上三角可逆矩阵 $\boldsymbol{Q}$ 使得 $\boldsymbol{PAQ}$ 为对角矩阵，则 $\boldsymbol{P},\boldsymbol{Q}$ 分别取(　　)。

(A)$\begin{pmatrix}1&0&0\\0&1&0\\0&0&1\end{pmatrix},\begin{pmatrix}1&0&1\\0&1&3\\0&0&1\end{pmatrix}$　　(B)$\begin{pmatrix}1&0&0\\2&-1&0\\-3&2&1\end{pmatrix},\begin{pmatrix}1&0&0\\0&1&0\\0&0&1\end{pmatrix}$

(C)$\begin{pmatrix}1&0&0\\2&-1&0\\-3&2&1\end{pmatrix},\begin{pmatrix}1&0&1\\0&1&3\\0&0&1\end{pmatrix}$　　(D)$\begin{pmatrix}1&0&0\\0&1&0\\1&3&1\end{pmatrix},\begin{pmatrix}1&2&-3\\0&-1&2\\0&0&1\end{pmatrix}$

15. (1) 已知矩阵 $\boldsymbol{A}$ 满足关系式 $\boldsymbol{A}^2+2\boldsymbol{A}-3\boldsymbol{E}=\boldsymbol{O}$，求 $(\boldsymbol{A}+4\boldsymbol{E})^{-1}$；

(2) 设 n 阶方阵 $\boldsymbol{A}$ 满足关系式 $\boldsymbol{A}^2+3\boldsymbol{A}-2\boldsymbol{E}=\boldsymbol{O}$，求 $\boldsymbol{A}^{-1}$ 和 $(\boldsymbol{A}+2\boldsymbol{E})^{-1}$。

16. 求下列矩阵的逆矩阵：

(1) $\begin{pmatrix} 3 & 9 \\ -2 & -5 \end{pmatrix}$；　(2) $\begin{pmatrix} 2 & 2 & 3 \\ 1 & -1 & 0 \\ -1 & 2 & 1 \end{pmatrix}$；

(3) $\begin{pmatrix} 3 & 3 & 3 \\ 2 & 1 & 2 \\ 1 & 5 & 3 \end{pmatrix}$；　(4) $\begin{pmatrix} 3 & -2 & 0 & -1 \\ 0 & 2 & 2 & 1 \\ 1 & -2 & -3 & -2 \\ 0 & 1 & 2 & 1 \end{pmatrix}$。

17. 求解下列矩阵方程。

(1) 求矩阵 $\boldsymbol{X}$，使 $\boldsymbol{AX}=\boldsymbol{B}$，其中 $\boldsymbol{A}=\begin{pmatrix} 1 & 2 \\ 2 & 1 \end{pmatrix}$，$\boldsymbol{B}=\begin{pmatrix} 4 & 3 \\ 8 & 3 \end{pmatrix}$；

(2) 求矩阵 $\boldsymbol{X}$，使 $\boldsymbol{AX}=\boldsymbol{B}$，其中 $\boldsymbol{A}=\begin{pmatrix} 0 & 1 & 1 \\ 1 & 0 & 1 \\ 1 & 1 & 0 \end{pmatrix}$，$\boldsymbol{B}=\begin{pmatrix} 2 & 4 \\ 1 & 1 \\ 1 & 3 \end{pmatrix}$；

(3) 求矩阵 $\boldsymbol{X}$，使 $\boldsymbol{AX}=2\boldsymbol{X}+\boldsymbol{B}$，其中 $\boldsymbol{A}=\begin{pmatrix} 3 & 2 & 3 \\ 2 & 4 & 1 \\ 3 & 4 & 5 \end{pmatrix}$，$\boldsymbol{B}=\begin{pmatrix} 2 & 5 \\ 3 & 1 \\ 4 & 3 \end{pmatrix}$；

(4) 求矩阵 $\boldsymbol{X}$，使 $\boldsymbol{XA}=\boldsymbol{B}$，其中 $\boldsymbol{A}=\begin{pmatrix} 2 & 1 & -1 \\ 2 & 1 & 0 \\ 1 & -1 & 1 \end{pmatrix}$，$\boldsymbol{B}=\begin{pmatrix} 1 & -1 & 3 \\ 4 & 3 & 2 \end{pmatrix}$；

(5) 求矩阵 $\boldsymbol{X}$，使 $\boldsymbol{AXB}=\boldsymbol{C}$，其中 $\boldsymbol{A}=\begin{pmatrix} 0 & 1 & 0 \\ 1 & 0 & 0 \\ 0 & 0 & 1 \end{pmatrix}$，$\boldsymbol{B}=\begin{pmatrix} 1 & 0 & 0 \\ 0 & 0 & 1 \\ 0 & 1 & 0 \end{pmatrix}$，$\boldsymbol{C}=\begin{pmatrix} 1 & -4 & 3 \\ 2 & 0 & -1 \\ 1 & -2 & 0 \end{pmatrix}$。

18. (2015 年考研数学二) 设矩阵 $\boldsymbol{A}=\begin{pmatrix} a & 1 & 0 \\ 1 & a & -1 \\ 0 & 1 & a \end{pmatrix}$，且 $\boldsymbol{A}^3=\boldsymbol{O}$。

(1) 求 a 的值；

(2) 若矩阵 $\boldsymbol{X}$ 满足 $\boldsymbol{X}-\boldsymbol{XA}^2-\boldsymbol{AX}+\boldsymbol{AXA}^2=\boldsymbol{E}$，其中，$\boldsymbol{E}$ 为三阶单位矩阵，求 $\boldsymbol{X}$。

19. 设 $\boldsymbol{A}$ 为 n 阶方阵，且 $|\boldsymbol{A}|=a\neq 0$，求 $|3\boldsymbol{A}^{-1}|$。

20. 设 $\boldsymbol{A}$ 为三阶方阵，$|\boldsymbol{A}|=-3$，$\boldsymbol{A}^*$ 为 $\boldsymbol{A}$ 的伴随矩阵，求 $|\boldsymbol{A}^*|$ 及 $\left|\left(\frac{1}{3}\boldsymbol{A}\right)^{-1}-\boldsymbol{A}^*\right|$。

21. 已知矩阵 $\boldsymbol{A}=\begin{pmatrix} 1 & 0 & 0 \\ 0 & 2 & \frac{3}{2} \\ 0 & 1 & 1 \end{pmatrix}$，$\boldsymbol{A}^*$ 为 $\boldsymbol{A}$ 的伴随矩阵，求 $(\boldsymbol{A}^*)^{-1}$ 和 $[(\boldsymbol{A}^*)^{\mathrm{T}}]^{-1}$。

22. 设 $\boldsymbol{A}=\begin{pmatrix}1&1&-1\\-1&1&1\\1&-1&1\end{pmatrix}$，且 $\boldsymbol{A}^*\boldsymbol{X}=\boldsymbol{A}^{-1}+2\boldsymbol{X}$，求 $\boldsymbol{X}$。

23. 将矩阵适当分块后计算下列矩阵的乘积：

(1) $\begin{pmatrix}-1&2&0&0\\3&1&0&0\\0&0&1&2\\0&0&-2&1\end{pmatrix}\begin{pmatrix}1&3&0&0\\4&-1&0&0\\0&0&2&1\\0&0&3&4\end{pmatrix}$；(2) $\begin{pmatrix}0&0&1&0\\0&0&0&1\\1&0&2&3\\0&1&1&-2\end{pmatrix}\begin{pmatrix}-2&-1&3&0\\1&2&0&3\\1&0&0&0\\0&1&0&0\end{pmatrix}$。

24. 设 $\boldsymbol{A}=\begin{pmatrix}3&4&0&0\\4&-3&0&0\\0&0&2&0\\0&0&2&2\end{pmatrix}$，求 $|\boldsymbol{A}^8|$ 及 $\boldsymbol{A}^4$。

25. 设 $\boldsymbol{B}$ 是 m 阶可逆方阵，$\boldsymbol{C}$ 是 n 阶可逆方阵，求下列分块矩阵的逆矩阵：

(1) $\begin{pmatrix}\boldsymbol{O}&\boldsymbol{B}\\\boldsymbol{C}&\boldsymbol{O}\end{pmatrix}$；　　(2) $\begin{pmatrix}\boldsymbol{B}&\boldsymbol{O}\\\boldsymbol{A}&\boldsymbol{C}\end{pmatrix}$。

26. 用分块法求下列矩阵的逆阵：

(1) $\begin{pmatrix}4&0&0\\0&3&1\\0&2&1\end{pmatrix}$；　　(2) $\begin{pmatrix}5&2&0&0\\2&1&0&0\\0&0&8&3\\0&0&5&2\end{pmatrix}$；

(3) $\begin{pmatrix}2&1&0&0\\1&1&0&0\\0&0&2&5\\0&0&1&3\end{pmatrix}$；　　(4) $\begin{pmatrix}0&a_1&0&\cdots&0\\0&0&a_2&\cdots&0\\\vdots&\vdots&\vdots&&\vdots\\0&0&0&\cdots&a_{n-1}\\a_n&0&0&\cdots&0\end{pmatrix}$。

27. 填空题：

(1)(2019 年考研数学二) 已知矩阵 $\boldsymbol{A}=\begin{pmatrix}1&-1&0&0\\-2&1&-1&1\\3&-2&2&-1\\0&0&3&4\end{pmatrix}$，$A_{ij}$ 表示 $|\boldsymbol{A}|$ 中 (i,j) 元的代数余子式，则 $A_{11}-A_{12}=$ ________；

(2)(2021 年考研数学一) 设 $\boldsymbol{A}=(a_{ij})$ 为三阶矩阵，A_{ij} 为其代数余子式，若 $\boldsymbol{A}$ 的每行元素之和均为 2，且 $|\boldsymbol{A}|=3$，则 $A_{11}+A_{21}+A_{31}=$ ________；

(3)(2013 年考研数学一) 设 $\boldsymbol{A}=(a_{ij})$ 是三阶非零矩阵，$|\boldsymbol{A}|$ 为 $\boldsymbol{A}$ 的行列式，A_{ij} 为 a_{ij} 的代数余子式。若 $a_{ij}+A_{ij}=0(i,j=1,2,3)$，则 $|\boldsymbol{A}|=$ ________；

(4)(2012 年考研数学三) 设 $\boldsymbol{A}$ 为三阶矩阵，$|\boldsymbol{A}|=3$，$\boldsymbol{A}^*$ 为 $\boldsymbol{A}$ 的伴随矩阵。若交换 $\boldsymbol{A}$ 的第 1 行与第 2 行得矩阵 $\boldsymbol{B}$，则 $|\boldsymbol{BA}^*|=$ ________；

(5)(2006 年考研数学二) 设矩阵 $\boldsymbol{A}=\begin{pmatrix} 2 & 1 \\ -1 & 2 \end{pmatrix}$，$\boldsymbol{E}$ 为二阶单位矩阵，矩阵 $\boldsymbol{B}$ 满足 $\boldsymbol{BA}=\boldsymbol{B}+2\boldsymbol{E}$，则 $|\boldsymbol{B}|=$ ________；

(6)(2010 年考研数学二) 设 $\boldsymbol{A},\boldsymbol{B}$ 为三阶矩阵，且 $|\boldsymbol{A}|=3$，$|\boldsymbol{B}|=2$，$|\boldsymbol{A}^{-1}+\boldsymbol{B}|=2$，则 $|\boldsymbol{A}+\boldsymbol{B}^{-1}|=$ ________。

28. (1) 设 $\boldsymbol{A}$ 为三阶方阵，$|\boldsymbol{A}|=3$，将 $\boldsymbol{A}$ 按列分块为 $\boldsymbol{A}=(\boldsymbol{\alpha}_1,\boldsymbol{\alpha}_2,\boldsymbol{\alpha}_3)$，求三阶行列式 $|2\boldsymbol{\alpha}_1+\boldsymbol{\alpha}_3,\boldsymbol{\alpha}_3,\boldsymbol{\alpha}_2|$ 和 $|\boldsymbol{\alpha}_1-3\boldsymbol{\alpha}_2,2\boldsymbol{\alpha}_3,\boldsymbol{\alpha}_2|$。

(2) 若 $\boldsymbol{\alpha}_1,\boldsymbol{\alpha}_2,\boldsymbol{\alpha}_3,\boldsymbol{\beta}_1,\boldsymbol{\beta}_2$ 均为四维列向量，且四阶行列式 $|\boldsymbol{\alpha}_1,\boldsymbol{\alpha}_2,\boldsymbol{\alpha}_3,\boldsymbol{\beta}_1|=a$，$|\boldsymbol{\alpha}_1,\boldsymbol{\alpha}_2,\boldsymbol{\beta}_2,\boldsymbol{\alpha}_3|=b$，求四阶行列式 $|\boldsymbol{\alpha}_3,\boldsymbol{\alpha}_2,\boldsymbol{\alpha}_1,\boldsymbol{\beta}_1+\boldsymbol{\beta}_2|$。

(3) 设 $\boldsymbol{\alpha}_1,\boldsymbol{\alpha}_2,\boldsymbol{\alpha}_3$ 均为三维列向量，矩阵 $\boldsymbol{A}=(\boldsymbol{\alpha}_1,\boldsymbol{\alpha}_2,\boldsymbol{\alpha}_3)$，$|\boldsymbol{A}|=1$，矩阵 $\boldsymbol{B}=(\boldsymbol{\alpha}_1+\boldsymbol{\alpha}_2+\boldsymbol{\alpha}_3,\boldsymbol{\alpha}_1+2\boldsymbol{\alpha}_2+4\boldsymbol{\alpha}_3,\boldsymbol{\alpha}_1+3\boldsymbol{\alpha}_2+9\boldsymbol{\alpha}_3)$，求行列式 $|\boldsymbol{B}|$。

第 3 章 线性方程组

线性方程组是线性代数的重要研究内容。在科学工程和经济管理等领域的实际问题中，经常需要求线性方程组的解，所以对一般的线性方程组解的理论和解法的研究显得极为重要。

本章首先介绍了用消元法和初等变换法求解线性方程组。为了深入研究线性方程组解的判定方法，本章又引入了矩阵秩的定义，讨论了矩阵秩的求法和性质，最后利用矩阵的秩讨论了线性方程组无解、有唯一解和无穷多解的充分必要条件。

3.1 线性方程组的求解

3.1.1 消元法

上一章中我们只讨论了未知量的个数与方程的个数相同的线性方程组。这一章我们来讨论一般的线性方程组：

$$\begin{cases} a_{11}x_1 + a_{12}x_2 + \cdots + a_{1n}x_n = b_1, \\ a_{21}x_1 + a_{22}x_2 + \cdots + a_{2n}x_n = b_2, \\ \cdots\cdots\cdots\cdots \\ a_{m1}x_1 + a_{m2}x_2 + \cdots + a_{mn}x_n = b_m, \end{cases} \tag{3-1}$$

这里方程的个数 m 与未知量的个数 n 不一定相等。记 $\boldsymbol{A} = (a_{ij})_{m\times n}$，$\boldsymbol{x} = \begin{pmatrix} x_1 \\ x_2 \\ \vdots \\ x_n \end{pmatrix}$，$\boldsymbol{b} = \begin{pmatrix} b_1 \\ b_2 \\ \vdots \\ b_m \end{pmatrix}$，$\boldsymbol{B} = (\boldsymbol{A}, \boldsymbol{b})$，其中 $\boldsymbol{A}$ 称为**系数矩阵**，$\boldsymbol{x}$ 称为**未知数向量**，$\boldsymbol{b}$ 称为**常数项向量**，$\boldsymbol{B}$ 称为**增广矩阵**。利用矩阵的乘法，方程组(3-1) 又可以表示为

$$\boldsymbol{Ax} = \boldsymbol{b}, \tag{3-2}$$

线性方程组(3-1) 与向量方程(3-2) 将混同使用而不加区分。

线性方程组(3-1) 的一组解是一组数$(t_1, t_2, \cdots, t_n)$，用这组数分别代替 $x_1, x_2, \cdots, x_n$ 时所有方程的两边都相等。方程组的解的全体称为它的解集，解方程组就是求出它的解集。如果线性方程组(3-1) 有解，就称它是相容的，否则就称它是不相容的。如果两个方程组有相同的解集，则称它们是同解的。

在中学代数里我们学过用消元法解二元、三元线性方程组。下面我们来看如何用消元法解一般的线性方程组。

引例 解线性方程组

$$\begin{cases} -2x_1-3x_2+4x_3+2x_4=4, \\ x_1+2x_2-x_3-x_4=-3, \\ 2x_1+2x_2-6x_3-2x_4=-2。\end{cases} \tag{3-3}$$

解 交换第一与第二个方程的次序，然后第三个方程除以2得

$$\begin{cases} x_1+2x_2-x_3-x_4=-3, \\ -2x_1-3x_2+4x_3+2x_4=4, \\ x_1+x_2-3x_3-x_4=-1。\end{cases} \tag{3-4}$$

在方程组(3-4)中，第二个方程加上第一个方程的2倍，第三个方程减去第一个方程，得

$$\begin{cases} x_1+2x_2-x_3-x_4=-3, \\ x_2+2x_3=-2, \\ -x_2-2x_3=2。\end{cases} \tag{3-5}$$

在方程组(3-5)中，第三个方程加上第二个方程得

$$\begin{cases} x_1+2x_2-x_3-x_4=-3, \\ x_2+2x_3=-2, \\ 0=0。\end{cases} \tag{3-6}$$

在方程组(3-6)中出现了恒等式 $0=0$(如果出现 $0=a$，且 a 为非零常数，则为矛盾方程，说明方程组无解)，回代得方程组(3-3)的一般解：

$$\begin{cases} x_1=5x_3+x_4+1, \\ x_2=-2x_3-2。\end{cases} \tag{3-7}$$

这里 x_3,x_4 为任意常数。

在上述消元的过程中，我们对方程组施行了三种变换：

(1) 交换两个方程的位置；

(2) 用一个不等于零的数乘某个方程；

(3) 把一个方程的倍数加到另一个方程。

我们把这三种变换称为线性方程组的初等变换。

易知，初等变换把线性方程组变为一个与它同解的线性方程组。

利用初等变换把一般的线性方程组(3-1)化简成怎样的一个线性方程组，能解决它的求解问题呢？接下来，我们不直接对线性方程组(3-1)进行讨论，而是采取另一种途径——矩阵的初等变换法来求解方程组。

3.1.2 初等变换法

如果知道了一个线性方程组的全部系数和常数项，那么这个方程组就确定了。确切地

说，线性方程组(3-1)完全可以由它的增广矩阵

$$(\boldsymbol{A},\boldsymbol{b})=\begin{pmatrix} a_{11} & a_{12} & \cdots & a_{1n} & b_1 \\ a_{21} & a_{22} & \cdots & a_{2n} & b_2 \\ \vdots & \vdots & & \vdots & \vdots \\ a_{m1} & a_{m2} & \cdots & a_{mn} & b_m \end{pmatrix}$$

来表示。

对一个线性方程组施行一次初等变换，相当于对方程组的增广矩阵施行一次相应的初等行变换，而化简线性方程组相当于用初等行变换化简它的增广矩阵。下面用矩阵的初等行变换来解方程组(3-3)。

解 $(\boldsymbol{A},\boldsymbol{b})=\begin{pmatrix} -2 & -3 & 4 & 2 & 4 \\ 1 & 2 & -1 & -1 & -3 \\ 2 & 2 & -6 & -2 & -2 \end{pmatrix}$

$$\xrightarrow[r_3\div 2]{r_1\leftrightarrow r_2}\begin{pmatrix} 1 & 2 & -1 & -1 & -3 \\ -2 & -3 & 4 & 2 & 4 \\ 1 & 1 & -3 & -1 & -1 \end{pmatrix}=\boldsymbol{B}_1$$

$$\xrightarrow[r_3-r_1]{r_2+2r_1}\begin{pmatrix} 1 & 2 & -1 & -1 & -3 \\ 0 & 1 & 2 & 0 & -2 \\ 0 & -1 & -2 & 0 & 2 \end{pmatrix}=\boldsymbol{B}_2$$

$$\xrightarrow{r_3+r_2}\begin{pmatrix} 1 & 2 & -1 & -1 & -3 \\ 0 & 1 & 2 & 0 & -2 \\ 0 & 0 & 0 & 0 & 0 \end{pmatrix}=\boldsymbol{B}_3$$

$$\xrightarrow{r_1-2r_2}\begin{pmatrix} 1 & 0 & -5 & -1 & 1 \\ 0 & 1 & 2 & 0 & -2 \\ 0 & 0 & 0 & 0 & 0 \end{pmatrix}=\boldsymbol{B}_4,$$

$\boldsymbol{B}_4$ 对应的方程组为

$$\begin{cases} x_1 - 5x_3 - x_4 = 1, \\ x_2 + 2x_3 = -2。 \end{cases} \tag{3-8}$$

方程组(3-8)有4个未知量、2个有效方程，应有2个自由未知量。取 x_3，x_4 为自由未知量，并令 $x_3=c_1$，$x_4=c_2$，得方程组(3-3)的所有解为

$$\begin{pmatrix} x_1 \\ x_2 \\ x_3 \\ x_4 \end{pmatrix}=\begin{pmatrix} 5c_1+c_2+1 \\ -2c_1-2 \\ c_1 \\ c_2 \end{pmatrix}=c_1\begin{pmatrix} 5 \\ -2 \\ 1 \\ 0 \end{pmatrix}+c_2\begin{pmatrix} 1 \\ 0 \\ 0 \\ 1 \end{pmatrix}+\begin{pmatrix} 1 \\ -2 \\ 0 \\ 0 \end{pmatrix}$$，其中 c_1，c_2 为任意常数。

矩阵 $\boldsymbol{B}_3$，$\boldsymbol{B}_4$ 是行阶梯形矩阵，$\boldsymbol{B}_4$ 还是行最简形矩阵。由定理 2.2 知任一矩阵都可以经过有限次的初等行变换化为行阶梯形矩阵和行最简形矩阵，且一个矩阵的行最简形矩阵是唯一确定的。

由引例可知，要解线性方程组，只需把方程组的增广矩阵化为行阶梯形或行最简形。

3.2　矩阵的秩

矩阵的秩的概念是讨论线性方程组、向量组的线性相关性等问题的重要工具。为了给出矩阵秩的定义，下面先引入矩阵子式的概念。

定义 3.1　在 $m \times n$ 矩阵 $\boldsymbol{A}$ 中任取 k 行 k 列（$k \leqslant \min(m,n)$），由这 k 行 k 列交叉处的元素，按照原来的位置构成的一个 k 阶行列式，称为矩阵 $\boldsymbol{A}$ 的一个 k **阶子式**。

定义 3.2　在 $m \times n$ 矩阵 $\boldsymbol{A}$ 中，如果有一个 r 阶子式 D 不为零，而所有 $r+1$ 阶子式（如果存在的话）全为零，则 D 是 $\boldsymbol{A}$ 的最高阶非零子式，称数 r 为**矩阵 $\boldsymbol{A}$ 的秩**，记作 $R(\boldsymbol{A}) = r$。

例 3.1　求下列矩阵的秩：

$$(1)\boldsymbol{A} = \begin{pmatrix} 1 & 2 & 4 & 1 \\ 3 & 6 & 12 & 3 \\ 2 & 4 & 3 & 0 \end{pmatrix}; \qquad (2)\boldsymbol{B} = \begin{pmatrix} 1 & 2 & 3 & 4 \\ 0 & 4 & 2 & 0 \\ 0 & 0 & 0 & 3 \\ 0 & 0 & 0 & 0 \end{pmatrix}。$$

解　(1) 由于 $\boldsymbol{A}$ 的第一行与第二行成比例，所以任一三阶子式都等于 0，又存在一个二阶子式 $\begin{vmatrix} 12 & 3 \\ 3 & 0 \end{vmatrix} = -9 \neq 0$，所以 $R(\boldsymbol{A}) = 2$。

(2) 由于 $\boldsymbol{B}$ 总共有四行，且有一零行，那么所有四阶子式等于 0，又存在一个三阶子式 $\begin{vmatrix} 1 & 2 & 4 \\ 0 & 4 & 0 \\ 0 & 0 & 3 \end{vmatrix} = 12 \neq 0$，所以 $R(\boldsymbol{B}) = 3$。

注　(1) 规定零矩阵的秩为 0，$R(\boldsymbol{A}) = 0 \Leftrightarrow \boldsymbol{A}$ 是零矩阵。

(2) 对于 $m \times n$ 矩阵 $\boldsymbol{A}$，$0 \leqslant R(\boldsymbol{A}) \leqslant \min(m,n)$；$R(\boldsymbol{A}^{\mathrm{T}}) = R(\boldsymbol{A})$；$R(k\boldsymbol{A}) = R(\boldsymbol{A})(k \neq 0)$。

(3) 若 $m \times n$ 矩阵 $\boldsymbol{A}$ 有一个 r 阶子式不为零，则 $R(\boldsymbol{A}) \geqslant r$；若所有的 t 阶子式都为零，则 $R(\boldsymbol{A}) < t$；若 $R(\boldsymbol{A}) = r$，说明矩阵 $\boldsymbol{A}$ 至少有一个 r 阶子式不为零，但不能说明矩阵 $\boldsymbol{A}$ 的所有 r 阶子式都不为零，却可说明矩阵 $\boldsymbol{A}$ 的所有高于 r 阶的子式（如果存在的话）都为零。因此矩阵的秩等于它的非零子式的最高阶数。

(4) 若 $\boldsymbol{A}$ 是 n 阶方阵，则 $R(\boldsymbol{A}) \leqslant n$；$R(\boldsymbol{A}) = n \Leftrightarrow |\boldsymbol{A}| \neq 0$（$\boldsymbol{A}$ 可逆），$R(\boldsymbol{A}) < n \Leftrightarrow |\boldsymbol{A}| = 0$（$\boldsymbol{A}$ 不可逆）。

(5) 行阶梯形矩阵的秩等于它的非零行的行数。

通过上面的例子发现，当矩阵的行数与列数都不多的时候，我们可以通过子式来确定一个矩阵的秩，但当矩阵的行数与列数都较多的时候，通过子式来确定一个矩阵的秩计算量太大。然而，对于行阶梯形矩阵而言，其秩即为非零行的行数，一看便知，不需计算。因此想到用初等变换法把矩阵化为行阶梯形矩阵来求矩阵的秩。

那么，矩阵的初等变换是否改变矩阵的秩呢?回答是否定的。

定理 3.1 矩阵的初等变换不改变矩阵的秩，即若 $\boldsymbol{A} \sim \boldsymbol{B}$，则 $R(\boldsymbol{A}) = R(\boldsymbol{B})$。

证 设 $R(\boldsymbol{A}) = r$，且 $\boldsymbol{A}$ 的某个 r 阶子式 $D \neq 0$，$\boldsymbol{A}$ 经过一次初等行变换化为 $\boldsymbol{B}$。

由于 $\boldsymbol{A} \sim \boldsymbol{B}$，则在 $\boldsymbol{B}$ 中总能找到与 D 相对应的 r 阶子式 D_1。对 $\boldsymbol{A}$ 进行一次初等行变换化为 $\boldsymbol{B}$ 时，D_1 有三种可能的值：$D, -D, kD(k \neq 0)$，此时满足 $D_1 \neq 0$。于是 $R(\boldsymbol{B}) \geqslant r$，而 $R(\boldsymbol{A}) = r$，所以 $R(\boldsymbol{B}) \geqslant R(\boldsymbol{A})$。

同理可以证明 $R(\boldsymbol{A}) \geqslant R(\boldsymbol{B})$。

于是 $R(\boldsymbol{A}) = R(\boldsymbol{B})$，这说明经过一次初等行变换后矩阵的秩不变。由此可知经过有限次的初等行变换，矩阵的秩依然保持不变。

再设矩阵 $\boldsymbol{A}$ 经过有限次初等列变换化为 $\boldsymbol{B}$，则 $\boldsymbol{A}^{\mathrm{T}}$ 经过有限次初等行变换化为 $\boldsymbol{B}^{\mathrm{T}}$，故 $R(\boldsymbol{A}^{\mathrm{T}}) = R(\boldsymbol{B}^{\mathrm{T}})$，又 $R(\boldsymbol{A}) = R(\boldsymbol{A}^{\mathrm{T}})$，$R(\boldsymbol{B}) = R(\boldsymbol{B}^{\mathrm{T}})$，所以 $R(\boldsymbol{A}) = R(\boldsymbol{B})$。

综上所述，若 $\boldsymbol{A} \sim \boldsymbol{B}$，则有 $R(\boldsymbol{A}) = R(\boldsymbol{B})$。

例 3.2 求矩阵 $\boldsymbol{A}$ 的秩，其中

$$\boldsymbol{A} = \begin{pmatrix} 1 & -1 & 2 & 1 & 0 \\ 1 & -1 & 2 & -1 & 0 \\ 3 & 0 & 6 & -1 & 1 \\ 0 & 3 & 0 & 0 & 1 \end{pmatrix}。$$

解 用初等行变换把矩阵 $\boldsymbol{A}$ 化为阶梯形矩阵 $\boldsymbol{B}$

$$\boldsymbol{A} = \begin{pmatrix} 1 & -1 & 2 & 1 & 0 \\ 1 & -1 & 2 & -1 & 0 \\ 3 & 0 & 6 & -1 & 1 \\ 0 & 3 & 0 & 0 & 1 \end{pmatrix} \xrightarrow[r_3 - 3r_1]{r_2 - r_1} \begin{pmatrix} 1 & -1 & 2 & 1 & 0 \\ 0 & 0 & 0 & -2 & 0 \\ 0 & 3 & 0 & -4 & 1 \\ 0 & 3 & 0 & 0 & 1 \end{pmatrix}$$

$$\xrightarrow{r_2 \leftrightarrow r_4} \begin{pmatrix} 1 & -1 & 2 & 1 & 0 \\ 0 & 3 & 0 & 0 & 1 \\ 0 & 3 & 0 & -4 & 1 \\ 0 & 0 & 0 & -2 & 0 \end{pmatrix} \xrightarrow{r_3 - r_2} \begin{pmatrix} 1 & -1 & 2 & 1 & 0 \\ 0 & 3 & 0 & 0 & 1 \\ 0 & 0 & 0 & -4 & 0 \\ 0 & 0 & 0 & -2 & 0 \end{pmatrix}$$

$$\xrightarrow{r_4 - \frac{1}{2}r_3} \begin{pmatrix} 1 & -1 & 2 & 1 & 0 \\ 0 & 3 & 0 & 0 & 1 \\ 0 & 0 & 0 & -4 & 0 \\ 0 & 0 & 0 & 0 & 0 \end{pmatrix} = \boldsymbol{B},$$

矩阵 $\boldsymbol{B}$ 为行阶梯形矩阵，于是 $R(\boldsymbol{A})=R(\boldsymbol{B})=3$。

注　初等变换不改变矩阵的秩，利用初等行变换把矩阵化为行阶梯形，非零行的行数就是矩阵的秩。

下面讨论矩阵的秩的性质。前面我们已经提出了矩阵的秩的一些最基本的性质，归纳如下：

(1) $0\leqslant R(\boldsymbol{A})\leqslant \min\{m,n\}$；

(2) $R(\boldsymbol{A}^{\mathrm{T}})=R(\boldsymbol{A})$；

(3) 若 $\boldsymbol{A}\sim\boldsymbol{B}$，则 $R(\boldsymbol{A})=R(\boldsymbol{B})$；

(4) 若 $\boldsymbol{P},\boldsymbol{Q}$ 可逆，则 $R(\boldsymbol{PA})=R(\boldsymbol{A}),R(\boldsymbol{AQ})=R(\boldsymbol{A}),R(\boldsymbol{PAQ})=R(\boldsymbol{A})$。

下面再介绍几个常用的矩阵的秩的性质：

(5) $\max\{R(\boldsymbol{A}),R(\boldsymbol{B})\}\leqslant R(\boldsymbol{A},\boldsymbol{B})\leqslant R(\boldsymbol{A})+R(\boldsymbol{B})$；

(6) $R(\boldsymbol{A}+\boldsymbol{B})\leqslant R(\boldsymbol{A})+R(\boldsymbol{B})$；

(7) $R(\boldsymbol{AB})\leqslant \min\{R(\boldsymbol{A}),R(\boldsymbol{B})\}$（见定理 3.5）；

(8) 若 $\boldsymbol{A}_{m\times n}\boldsymbol{B}_{n\times l}=\boldsymbol{O}_{m\times l}$，则 $R(\boldsymbol{A})+R(\boldsymbol{B})\leqslant n$。（见第 4 章例 4.9）；

(9) $R\begin{pmatrix}\boldsymbol{A} & \boldsymbol{O}\\ \boldsymbol{O} & \boldsymbol{B}\end{pmatrix}=R(\boldsymbol{A})+R(\boldsymbol{B})$。

下面给出性质(5)(6) 和(9) 的证明。

证　(5) 因为 $\boldsymbol{A}$ 的最高阶非零子式一定是 $(\boldsymbol{A},\boldsymbol{B})$ 的非零子式，所以 $R(\boldsymbol{A})\leqslant R(\boldsymbol{A},\boldsymbol{B})$。同理有 $R(\boldsymbol{B})\leqslant R(\boldsymbol{A},\boldsymbol{B})$。因此，$\max\{R(\boldsymbol{A}),R(\boldsymbol{B})\}\leqslant R(\boldsymbol{A},\boldsymbol{B})$。

设 $R(\boldsymbol{A})=r,R(\boldsymbol{B})=t$，对 $\boldsymbol{A}^{\mathrm{T}}$ 和 $\boldsymbol{B}^{\mathrm{T}}$ 分别作初等行变换化为行阶梯形矩阵 $\overline{\boldsymbol{A}}$ 和 $\overline{\boldsymbol{B}}$，由性质(2) 知，$R(\overline{\boldsymbol{A}})=r,R(\overline{\boldsymbol{B}})=t$，故 $\overline{\boldsymbol{A}}$ 和 $\overline{\boldsymbol{B}}$ 分别含有 r 和 t 个非零行，从而有 $R\begin{pmatrix}\overline{\boldsymbol{A}}\\ \overline{\boldsymbol{B}}\end{pmatrix}\leqslant r+t$。

于是，

$$R(\boldsymbol{A},\boldsymbol{B})=R\begin{pmatrix}\boldsymbol{A}^{\mathrm{T}}\\ \boldsymbol{B}^{\mathrm{T}}\end{pmatrix}^{\mathrm{T}}=R\begin{pmatrix}\boldsymbol{A}^{\mathrm{T}}\\ \boldsymbol{B}^{\mathrm{T}}\end{pmatrix}=R\begin{pmatrix}\overline{\boldsymbol{A}}\\ \overline{\boldsymbol{B}}\end{pmatrix}\leqslant r+t=R(\boldsymbol{A})+R(\boldsymbol{B})。$$

(6) 设 $\boldsymbol{A},\boldsymbol{B}$ 为 $m\times n$ 矩阵，对矩阵 $(\boldsymbol{A}+\boldsymbol{B},\boldsymbol{B})$ 作初等列变换 $c_i-c_{n+i}(i=1,2,\cdots,n)$ 得

$$(\boldsymbol{A}+\boldsymbol{B},\boldsymbol{B})\xrightarrow{c}(\boldsymbol{A},\boldsymbol{B}),$$

于是，
$$R(\boldsymbol{A}+\boldsymbol{B})\leqslant R(\boldsymbol{A}+\boldsymbol{B},\boldsymbol{B})=R(\boldsymbol{A},\boldsymbol{B})\leqslant R(\boldsymbol{A})+R(\boldsymbol{B})。$$

(9) 设 $R(\boldsymbol{A})=r,R(\boldsymbol{B})=t$，则存在可逆矩阵 $\boldsymbol{P}_1,\boldsymbol{P}_2,\boldsymbol{Q}_1,\boldsymbol{Q}_2$，使得

$$\boldsymbol{P}_1\boldsymbol{A}\boldsymbol{Q}_1=\begin{pmatrix}\boldsymbol{E}_r & \boldsymbol{O}\\ \boldsymbol{O} & \boldsymbol{O}\end{pmatrix},\boldsymbol{P}_2\boldsymbol{B}\boldsymbol{Q}_2=\begin{pmatrix}\boldsymbol{E}_t & \boldsymbol{O}\\ \boldsymbol{O} & \boldsymbol{O}\end{pmatrix}。$$

令 $\boldsymbol{P}=\begin{pmatrix}\boldsymbol{P}_1 & \boldsymbol{O}\\ \boldsymbol{O} & \boldsymbol{P}_2\end{pmatrix},\boldsymbol{Q}=\begin{pmatrix}\boldsymbol{Q}_1 & \boldsymbol{O}\\ \boldsymbol{O} & \boldsymbol{Q}_2\end{pmatrix}$，则

$$P\begin{pmatrix} A & O \\ O & B \end{pmatrix}Q = \begin{pmatrix} P_1AQ_1 & O \\ O & P_2BQ_2 \end{pmatrix} = \begin{pmatrix} E_r & O & O & O \\ O & O & O & O \\ O & O & E_t & O \\ O & O & O & O \end{pmatrix},$$

因此，
$$R\begin{pmatrix} A & O \\ O & B \end{pmatrix} = r + t = R(A) + R(B)。$$

例 3.3 设 A 是 n 阶方阵，且 $A^2 = A$，证明：$R(A) + R(A - E) = n$。

证 由 $A^2 = A$，知

$$A(A - E) = O,$$

由性质(8)，有

$$R(A) + R(A - E) \leqslant n。$$

又
$$R(A) + R(A - E) = R(A) + R(E - A) \geqslant R(E) = n,$$

因此，
$$R(A) + R(A - E) = n。$$

3.3 线性方程组的解的判别

这一节，我们将用矩阵的秩来讨论线性方程组解的情况。

定理 3.2 n 元线性方程组

$$Ax = b \tag{3-9}$$

(Ⅰ) 无解的充分必要条件是 $R(A) < R(A, b)$；

(Ⅱ) 有唯一解的充分必要条件是 $R(A) = R(A, b) = n$；

(Ⅲ) 有无穷多解的充分必要条件是 $R(A) = R(A, b) < n$。

证 设 $R(A) = r$。为了叙述方便，不妨设方程组(3-9)的增广矩阵 (A, b) 的行阶梯形矩阵为

$$\begin{pmatrix} b_{11} & b_{12} & \cdots & b_{1r} & b_{1,r+1} & \cdots & b_{1n} & d_1 \\ 0 & b_{22} & \cdots & b_{2r} & b_{2,r+1} & \cdots & b_{2n} & d_2 \\ \vdots & \vdots & & \vdots & \vdots & & \vdots & \vdots \\ 0 & 0 & \cdots & b_{rr} & b_{r,r+1} & \cdots & b_{rn} & d_r \\ 0 & 0 & \cdots & 0 & 0 & \cdots & 0 & d_{r+1} \\ 0 & 0 & \cdots & 0 & 0 & \cdots & 0 & 0 \\ \vdots & \vdots & & \vdots & \vdots & & \vdots & \vdots \\ 0 & 0 & \cdots & 0 & 0 & \cdots & 0 & 0 \end{pmatrix}, \tag{3-10}$$

与(3-10)相对应的线性方程组为

$$\begin{cases} b_{11}x_1 + b_{12}x_2 + \cdots + b_{1r}x_r + b_{1,r+1}x_{r+1} + \cdots + b_{1n}x_n = d_1, \\ \qquad b_{22}x_2 + \cdots + b_{2r}x_r + b_{2,r+1}x_{r+1} + \cdots + b_{2n}x_n = d_2, \\ \qquad\qquad \cdots\cdots\cdots\cdots \\ \qquad\qquad b_{rr}x_r + b_{r,r+1}x_{r+1} + \cdots + b_{rn}x_n = d_r, \\ \qquad\qquad\qquad 0 = d_{r+1}。 \end{cases} \tag{3-11}$$

(1) 若 $d_{r+1} \neq 0$，则出现矛盾方程，那么方程组(3-9) 无解。反之，若方程组(3-9) 无解，必有 $d_{r+1} \neq 0$。又 $d_{r+1} \neq 0 \Leftrightarrow R(\boldsymbol{A}) < R(\boldsymbol{A},\boldsymbol{b})$，故结论(Ⅰ)成立。

(2) 由结论(Ⅰ)知，方程组(3-9) 有解的充分必要条件是 $R(\boldsymbol{A}) = R(\boldsymbol{A},\boldsymbol{b}) = r$。在方程组(3-9) 有解的情况下，我们再利用初等行变换将行阶梯形矩阵(3-10) 化为行最简形

$$\begin{pmatrix} 1 & 0 & \cdots & 0 & c_{1,r+1} & \cdots & c_{1n} & d'_1 \\ 0 & 1 & \cdots & 0 & c_{2,r+1} & \cdots & c_{2n} & d'_2 \\ \vdots & \vdots & & \vdots & \vdots & & \vdots & \vdots \\ 0 & 0 & \cdots & 1 & c_{r,r+1} & \cdots & c_{rn} & d'_r \\ 0 & 0 & \cdots & 0 & 0 & \cdots & 0 & 0 \\ \vdots & \vdots & & \vdots & \vdots & & \vdots & \vdots \\ 0 & 0 & \cdots & 0 & 0 & \cdots & 0 & 0 \end{pmatrix}, \tag{3-12}$$

与(3-12) 对应的线性方程组为

$$\begin{cases} x_1 + c_{1,r+1}x_{r+1} + \cdots + c_{1n}x_n = d'_1, \\ x_2 + c_{2,r+1}x_{r+1} + \cdots + c_{2n}x_n = d'_2, \\ \qquad \cdots\cdots\cdots\cdots \\ x_r + c_{r,r+1}x_{r+1} + \cdots + c_{rn}x_n = d'_r。 \end{cases} \tag{3-13}$$

方程组(3-9) 有唯一解 $\Leftrightarrow r = n$(这里 r 为有效方程的个数)$\Leftrightarrow R(\boldsymbol{A}) = R(\boldsymbol{A},\boldsymbol{b}) = n$。当 $R(\boldsymbol{A}) = R(\boldsymbol{A},\boldsymbol{b}) = n$ 时，方程组(3-9) 的唯一解是 $x_1 = d'_1, x_2 = d'_2, \cdots, x_n = d'_n$。

方程组(3-9) 有无穷多解 $\Leftrightarrow r < n \Leftrightarrow R(\boldsymbol{A}) = R(\boldsymbol{A},\boldsymbol{b}) < n$。当 $R(\boldsymbol{A}) = R(\boldsymbol{A},\boldsymbol{b}) < n$ 时，方程组(3-13) 可改写为

$$\begin{cases} x_1 = d'_1 - c_{1,r+1}x_{r+1} - \cdots - c_{1n}x_n, \\ x_2 = d'_2 - c_{2,r+1}x_{r+1} - \cdots - c_{2n}x_n, \\ \qquad \cdots\cdots\cdots\cdots \\ x_r = d'_r - c_{r,r+1}x_{r+1} - \cdots - c_{rn}x_n。 \end{cases} \tag{3-14}$$

方程组(3-14) 有 $n-r$ 个自由未知量，取 $x_{r+1}, x_{r+2}, \cdots, x_n$ 为自由未知量，并令 $x_{r+1} = k_1, x_{r+2} = k_2, \cdots, x_n = k_{n-r}$，得方程组(3-9) 的含 $n-r$ 个参数的解

$$\begin{pmatrix} x_1 \\ \vdots \\ x_r \\ x_{r+1} \\ \vdots \\ x_n \end{pmatrix} = \begin{pmatrix} d_1' - c_{11}k_1 - \cdots - c_{1,n-r}k_{n-r} \\ \vdots \\ d_r' - c_{r1}k_1 - \cdots - c_{r,n-r}k_{n-r} \\ k_1 \\ \vdots \\ k_{n-r} \end{pmatrix},$$

即

$$\begin{pmatrix} x_1 \\ \vdots \\ x_r \\ x_{r+1} \\ \vdots \\ x_n \end{pmatrix} = k_1 \begin{pmatrix} -c_{11} \\ \vdots \\ -c_{r1} \\ 1 \\ \vdots \\ 0 \end{pmatrix} + \cdots + k_{n-r} \begin{pmatrix} -c_{1,n-r} \\ \vdots \\ -c_{r,n-r} \\ 0 \\ \vdots \\ 1 \end{pmatrix} + \begin{pmatrix} d_1' \\ \vdots \\ d_r' \\ 0 \\ \vdots \\ 0 \end{pmatrix}, \tag{3-15}$$

$k_1,\cdots,k_{n-r}$ 为任意常数，解(3-15) 称为线性方程组(3-9) 的通解。

这样，线性方程组(3-9) 有没有解，以及有什么样的解，都可以从矩阵(3-10) 中看出。因此，我们完全可以用方程组(3-9) 的增广矩阵来解这个方程组。

求解一般线性方程组(3-9) 的步骤是：

(1) 写出方程组的增广矩阵；

(2) 利用初等行变换把增广矩阵化为行阶梯形。确定方程组是否有解，如果没有解则停止；否则，再继续化为行最简形(对于齐次线性方程组，把系数矩阵 $\boldsymbol{A}$ 化为行最简形)；

(3) 写出行最简形对应的方程组；

(4) 如果 $R(\boldsymbol{A}) = n$，得方程组的唯一解；如果 $R(\boldsymbol{A}) < n$，则方程组有 $n - R(\boldsymbol{A})$ 个自由未知量，方程组有无穷多解，让自由未知量取任意常数，得方程组的通解。

例 3.4 求解非齐次线性方程组

$$\begin{cases} x_1 - 3x_2 - 6x_3 + 5x_4 = 1, \\ 2x_1 + x_2 + 4x_3 - 2x_4 = 2, \\ 5x_1 - x_2 + 2x_3 + x_4 = 3。 \end{cases}$$

解 由于

$$(\boldsymbol{A}, \boldsymbol{b}) = \begin{pmatrix} 1 & -3 & -6 & 5 & 1 \\ 2 & 1 & 4 & -2 & 2 \\ 5 & -1 & 2 & 1 & 3 \end{pmatrix} \to \begin{pmatrix} 1 & -3 & -6 & 5 & 1 \\ 0 & 7 & 16 & -12 & 0 \\ 0 & 14 & 32 & -24 & -2 \end{pmatrix}$$

$$\to \begin{pmatrix} 1 & -3 & -6 & 5 & 1 \\ 0 & 7 & 16 & -12 & 0 \\ 0 & 0 & 0 & 0 & -2 \end{pmatrix},$$

则 $R(\boldsymbol{A})=2, R(\boldsymbol{A},\boldsymbol{b})=3$，那么 $R(\boldsymbol{A})<R(\boldsymbol{A},\boldsymbol{b})$，故原方程组无解。

例 3.5 求解非齐次线性方程组

$$\begin{cases} x_1-8x_2+10x_3+2x_4=0, \\ 2x_1+4x_2+5x_3-x_4=5, \\ 3x_1+8x_2+6x_3-2x_4=8. \end{cases}$$

解 $(\boldsymbol{A},\boldsymbol{b})=\begin{pmatrix} 1 & -8 & 10 & 2 & 0 \\ 2 & 4 & 5 & -1 & 5 \\ 3 & 8 & 6 & -2 & 8 \end{pmatrix} \to \begin{pmatrix} 1 & -8 & 10 & 2 & 0 \\ 0 & 20 & -15 & -5 & 5 \\ 0 & 32 & -24 & -8 & 8 \end{pmatrix}$

$$\to \begin{pmatrix} 1 & 0 & 4 & 0 & 2 \\ 0 & 4 & -3 & -1 & 1 \\ 0 & 0 & 0 & 0 & 0 \end{pmatrix},$$

$$R(\boldsymbol{A})=R(\boldsymbol{A},\boldsymbol{b})=2<4,$$

故方程组有无穷多解且

$$\begin{cases} x_1+4x_3=2, \\ 4x_2-3x_3-x_4=1, \end{cases}$$

于是，有

$$\begin{cases} x_1=-4x_3+2, \\ x_4=4x_2-3x_3-1 \end{cases} (x_2, x_3 \text{ 可以任意取值})。$$

令 $x_2=c_1, x_3=c_2$，把解写成通常的参数形式

$$\begin{cases} x_1=-4c_2+2, \\ x_2=c_1, \\ x_3=c_2, \\ x_4=4c_1-3c_2-1 \end{cases} (\text{其中 } c_1, c_2 \text{ 为任意实数})。$$

或写成向量形式

$$\begin{pmatrix} x_1 \\ x_2 \\ x_3 \\ x_4 \end{pmatrix}=\begin{pmatrix} -4c_2+2 \\ c_1 \\ c_2 \\ 4c_1-3c_2-1 \end{pmatrix}=c_1\begin{pmatrix} 0 \\ 1 \\ 0 \\ 4 \end{pmatrix}+c_2\begin{pmatrix} -4 \\ 0 \\ 1 \\ -3 \end{pmatrix}+\begin{pmatrix} 2 \\ 0 \\ 0 \\ -1 \end{pmatrix}。$$

例 3.6 求解非齐次线性方程组

$$\begin{cases} 4x_1-2x_2+6x_3=2, \\ 4x_1+2x_2+5x_3=4, \\ 2x_1+x_2+2x_3=5. \end{cases}$$

解 $(\boldsymbol{A},\boldsymbol{b})=\begin{pmatrix}4&-2&6&2\\4&2&5&4\\2&1&2&5\end{pmatrix}\to\begin{pmatrix}2&-1&3&1\\0&4&-1&2\\0&2&-1&4\end{pmatrix}\to\begin{pmatrix}2&-1&3&1\\0&2&-1&4\\0&0&1&-6\end{pmatrix}$

$$\to\begin{pmatrix}2&-1&0&19\\0&2&0&-2\\0&0&1&-6\end{pmatrix}\to\begin{pmatrix}2&0&0&18\\0&1&0&-1\\0&0&1&-6\end{pmatrix}\to\begin{pmatrix}1&0&0&9\\0&1&0&-1\\0&0&1&-6\end{pmatrix}。$$

由最后一个矩阵得到方程组的解为 $x_1=9,x_2=-1,x_3=-6$。

例 3.7 设

$$\begin{cases}\lambda x_1+x_2+x_3=\lambda-3,\\x_1+\lambda x_2+x_3=-2,\\x_1+x_2+\lambda x_3=-2。\end{cases}$$

问 λ 取何值时,方程组有解?并在有解的情况下求其解。

解法 1

$$(\boldsymbol{A},\boldsymbol{b})=\begin{pmatrix}\lambda&1&1&\lambda-3\\1&\lambda&1&-2\\1&1&\lambda&-2\end{pmatrix}\to\begin{pmatrix}1&1&\lambda&-2\\1&\lambda&1&-2\\\lambda&1&1&\lambda-3\end{pmatrix}\to\begin{pmatrix}1&1&\lambda&-2\\0&\lambda-1&1-\lambda&0\\0&1-\lambda&1-\lambda^2&3\lambda-3\end{pmatrix}$$

$$\to\begin{pmatrix}1&1&\lambda&-2\\0&\lambda-1&1-\lambda&0\\0&0&(1-\lambda)(\lambda+2)&3(\lambda-1)\end{pmatrix}。$$

(1) 当 $\lambda\neq-2$ 且 $\lambda\neq1$ 时,$R(\boldsymbol{A})=R(\boldsymbol{A},\boldsymbol{b})=3$,故方程组有唯一解,回代得方程组的唯一解为

$$x_1=\frac{\lambda-1}{\lambda+2},x_2=-\frac{3}{\lambda+2},x_3=-\frac{3}{\lambda+2}。$$

(2) 当 $\lambda=1$ 时,

$$(\boldsymbol{A},\boldsymbol{b})=\begin{pmatrix}1&1&1&-2\\1&1&1&-2\\1&1&1&-2\end{pmatrix}\to\begin{pmatrix}1&1&1&-2\\0&0&0&0\\0&0&0&0\end{pmatrix},$$

$R(\boldsymbol{A})=R(\boldsymbol{A},\boldsymbol{b})=1<3$,方程组有无穷多解,且 $x_1=-x_2-x_3-2$,其通解为

$$\begin{pmatrix}x_1\\x_2\\x_3\end{pmatrix}=c_1\begin{pmatrix}-1\\1\\0\end{pmatrix}+c_2\begin{pmatrix}-1\\0\\1\end{pmatrix}+\begin{pmatrix}-2\\0\\0\end{pmatrix}\ (c_1,c_2\in\mathbf{R})。$$

当 $\lambda=-2$ 时,$R(\boldsymbol{A})=2,R(\boldsymbol{A},\boldsymbol{b})=3$,方程组无解。

解法 2 由于方程组的系数矩阵是方阵,则

$$方程组有唯一解\Leftrightarrow R(\boldsymbol{A})=R(\boldsymbol{A},\boldsymbol{b})=3\Leftrightarrow|\boldsymbol{A}|\neq0,$$

而

$$|\boldsymbol{A}| = \begin{vmatrix} \lambda & 1 & 1 \\ 1 & \lambda & 1 \\ 1 & 1 & \lambda \end{vmatrix} = (\lambda+2)\begin{vmatrix} 1 & 1 & 1 \\ 1 & \lambda & 1 \\ 1 & 1 & \lambda \end{vmatrix} = (\lambda+2)\begin{vmatrix} 1 & 1 & 1 \\ 0 & \lambda-1 & 0 \\ 0 & 0 & \lambda-1 \end{vmatrix}$$

$$= (\lambda+2)(\lambda-1)^2,$$

因此,当 $\lambda \neq -2$ 且 $\lambda \neq 1$ 时,方程组有唯一解,且

$$D = |\boldsymbol{A}| = (\lambda+2)(\lambda-1)^2,$$

$$D_1 = \begin{vmatrix} \lambda-3 & 1 & 1 \\ -2 & \lambda & 1 \\ -2 & 1 & \lambda \end{vmatrix} = (\lambda-1)^3,$$

$$D_2 = \begin{vmatrix} \lambda & \lambda-3 & 1 \\ 1 & -2 & 1 \\ 1 & -2 & \lambda \end{vmatrix} = -3(\lambda-1)^2,$$

$$D_3 = \begin{vmatrix} \lambda & 1 & \lambda-3 \\ 1 & \lambda & -2 \\ 1 & 1 & -2 \end{vmatrix} = -3(\lambda-1)^2,$$

那么方程组的唯一解为

$$x_1 = \frac{\lambda-1}{\lambda+2}, x_2 = -\frac{3}{\lambda+2}, x_3 = -\frac{3}{\lambda+2}。$$

当 $\lambda = 1$ 时,

$$(\boldsymbol{A},\boldsymbol{b}) = \begin{pmatrix} 1 & 1 & 1 & -2 \\ 1 & 1 & 1 & -2 \\ 1 & 1 & 1 & -2 \end{pmatrix} \to \begin{pmatrix} 1 & 1 & 1 & -2 \\ 0 & 0 & 0 & 0 \\ 0 & 0 & 0 & 0 \end{pmatrix},$$

$$R(\boldsymbol{A}) = R(\boldsymbol{A},\boldsymbol{b}) = 1 < 3,$$

方程组有无穷多解,其通解为

$$\begin{pmatrix} x_1 \\ x_2 \\ x_3 \end{pmatrix} = c_1\begin{pmatrix} -1 \\ 1 \\ 0 \end{pmatrix} + c_2\begin{pmatrix} -1 \\ 0 \\ 1 \end{pmatrix} + \begin{pmatrix} -2 \\ 0 \\ 0 \end{pmatrix} (c_1, c_2 \in \mathbf{R})。$$

当 $\lambda = -2$ 时,$R(\boldsymbol{A}) = 2$,$R(\boldsymbol{A},\boldsymbol{b}) = 3$,方程组无解。

注 解法1是求解含参数的线性方程组的一般方法,解法2在方程组的系数矩阵是方阵的情况下才能使用。

把定理3.2应用于齐次线性方程组,得

定理3.3 n 元齐次线性方程组 $\boldsymbol{Ax} = \boldsymbol{0}$ 总有解,其中,只有零解的充分必要条件是 $R(\boldsymbol{A}) = n$;有非零解的充分必要条件是 $R(\boldsymbol{A}) < n$。

例 3.8 解齐次线性方程组

$$\begin{cases} x_1-2x_2+x_3-x_4+x_5=0, \\ 2x_1+x_2+6x_3+2x_4-3x_5=0, \\ 3x_1-2x_2+6x_3+x_4-2x_5=0, \\ 2x_1-5x_2+x_3-2x_4+2x_5=0. \end{cases}$$

解 $$\boldsymbol{A}=\begin{pmatrix} 1 & -2 & 1 & -1 & 1 \\ 2 & 1 & 6 & 2 & -3 \\ 3 & -2 & 6 & 1 & -2 \\ 2 & -5 & 1 & -2 & 2 \end{pmatrix} \to \begin{pmatrix} 1 & -2 & 1 & -1 & 1 \\ 0 & 5 & 4 & 4 & -5 \\ 0 & 4 & 3 & 4 & -5 \\ 0 & -1 & -1 & 0 & 0 \end{pmatrix}$$

$$\to \begin{pmatrix} 1 & -2 & 1 & -1 & 1 \\ 0 & 1 & 1 & 0 & 0 \\ 0 & 0 & -1 & 4 & -5 \\ 0 & 0 & -1 & 4 & -5 \end{pmatrix} \to \begin{pmatrix} 1 & -2 & 1 & -1 & 1 \\ 0 & 1 & 1 & 0 & 0 \\ 0 & 0 & 1 & -4 & 5 \\ 0 & 0 & 0 & 0 & 0 \end{pmatrix}$$

$$\to \begin{pmatrix} 1 & 0 & 0 & 11 & -14 \\ 0 & 1 & 0 & 4 & -5 \\ 0 & 0 & 1 & -4 & 5 \\ 0 & 0 & 0 & 0 & 0 \end{pmatrix}.$$

$R(\boldsymbol{A})=3<5$,方程组有无穷多解。在方程组$\begin{cases} x_1=-11x_4+14x_5, \\ x_2=-4x_4+5x_5, \\ x_3=4x_4-5x_5 \end{cases}$中,令$x_4=c_1$,$x_5=c_2$,

得原方程组的通解为

$$\begin{pmatrix} x_1 \\ x_2 \\ x_3 \\ x_4 \\ x_5 \end{pmatrix}=c_1\begin{pmatrix} -11 \\ -4 \\ 4 \\ 1 \\ 0 \end{pmatrix}+c_2\begin{pmatrix} 14 \\ 5 \\ -5 \\ 0 \\ 1 \end{pmatrix}(c_1,c_2\in\mathbf{R}).$$

定理 3.2 的结论还可以推广到矩阵方程,有

定理 3.4 矩阵方程 $\boldsymbol{AX}=\boldsymbol{B}$ 有解的充分必要条件是$R(\boldsymbol{A})=R(\boldsymbol{A},\boldsymbol{B})$。

证 设 $\boldsymbol{A}$ 为 $m\times n$ 矩阵,$\boldsymbol{B}$ 为 $m\times l$ 矩阵,则 $\boldsymbol{X}$ 为 $n\times l$ 矩阵。把 $\boldsymbol{X}$ 和 $\boldsymbol{B}$ 按列分块得 $\boldsymbol{X}=(\boldsymbol{X}_1,\boldsymbol{X}_2,\cdots,\boldsymbol{X}_l)$,$\boldsymbol{B}=(\boldsymbol{b}_1,\boldsymbol{b}_2,\cdots,\boldsymbol{b}_l)$,则

$$\boldsymbol{AX}=\boldsymbol{B}\text{ 有解}\Leftrightarrow\boldsymbol{A}\boldsymbol{X}_i=\boldsymbol{b}_i(i=1,2,\cdots,l)$$

$$\Leftrightarrow R(\boldsymbol{A})=R(\boldsymbol{A},\boldsymbol{b}_i)(i=1,2,\cdots,l)$$

$$\Leftrightarrow R(\boldsymbol{A}) = R(\boldsymbol{A}, \boldsymbol{b}_1, \boldsymbol{b}_2, \cdots, \boldsymbol{b}_l)$$
$$\Leftrightarrow R(\boldsymbol{A}) = R(\boldsymbol{A}, \boldsymbol{B})。$$

定理 3.5　设 $\boldsymbol{AB} = \boldsymbol{C}$，则 $R(\boldsymbol{C}) \leqslant \min\{R(\boldsymbol{A}), R(\boldsymbol{B})\}$。

证　由 $\boldsymbol{AB} = \boldsymbol{C}$ 知矩阵方程 $\boldsymbol{AX} = \boldsymbol{C}$ 有解 $\boldsymbol{X} = \boldsymbol{B}$，根据定理 3.4，有

$$R(\boldsymbol{A}) = R(\boldsymbol{A}, \boldsymbol{C}) \geqslant R(\boldsymbol{C})。$$

又 $\boldsymbol{B}^{\mathrm{T}}\boldsymbol{A}^{\mathrm{T}} = \boldsymbol{C}^{\mathrm{T}}$，由上面的结论，有 $R(\boldsymbol{B}^{\mathrm{T}}) = R(\boldsymbol{B}^{\mathrm{T}}, \boldsymbol{C}^{\mathrm{T}}) \geqslant R(\boldsymbol{C}^{\mathrm{T}})$，于是，有 $R(\boldsymbol{B}) \geqslant R(\boldsymbol{C})$。

综上，有 $R(\boldsymbol{C}) \leqslant \min\{R(\boldsymbol{A}), R(\boldsymbol{B})\}$。

习　题　3

1. 求下列矩阵的秩：

(1) $\begin{pmatrix} 3 & 1 & 0 & 2 \\ 1 & -1 & 2 & -1 \\ 1 & 3 & -4 & 4 \end{pmatrix}$；　(2) $\begin{pmatrix} 3 & 2 & -1 & -3 & -1 \\ 2 & -1 & 3 & 1 & -3 \\ 7 & 0 & 5 & -1 & -8 \end{pmatrix}$；

(3) $\begin{pmatrix} 2 & 1 & 8 & 3 & 7 \\ 2 & -3 & 0 & 7 & -5 \\ 3 & -2 & 5 & 8 & 0 \\ 1 & 0 & 3 & 2 & 0 \end{pmatrix}$。

2. 求解下列齐次线性方程组：

(1) $\begin{cases} x_1 + 2x_2 + x_3 - 2x_4 = 0, \\ 2x_1 + 3x_2 + x_3 - x_4 = 0, \\ x_1 - x_2 - 5x_3 + 4x_4 = 0; \end{cases}$　(2) $\begin{cases} 3x_1 - 2x_2 + 5x_3 + 4x_4 = 0, \\ 2x_1 - x_2 + 3x_3 + 2x_4 = 0, \\ 5x_1 - 4x_2 + 8x_3 + 6x_4 = 0; \end{cases}$

(3) $\begin{cases} x_1 - 5x_2 + 2x_3 - 3x_4 = 0, \\ 2x_1 + 4x_2 + 2x_3 + x_4 = 0, \\ 5x_1 + 3x_2 + 6x_3 - x_4 = 0; \end{cases}$　(4) $\begin{cases} x_1 - 2x_2 + x_3 - x_4 = 0, \\ 2x_1 + x_2 - x_3 + 2x_4 = 0, \\ 3x_1 - 2x_2 - x_3 + x_4 = 0。 \end{cases}$

3. 求解下列非齐次线性方程组：

(1) $\begin{cases} x_1 + x_2 - 4x_3 = 8, \\ 2x_1 - 3x_2 + 2x_3 = 1, \\ 3x_1 - 7x_2 + 8x_3 = 1; \end{cases}$　(2) $\begin{cases} x_1 - 2x_2 + 3x_3 = 0, \\ x_2 - 4x_3 = 1, \\ 4x_1 - 5x_2 - 6x_3 = 8; \end{cases}$

(3) $\begin{cases} x_1+x_2-2x_4=-6, \\ 3x_1-x_2-x_3=3, \\ 4x_1-x_2-x_3-x_4=1; \end{cases}$

(4) $\begin{cases} 2x_1+3x_2+x_3+2x_4=3, \\ 4x_1+6x_2+3x_3+4x_4=5, \\ 6x_1+9x_2+5x_3+6x_4=7, \\ 8x_1+12x_2+7x_3+8x_4=9。 \end{cases}$

4. 设线性方程组

$$\begin{cases} x_1-x_2=a_1, \\ x_2-x_3=a_2, \\ \cdots\cdots\cdots\cdots \\ x_{n-1}-x_n=a_{n-1}, \\ x_n-x_1=a_n, \end{cases}$$

试导出这个方程组有解的条件,并在有解的条件下求其通解。

5. 设

$$\begin{cases} \lambda x_1+x_2+x_3=1, \\ x_1+\lambda x_2+x_3=\lambda, \\ x_1+x_2+\lambda x_3=\lambda^2, \end{cases}$$

问 λ 取什么值时,方程组有唯一解、无解或无穷多解?并在有无穷多解时求其通解。

6. 问 λ 取何值时,方程组

$$\begin{cases} x_1-x_2+x_3=2, \\ 2x_1+\lambda x_2+x_3=\lambda, \\ -x_1+x_2+\lambda x_3=-2 \end{cases}$$

有唯一解、无解或有无穷多解?并在有无穷多解时求其通解。

7. (2012 年考研数学一) 设 $\boldsymbol{A}=\begin{pmatrix} 1 & a & 0 & 0 \\ 0 & 1 & a & 0 \\ 0 & 0 & 1 & a \\ a & 0 & 0 & 1 \end{pmatrix}$, $\boldsymbol{\beta}=\begin{pmatrix} 1 \\ -1 \\ 0 \\ 0 \end{pmatrix}$。

(1) 求 $|\boldsymbol{A}|$;

(2) 当实数 a 为何值时,方程组 $\boldsymbol{A}x=\beta$ 有无穷多解,并求其通解。

8. (2016 年考研数学二) 设矩阵 $\boldsymbol{A}=\begin{pmatrix} 1 & 1 & 1-a \\ 1 & 0 & a \\ a+1 & 1 & a+1 \end{pmatrix}$, $\boldsymbol{\beta}=\begin{pmatrix} 0 \\ 1 \\ 2a-2 \end{pmatrix}$, 且方程组 $\boldsymbol{A}\boldsymbol{x}=\boldsymbol{\beta}$ 无解。

(1) 求 a 的值;

(2) 求方程组 $\boldsymbol{A}^{\mathrm{T}}\boldsymbol{A}\boldsymbol{x}=\boldsymbol{A}^{\mathrm{T}}\boldsymbol{\beta}$ 的通解。

9.(2016 年考研数学一)设矩阵 $\boldsymbol{A}=\begin{pmatrix}1 & -1 & -1\\ 2 & a & 1\\ -1 & 1 & a\end{pmatrix}$,$\boldsymbol{B}=\begin{pmatrix}2 & 2\\ 1 & a\\ -a-1 & -2\end{pmatrix}$,当 a 为何值时,方程 $\boldsymbol{AX}=\boldsymbol{B}$ 无解、有唯一解、有无穷多解?并在有解时求解此方程。

10. 选择题:

(1)(2015 年考研数学二)设矩阵 $\boldsymbol{A}=\begin{pmatrix}1 & 1 & 1\\ 1 & 2 & a\\ 1 & 4 & a^2\end{pmatrix}$,$\boldsymbol{b}=\begin{pmatrix}1\\ d\\ d^2\end{pmatrix}$,若集合 $\Omega=\{1,2\}$,则线性方程组 $\boldsymbol{Ax}=\boldsymbol{b}$ 有无穷多个解的充分必要条件为(　　);

(A)$a\notin\Omega,d\notin\Omega$　　(B)$a\notin\Omega,d\in\Omega$

(C)$a\in\Omega,d\notin\Omega$　　(D)$a\in\Omega,d\in\Omega$

(2)(2018 年考研数学一)设 $\boldsymbol{A},\boldsymbol{B}$ 为 n 阶矩阵,记 $R(\boldsymbol{X})$ 为矩阵 $\boldsymbol{X}$ 的秩,$(\boldsymbol{X},\boldsymbol{Y})$ 表示分块矩阵,则(　　);

(A)$R(\boldsymbol{A},\boldsymbol{AB})=R(\boldsymbol{A})$　　(B)$R(\boldsymbol{A},\boldsymbol{BA})=R(\boldsymbol{A})$

(C)$R(\boldsymbol{A},\boldsymbol{B})=\max\{R(\boldsymbol{A}),R(\boldsymbol{B})\}$　　(D)$R(\boldsymbol{A},\boldsymbol{B})=R(\boldsymbol{A}^{\mathrm{T}},\boldsymbol{B}^{\mathrm{T}})$

(3)(2010 年考研数学一)设 $\boldsymbol{A}$ 为 $m\times n$ 型矩阵,$\boldsymbol{B}$ 为 $n\times m$ 型矩阵,$\boldsymbol{E}$ 为 m 阶单位矩阵,若 $\boldsymbol{AB}=\boldsymbol{E}$,则(　　)。

(A) 秩 $R(\boldsymbol{A})=m$,秩 $R(\boldsymbol{B})=m$　　(B) 秩 $R(\boldsymbol{A})=m$,秩 $R(\boldsymbol{B})=n$

(C) 秩 $R(\boldsymbol{A})=n$,秩 $R(\boldsymbol{B})=m$　　(D) 秩 $R(\boldsymbol{A})=n$,秩 $R(\boldsymbol{B})=n$

11. 设 $\boldsymbol{A}$ 是 n 阶方阵,且 $\boldsymbol{A}^2=\boldsymbol{E}$,证明:$R(\boldsymbol{A}+\boldsymbol{E})+R(\boldsymbol{A}-\boldsymbol{E})=n$。

12. 设 $\boldsymbol{A}$ 是 $n(n\geqslant 2)$ 阶方阵,$\boldsymbol{A}^*$ 是 $\boldsymbol{A}$ 的伴随矩阵,证明:

$$R(\boldsymbol{A}^*)=\begin{cases}n, & \text{当 } R(\boldsymbol{A})=n;\\ 1, & \text{当 } R(\boldsymbol{A})=n-1;\\ 0, & \text{当 } R(\boldsymbol{A})\leqslant n-2。\end{cases}$$

13. 证明:$R\begin{pmatrix}\boldsymbol{A} & \boldsymbol{C}\\ \boldsymbol{O} & \boldsymbol{B}\end{pmatrix}\geqslant R(\boldsymbol{A})+R(\boldsymbol{B})$。

第 4 章

向量组的线性相关性

向量不仅是线性代数的核心,也是解决众多数学问题常用的工具,其相关理论和方法已经渗透到自然科学、工程技术、经济管理等领域。向量组的线性相关性进一步揭示了线性方程组解的内在规律,它们之间的关系通过矩阵的联系而更加紧密。

本章首先介绍了向量组及其线性组合的相关概念,给出了一个向量(组)能由另一个向量组线性表示的判定定理,然后介绍了向量组的线性相关性及其判定,接着讨论了向量组的极大无关组与秩、线性方程组的解的结构,最后介绍了向量空间的相关理论。

4.1 向量组及其线性组合

在解析几何中,我们通常把空间中既有大小又有方向的量称作矢量(或向量)。在引进空间直角坐标系之后,几何向量 $\boldsymbol{\alpha}$ 就可以用坐标 (x,y,z) 表示出来,我们也称由三个有序实数构成的数组为一个向量。在实际问题中,还有一些量必须用三个以上的有序数组才能准确描述,比如 n 元线性方程组的解等,因此我们有必要将三维向量的概念推广到 n 维向量。

在本章中,除特别说明外,都是在数域 P 中讨论。

定义 4.1 由数域 P 中 n 个有次序的数 $a_1,a_2,\cdots,a_n$ 所组成的数组 $(a_1,a_2,\cdots,a_n)$ 称为 n **维向量**,这 n 个数称为该向量的**分量**,第 i 个数 a_i 称为第 i 个分量。向量通常用黑体希腊字母 $\boldsymbol{\alpha},\boldsymbol{\beta},\boldsymbol{\gamma}\cdots$ 表示。

分量全是实数的向量称为**实向量**,分量是复数的向量称为**复向量**。本书中除特别说明外,一般只讨论实向量。n 维向量可以写成一行,也可以写成一列,分别称为 n **维行向量**和 n **维列向量**。

分量全为 0 的向量 $(0,0,\cdots,0)$ 称为**零向量**,记作 $\mathbf{0}$,即 $\mathbf{0}=(0,0,\cdots,0)$。

向量 $(-a_1,-a_2,\cdots,-a_n)$ 称为向量 $\boldsymbol{\alpha}=(a_1,a_2,\cdots,a_n)$ 的**负向量**,记作 $-\boldsymbol{\alpha}$,即 $-\boldsymbol{\alpha}=(-a_1,-a_2,\cdots,-a_n)$。

两个 n 维向量 $\boldsymbol{\alpha}=(a_1,a_2,\cdots,a_n)$ 和 $\boldsymbol{\beta}=(b_1,b_2,\cdots,b_n)$,若对应的分量完全相等,即 $a_i=b_i(i=1,\cdots,n)$,则称 $\boldsymbol{\alpha}$ 与 $\boldsymbol{\beta}$ 相等,记作 $\boldsymbol{\alpha}=\boldsymbol{\beta}$。

仿照三维空间向量的运算,我们可以定义 n 维向量的**加法**与**数乘**运算。

定义 4.2 设向量 $\boldsymbol{\alpha}=(a_1,a_2,\cdots,a_n)$,$\boldsymbol{\beta}=(b_1,b_2,\cdots,b_n)$,$k$ 为数域 P 中的数,称向量 $(a_1+b_1,a_2+b_2,\cdots,a_n+b_n)$ 为 $\boldsymbol{\alpha}$ 与 $\boldsymbol{\beta}$ 的和,记作 $\boldsymbol{\alpha}+\boldsymbol{\beta}$,即

$$\boldsymbol{\alpha}+\boldsymbol{\beta}=(a_1+b_1,a_2+b_2,\cdots,a_n+b_n);$$

称向量$(ka_1,ka_2,\cdots,ka_n)$为数 k 与向量 $\boldsymbol{\alpha}$ 的乘积，记作 $k\boldsymbol{\alpha}$，即

$$k\boldsymbol{\alpha}=(ka_1,ka_2,\cdots,ka_n)。$$

向量的加法和数乘运算统称为向量的**线性运算**。很容易验证向量的线性运算满足以下八条性质：对任意的 n 维向量 $\boldsymbol{\alpha},\boldsymbol{\beta},\boldsymbol{\gamma}$，对任意数 $k,l\in P$，有

(1)$\boldsymbol{\alpha}+\boldsymbol{\beta}=\boldsymbol{\beta}+\boldsymbol{\alpha}$(交换律)；

(2)$(\boldsymbol{\alpha}+\boldsymbol{\beta})+\boldsymbol{\gamma}=\boldsymbol{\alpha}+(\boldsymbol{\beta}+\boldsymbol{\gamma})$(结合律)；

(3)$\boldsymbol{\alpha}+\boldsymbol{0}=\boldsymbol{\alpha}$；

(4)$\boldsymbol{\alpha}+(-\boldsymbol{\alpha})=\boldsymbol{0}$；

(5)$1\boldsymbol{\alpha}=\boldsymbol{\alpha}$；

(6)$k(\boldsymbol{\alpha}+\boldsymbol{\beta})=k\boldsymbol{\alpha}+k\boldsymbol{\beta}$；

(7)$(k+l)\boldsymbol{\alpha}=k\boldsymbol{\alpha}+l\boldsymbol{\alpha}$；

(8)$(kl)\boldsymbol{\alpha}=k(l\boldsymbol{\alpha})=l(k\boldsymbol{\alpha})$。

根据向量的数乘运算，若 $k\boldsymbol{\alpha}=\boldsymbol{0}$，则必有 $k=0$ 或 $\boldsymbol{\alpha}=\boldsymbol{0}$。

事实上，设 $\boldsymbol{\alpha}=(a_1,a_2,\cdots,a_n)$，若 $k=0$，则显然有 $k\boldsymbol{\alpha}=\boldsymbol{0}$；若 $k\neq 0$，则由 $k\boldsymbol{\alpha}=\boldsymbol{0}$ 可知$(ka_1,ka_2,\cdots,ka_n)=(0,0,\cdots,0)$，由向量相等可得 $ka_i=0(i=1,\cdots,n)$，从而 $a_i=0$，即 $\boldsymbol{\alpha}=\boldsymbol{0}$。

由数域 P 上若干个同维数的列(行)向量组成的集合称为**向量组**。后面所讨论的向量在没有指明是行向量还是列向量时，都当作是列向量。

令矩阵 $\boldsymbol{A}=\begin{pmatrix}a_{11}&a_{12}&\cdots&a_{1n}\\a_{21}&a_{22}&\cdots&a_{2n}\\\vdots&\vdots&&\vdots\\a_{m1}&a_{m2}&\cdots&a_{mn}\end{pmatrix}$，则 $\boldsymbol{A}$ 的所有列向量

$$\boldsymbol{\alpha}_1=\begin{pmatrix}a_{11}\\a_{21}\\\vdots\\a_{m1}\end{pmatrix},\boldsymbol{\alpha}_2=\begin{pmatrix}a_{12}\\a_{22}\\\vdots\\a_{m2}\end{pmatrix},\cdots,\boldsymbol{\alpha}_n=\begin{pmatrix}a_{1n}\\a_{2n}\\\vdots\\a_{mn}\end{pmatrix}$$

构成一个向量组；同样的，$\boldsymbol{A}$ 的所有行向量

$$\boldsymbol{\beta}_1=(a_{11},a_{12},\cdots,a_{1n}),\boldsymbol{\beta}_2=(a_{21},a_{22},\cdots,a_{2n}),\cdots,\boldsymbol{\beta}_m=(a_{m1},a_{m2},\cdots,a_{mn})$$

也构成一个向量组。反之，一个含有有限个向量的向量组也可以构成一个矩阵。

定义 4.3　设 $\boldsymbol{\alpha}_1,\boldsymbol{\alpha}_2,\cdots,\boldsymbol{\alpha}_s$ 为向量组，对任意数 $k_1,k_2,\cdots,k_s\in P$，称向量

$$k_1\boldsymbol{\alpha}_1+k_2\boldsymbol{\alpha}_2+\cdots+k_s\boldsymbol{\alpha}_s$$

为向量组 $\boldsymbol{\alpha}_1,\boldsymbol{\alpha}_2,\cdots,\boldsymbol{\alpha}_s$ 的一个**线性组合**，$k_1,k_2,\cdots,k_s$ 称为这个线性组合的**系数**。给定向量组 $\boldsymbol{\alpha}_1,\boldsymbol{\alpha}_2,\cdots,\boldsymbol{\alpha}_s$ 和向量 $\boldsymbol{\beta}$，若存在一组数 $l_1,l_2,\cdots,l_s\in P$，使得

$$\boldsymbol{\beta}=l_1\boldsymbol{\alpha}_1+l_2\boldsymbol{\alpha}_2+\cdots+l_s\boldsymbol{\alpha}_s,$$

则称向量 $\boldsymbol{\beta}$ 可写成向量组 $\boldsymbol{\alpha}_1,\boldsymbol{\alpha}_2,\cdots,\boldsymbol{\alpha}_s$ 的线性组合，或称向量 $\boldsymbol{\beta}$ 可由向量组 $\boldsymbol{\alpha}_1,\boldsymbol{\alpha}_2,\cdots,\boldsymbol{\alpha}_s$ **线性表示**。

向量$\boldsymbol{\beta}$可由向量组$\boldsymbol{\alpha}_1,\boldsymbol{\alpha}_2,\cdots,\boldsymbol{\alpha}_s$线性表示，也就是方程组

$$x_1\boldsymbol{\alpha}_1+x_2\boldsymbol{\alpha}_2+\cdots+x_s\boldsymbol{\alpha}_s=\boldsymbol{\beta}$$

有解。由定理 3.2 可得

定理 4.1 向量$\boldsymbol{\beta}$可由向量组$\boldsymbol{\alpha}_1,\boldsymbol{\alpha}_2,\cdots,\boldsymbol{\alpha}_s$线性表示的充分必要条件是矩阵$\boldsymbol{A}=(\boldsymbol{\alpha}_1,\boldsymbol{\alpha}_2,\cdots,\boldsymbol{\alpha}_s)$的秩等于矩阵$(\boldsymbol{A},\boldsymbol{\beta})=(\boldsymbol{\alpha}_1,\boldsymbol{\alpha}_2,\cdots,\boldsymbol{\alpha}_s,\boldsymbol{\beta})$的秩，即$R(\boldsymbol{A})=R(\boldsymbol{A},\boldsymbol{\beta})$。

例 4.1 设$\boldsymbol{\alpha}_1=\begin{pmatrix}1\\1\\1\end{pmatrix},\boldsymbol{\alpha}_2=\begin{pmatrix}0\\2\\5\end{pmatrix},\boldsymbol{\beta}=\begin{pmatrix}2\\4\\7\end{pmatrix}$，证明：向量$\boldsymbol{\beta}$可由向量$\boldsymbol{\alpha}_1,\boldsymbol{\alpha}_2$线性表示，并求出表示式。

证 令$\boldsymbol{A}=(\boldsymbol{\alpha}_1,\boldsymbol{\alpha}_2)$，则

$$(\boldsymbol{A},\boldsymbol{\beta})=\begin{pmatrix}1&0&2\\1&2&4\\1&5&7\end{pmatrix}\to\begin{pmatrix}1&0&2\\0&1&1\\0&0&0\end{pmatrix},$$

可见，$R(\boldsymbol{A})=R(\boldsymbol{A},\boldsymbol{\beta})=2$。由定理4.1知：向量$\boldsymbol{\beta}$可由向量$\boldsymbol{\alpha}_1,\boldsymbol{\alpha}_2$线性表示，且$\boldsymbol{\beta}=2\boldsymbol{\alpha}_1+\boldsymbol{\alpha}_2$。

定义 4.4 设$\boldsymbol{\alpha}_1,\boldsymbol{\alpha}_2,\cdots,\boldsymbol{\alpha}_s$与$\boldsymbol{\beta}_1,\boldsymbol{\beta}_2,\cdots,\boldsymbol{\beta}_t$为两个向量组，若每个向量$\boldsymbol{\alpha}_i(i=1,\cdots,s)$可由向量组$\boldsymbol{\beta}_1,\boldsymbol{\beta}_2,\cdots,\boldsymbol{\beta}_t$线性表示，则称向量组$\boldsymbol{\alpha}_1,\boldsymbol{\alpha}_2,\cdots,\boldsymbol{\alpha}_s$可由向量组$\boldsymbol{\beta}_1,\boldsymbol{\beta}_2,\cdots,\boldsymbol{\beta}_t$**线性表示**。进一步，若每个向量$\boldsymbol{\beta}_j(j=1,\cdots,t)$也可由向量组$\boldsymbol{\alpha}_1,\boldsymbol{\alpha}_2,\cdots,\boldsymbol{\alpha}_s$线性表示，也即向量组$\boldsymbol{\alpha}_1,\boldsymbol{\alpha}_2,\cdots,\boldsymbol{\alpha}_s$与$\boldsymbol{\beta}_1,\boldsymbol{\beta}_2,\cdots,\boldsymbol{\beta}_t$可相互线性表示，则称向量组$\boldsymbol{\alpha}_1,\boldsymbol{\alpha}_2,\cdots,\boldsymbol{\alpha}_s$与$\boldsymbol{\beta}_1,\boldsymbol{\beta}_2,\cdots,\boldsymbol{\beta}_t$**等价**。

有了定义 4.4，定理 4.1 可以推广到下面的定理 4.2。

定理 4.2 向量组$\boldsymbol{\beta}_1,\boldsymbol{\beta}_2,\cdots,\boldsymbol{\beta}_t$能由向量组$\boldsymbol{\alpha}_1,\boldsymbol{\alpha}_2,\cdots,\boldsymbol{\alpha}_s$线性表示的充分必要条件是矩阵$\boldsymbol{A}=(\boldsymbol{\alpha}_1,\boldsymbol{\alpha}_2,\cdots,\boldsymbol{\alpha}_s)$的秩等于矩阵$(\boldsymbol{A},\boldsymbol{B})=(\boldsymbol{\alpha}_1,\boldsymbol{\alpha}_2,\cdots,\boldsymbol{\alpha}_s,\boldsymbol{\beta}_1,\boldsymbol{\beta}_2,\cdots,\boldsymbol{\beta}_t)$的秩，即$R(\boldsymbol{A})=R(\boldsymbol{A},\boldsymbol{B})$。

证 向量组$\boldsymbol{\beta}_1,\boldsymbol{\beta}_2,\cdots,\boldsymbol{\beta}_t$能由向量组$\boldsymbol{\alpha}_1,\boldsymbol{\alpha}_2,\cdots,\boldsymbol{\alpha}_s$线性表示

$\Leftrightarrow$ 每个向量$\boldsymbol{\beta}_j(j=1,\cdots,t)$都可由向量组$\boldsymbol{\alpha}_1,\boldsymbol{\alpha}_2,\cdots,\boldsymbol{\alpha}_s$线性表示

$\Leftrightarrow R(\boldsymbol{A})=R(\boldsymbol{A},\boldsymbol{\beta}_j)\ (j=1,2,\cdots,t)$

$\Leftrightarrow R(\boldsymbol{A})=R(\boldsymbol{A},\boldsymbol{\beta}_1,\boldsymbol{\beta}_2,\cdots,\boldsymbol{\beta}_t)$

$\Leftrightarrow R(\boldsymbol{A})=R(\boldsymbol{A},\boldsymbol{B})$。

推论 向量组$\boldsymbol{\beta}_1,\boldsymbol{\beta}_2,\cdots,\boldsymbol{\beta}_t$能由向量组$\boldsymbol{\alpha}_1,\boldsymbol{\alpha}_2,\cdots,\boldsymbol{\alpha}_s$线性表示，则$R(\boldsymbol{B})\leqslant R(\boldsymbol{A})$，其中$\boldsymbol{A}=(\boldsymbol{\alpha}_1,\boldsymbol{\alpha}_2,\cdots,\boldsymbol{\alpha}_s)$，$\boldsymbol{B}=(\boldsymbol{\beta}_1,\boldsymbol{\beta}_2,\cdots,\boldsymbol{\beta}_t)$。

证 向量组$\boldsymbol{\beta}_1,\boldsymbol{\beta}_2,\cdots,\boldsymbol{\beta}_t$能由向量组$\boldsymbol{\alpha}_1,\boldsymbol{\alpha}_2,\cdots,\boldsymbol{\alpha}_s$线性表示，则

$$R(\boldsymbol{A})=R(\boldsymbol{A},\boldsymbol{B})\geqslant R(\boldsymbol{B})。$$

下面的定理 4.2′ 是定理 4.2 的逆否命题。

定理 4.2′ 向量组$\boldsymbol{\beta}_1,\boldsymbol{\beta}_2,\cdots,\boldsymbol{\beta}_t$不能由向量组$\boldsymbol{\alpha}_1,\boldsymbol{\alpha}_2,\cdots,\boldsymbol{\alpha}_s$线性表示的充分必要条件是$R(\boldsymbol{A})<R(\boldsymbol{A},\boldsymbol{B})$，其中$\boldsymbol{A}=(\boldsymbol{\alpha}_1,\boldsymbol{\alpha}_2,\cdots,\boldsymbol{\alpha}_s)$，$\boldsymbol{B}=(\boldsymbol{\beta}_1,\boldsymbol{\beta}_2,\cdots,\boldsymbol{\beta}_t)$。

定理 4.3　向量组 $\boldsymbol{\alpha}_1,\boldsymbol{\alpha}_2,\cdots,\boldsymbol{\alpha}_s$ 与向量组 $\boldsymbol{\beta}_1,\boldsymbol{\beta}_2,\cdots,\boldsymbol{\beta}_t$ 等价的充分必要条件是 $R(\boldsymbol{A})=R(\boldsymbol{B})=R(\boldsymbol{A},\boldsymbol{B})$，其中 $\boldsymbol{A}=(\boldsymbol{\alpha}_1,\boldsymbol{\alpha}_2,\cdots,\boldsymbol{\alpha}_s)$，$\boldsymbol{B}=(\boldsymbol{\beta}_1,\boldsymbol{\beta}_2,\cdots,\boldsymbol{\beta}_t)$。

证　向量组 $\boldsymbol{\alpha}_1,\boldsymbol{\alpha}_2,\cdots,\boldsymbol{\alpha}_s$ 与 $\boldsymbol{\beta}_1,\boldsymbol{\beta}_2,\cdots,\boldsymbol{\beta}_t$ 等价的充分必要条件是

$$R(\boldsymbol{A})=R(\boldsymbol{A},\boldsymbol{B}) \quad 且 \quad R(\boldsymbol{B})=R(\boldsymbol{B},\boldsymbol{A})。$$

由 $(\boldsymbol{A},\boldsymbol{B})\overset{c}{\sim}(\boldsymbol{B},\boldsymbol{A})$ 知 $R(\boldsymbol{A},\boldsymbol{B})=R(\boldsymbol{B},\boldsymbol{A})$，合起来得充分必要条件为

$$R(\boldsymbol{A})=R(\boldsymbol{B})=R(\boldsymbol{A},\boldsymbol{B})。$$

例 4.2　设向量组 $\boldsymbol{\alpha}_1=\begin{pmatrix}1\\0\\1\end{pmatrix},\boldsymbol{\alpha}_2=\begin{pmatrix}0\\1\\1\end{pmatrix},\boldsymbol{\alpha}_3=\begin{pmatrix}1\\3\\5\end{pmatrix}$ 不能由向量组 $\boldsymbol{\beta}_1=\begin{pmatrix}1\\1\\1\end{pmatrix},\boldsymbol{\beta}_2=\begin{pmatrix}1\\2\\3\end{pmatrix}$，$\boldsymbol{\beta}_3=\begin{pmatrix}3\\4\\a\end{pmatrix}$ 线性表示。

(1) 求 a 的值；

(2) 将 $\boldsymbol{\beta}_1$ 用 $\boldsymbol{\alpha}_1,\boldsymbol{\alpha}_2,\boldsymbol{\alpha}_3$ 线性表示。

解　(1) 令 $\boldsymbol{A}=(\boldsymbol{\alpha}_1,\boldsymbol{\alpha}_2,\boldsymbol{\alpha}_3)$，$\boldsymbol{B}=(\boldsymbol{\beta}_1,\boldsymbol{\beta}_2,\boldsymbol{\beta}_3)$，由题设，得 $R(\boldsymbol{B})<R(\boldsymbol{B},\boldsymbol{A})$，而

$$(\boldsymbol{B},\boldsymbol{A})=\begin{pmatrix}1&1&3&1&0&1\\1&2&4&0&1&3\\1&3&a&1&1&5\end{pmatrix}\to\begin{pmatrix}1&1&3&1&0&1\\0&1&1&-1&1&2\\0&0&a-5&2&-1&0\end{pmatrix},$$

可见，$R(\boldsymbol{B},\boldsymbol{A})=3$，那么，$R(\boldsymbol{B})<3$，故 $a=5$。

(2) 令 $\boldsymbol{\beta}_1=x_1\boldsymbol{\alpha}_1+x_2\boldsymbol{\alpha}_2+x_3\boldsymbol{\alpha}_3$，由

$$(\boldsymbol{A},\boldsymbol{\beta}_1)=\begin{pmatrix}1&0&1&1\\0&1&3&1\\1&1&5&1\end{pmatrix}\to\begin{pmatrix}1&0&0&2\\0&1&0&4\\0&0&1&-1\end{pmatrix}$$

得 $x_1=2,x_2=4,x_3=-1$，故 $\boldsymbol{\beta}_1=2\boldsymbol{\alpha}_1+4\boldsymbol{\alpha}_2-\boldsymbol{\alpha}_3$。

4.2　向量组的线性相关性

定义 4.5　设有向量组 $\boldsymbol{\alpha}_1,\boldsymbol{\alpha}_2,\cdots,\boldsymbol{\alpha}_s$，如果存在 s 个不全为 0 的数 $k_1,k_2,\cdots,k_s$ 使得

$$k_1\boldsymbol{\alpha}_1+k_2\boldsymbol{\alpha}_2+\cdots+k_s\boldsymbol{\alpha}_s=\boldsymbol{0},$$

则称向量组 $\boldsymbol{\alpha}_1,\boldsymbol{\alpha}_2,\cdots,\boldsymbol{\alpha}_s$ **线性相关**；否则，称 $\boldsymbol{\alpha}_1,\boldsymbol{\alpha}_2,\cdots,\boldsymbol{\alpha}_s$ **线性无关**。

由向量的运算可知，单个向量 $\boldsymbol{\alpha}$ 线性相关当且仅当 $\boldsymbol{\alpha}=\boldsymbol{0}$；单个向量 $\boldsymbol{\alpha}$ 线性无关当且仅当 $\boldsymbol{\alpha}\neq\boldsymbol{0}$。两个非零向量线性相关当且仅当它们成比例(几何上称共线)。

向量组 $\boldsymbol{\alpha}_1,\boldsymbol{\alpha}_2,\cdots,\boldsymbol{\alpha}_s$ 线性无关还可以表述为：若仅当 $k_1,k_2,\cdots,k_s$ 全为 0 时等式 $k_1\boldsymbol{\alpha}_1+k_2\boldsymbol{\alpha}_2+\cdots+k_s\boldsymbol{\alpha}_s=\boldsymbol{0}$ 才成立，则称 $\boldsymbol{\alpha}_1,\boldsymbol{\alpha}_2,\cdots,\boldsymbol{\alpha}_s$ 线性无关。

例 4.3　证明：含有零向量的向量组一定线性相关。

证 设 $\boldsymbol{\alpha}_1,\boldsymbol{\alpha}_2,\cdots,\boldsymbol{\alpha}_s$ 是给定的向量组。不失一般性，可设 $\boldsymbol{\alpha}_1=\mathbf{0}$。因为存在一组不全为0的数 $1,0,\cdots,0$，使得 $1\cdot\boldsymbol{\alpha}_1+0\cdot\boldsymbol{\alpha}_2+\cdots+0\cdot\boldsymbol{\alpha}_s=\mathbf{0}$，故 $\boldsymbol{\alpha}_1,\boldsymbol{\alpha}_2,\cdots,\boldsymbol{\alpha}_s$ 线性相关。

定理 4.4 向量组 $\boldsymbol{\alpha}_1,\boldsymbol{\alpha}_2,\cdots,\boldsymbol{\alpha}_s(s\geqslant 2)$ 线性相关的充分必要条件是其中有一个向量可以由其余向量线性表示。

证 必要性 因为 $\boldsymbol{\alpha}_1,\boldsymbol{\alpha}_2,\cdots,\boldsymbol{\alpha}_s$ 线性相关，故存在一组不全为0的数 $k_1,k_2,\cdots,k_s$，使得

$$k_1\boldsymbol{\alpha}_1+k_2\boldsymbol{\alpha}_2+\cdots+k_s\boldsymbol{\alpha}_s=\mathbf{0}。$$

不失一般性，可设 $k_1\neq 0$，则有

$$\boldsymbol{\alpha}_1=-\frac{k_2}{k_1}\boldsymbol{\alpha}_2-\cdots-\frac{k_s}{k_1}\boldsymbol{\alpha}_s,$$

向量 $\boldsymbol{\alpha}_1$ 可以由其余向量线性表示。

充分性 若向量组 $\boldsymbol{\alpha}_1,\boldsymbol{\alpha}_2,\cdots,\boldsymbol{\alpha}_s$ 中有一个向量可以由其余向量线性表示，不妨设 $\boldsymbol{\alpha}_s$ 可由其余向量线性表示，则存在数 $k_1,k_2,\cdots,k_{s-1}$，使得 $\boldsymbol{\alpha}_s=k_1\boldsymbol{\alpha}_1+k_2\boldsymbol{\alpha}_2+\cdots+k_{s-1}\boldsymbol{\alpha}_{s-1}$，于是，

$$k_1\boldsymbol{\alpha}_1+k_2\boldsymbol{\alpha}_2+\cdots+k_{s-1}\boldsymbol{\alpha}_{s-1}+(-1)\boldsymbol{\alpha}_s=\mathbf{0}。$$

故向量组 $\boldsymbol{\alpha}_1,\boldsymbol{\alpha}_2,\cdots,\boldsymbol{\alpha}_s$ 线性相关。

由向量组线性相关性的定义，容易得

定理 4.5 向量组 $\boldsymbol{\alpha}_1,\boldsymbol{\alpha}_2,\cdots,\boldsymbol{\alpha}_s$ 线性相关的充分必要条件是齐次线性方程组 $x_1\boldsymbol{\alpha}_1+x_2\boldsymbol{\alpha}_2+\cdots+x_s\boldsymbol{\alpha}_s=\mathbf{0}$ 有非零解；向量组 $\boldsymbol{\alpha}_1,\boldsymbol{\alpha}_2,\cdots,\boldsymbol{\alpha}_s$ 线性无关的充分必要条件是齐次线性方程组 $x_1\boldsymbol{\alpha}_1+x_2\boldsymbol{\alpha}_2+\cdots+x_s\boldsymbol{\alpha}_s=\mathbf{0}$ 只有零解。

进一步，由上章定理3.3可得

定理 4.6 向量组 $\boldsymbol{\alpha}_1,\boldsymbol{\alpha}_2,\cdots,\boldsymbol{\alpha}_s$ 线性相关的充分必要条件是 $R(\boldsymbol{A})<s$；向量组 $\boldsymbol{\alpha}_1,\boldsymbol{\alpha}_2,\cdots,\boldsymbol{\alpha}_s$ 线性无关的充分必要条件是 $R(\boldsymbol{A})=s$，其中 $\boldsymbol{A}=(\boldsymbol{\alpha}_1,\boldsymbol{\alpha}_2,\cdots,\boldsymbol{\alpha}_s)$。

例 4.4 判断向量组 $\boldsymbol{\alpha}_1=\begin{pmatrix}0\\0\\0\\1\end{pmatrix},\boldsymbol{\alpha}_2=\begin{pmatrix}1\\1\\0\\1\end{pmatrix},\boldsymbol{\alpha}_3=\begin{pmatrix}2\\1\\3\\1\end{pmatrix},\boldsymbol{\alpha}_4=\begin{pmatrix}1\\1\\0\\0\end{pmatrix}$ 的线性相关性。

解 令 $\boldsymbol{A}=(\boldsymbol{\alpha}_1,\boldsymbol{\alpha}_2,\boldsymbol{\alpha}_3,\boldsymbol{\alpha}_4)$，则

$$\boldsymbol{A}=\begin{pmatrix}0&1&2&1\\0&1&1&1\\0&0&3&0\\1&1&1&0\end{pmatrix}\to\begin{pmatrix}1&1&1&0\\0&1&1&1\\0&0&1&0\\0&0&0&0\end{pmatrix},$$

可见，$R(\boldsymbol{A})=3<4$，由定理4.6知，向量组 $\boldsymbol{\alpha}_1,\boldsymbol{\alpha}_2,\boldsymbol{\alpha}_3,\boldsymbol{\alpha}_4$ 线性相关。

例 4.5 已知向量组 $\boldsymbol{\alpha}_1,\boldsymbol{\alpha}_2,\boldsymbol{\alpha}_3$ 线性无关，$\boldsymbol{\beta}_1=\boldsymbol{\alpha}_1+\boldsymbol{\alpha}_2,\boldsymbol{\beta}_2=\boldsymbol{\alpha}_2+\boldsymbol{\alpha}_3,\boldsymbol{\beta}_3=\boldsymbol{\alpha}_3+\boldsymbol{\alpha}_1$，试证向量组 $\boldsymbol{\beta}_1,\boldsymbol{\beta}_2,\boldsymbol{\beta}_3$ 线性无关。

证法 1 设 $x_1\boldsymbol{\beta}_1+x_2\boldsymbol{\beta}_2+x_3\boldsymbol{\beta}_3=\mathbf{0}$，则

$$x_1(\boldsymbol{\alpha}_1+\boldsymbol{\alpha}_2)+x_2(\boldsymbol{\alpha}_2+\boldsymbol{\alpha}_3)+x_3(\boldsymbol{\alpha}_3+\boldsymbol{\alpha}_1)=\mathbf{0},$$

整理得

$$(x_1+x_3)\boldsymbol{\alpha}_1+(x_1+x_2)\boldsymbol{\alpha}_2+(x_2+x_3)\boldsymbol{\alpha}_3=\mathbf{0}。$$

又向量组 $\boldsymbol{\alpha}_1,\boldsymbol{\alpha}_2,\boldsymbol{\alpha}_3$ 线性无关，故

$$\begin{cases}x_1\qquad+x_3=0,\\x_1+x_2\qquad=0,\\\qquad x_2+x_3=0,\end{cases}$$

解得 $x_1=x_2=x_3=0$，因此，向量组 $\boldsymbol{\beta}_1,\boldsymbol{\beta}_2,\boldsymbol{\beta}_3$ 线性无关。

证法 2　由题意可知，

$$(\boldsymbol{\beta}_1,\boldsymbol{\beta}_2,\boldsymbol{\beta}_3)=(\boldsymbol{\alpha}_1,\boldsymbol{\alpha}_2,\boldsymbol{\alpha}_3)\begin{pmatrix}1&0&1\\1&1&0\\0&1&1\end{pmatrix},$$

记作 $\boldsymbol{B}=\boldsymbol{AQ}$，其中

$$\boldsymbol{B}=(\boldsymbol{\beta}_1,\boldsymbol{\beta}_2,\boldsymbol{\beta}_3),\boldsymbol{A}=(\boldsymbol{\alpha}_1,\boldsymbol{\alpha}_2,\boldsymbol{\alpha}_3),\boldsymbol{Q}=\begin{pmatrix}1&0&1\\1&1&0\\0&1&1\end{pmatrix}。$$

由 $R(\boldsymbol{Q})=3$ 知 $\boldsymbol{Q}$ 可逆，根据矩阵的秩的性质(4) 知

$$R(\boldsymbol{B})=R(\boldsymbol{AQ})=R(\boldsymbol{A})。$$

因为向量组 $\boldsymbol{\alpha}_1,\boldsymbol{\alpha}_2,\boldsymbol{\alpha}_3$ 线性无关，所以 $R(\boldsymbol{A})=3$，故 $R(\boldsymbol{B})=3$。因此，向量组 $\boldsymbol{\beta}_1,\boldsymbol{\beta}_2,\boldsymbol{\beta}_3$ 线性无关。

如果向量组 A 是向量组 B 的一部分，称向量组 A 是向量组 B 的**部分组**。

定理 4.7　(1) 一个向量组如果有部分组线性相关，则该向量组一定线性相关。反之，如果一个向量组线性无关，则它的任何部分组都线性无关。

(2) m 个 n 维向量组成的向量组，当向量的个数 m 大于维数 n 时，该向量组一定线性相关。

(3) 设向量组 A：$\boldsymbol{\alpha}_1,\boldsymbol{\alpha}_2,\cdots,\boldsymbol{\alpha}_m$ 线性无关，而向量组 B：$\boldsymbol{\alpha}_1,\boldsymbol{\alpha}_2,\cdots,\boldsymbol{\alpha}_m,\boldsymbol{\beta}$ 线性相关，则向量 $\boldsymbol{\beta}$ 能由向量组 A 线性表示，且表示式唯一。

证　(1) 不妨设向量组 A：$\boldsymbol{\alpha}_1,\boldsymbol{\alpha}_2,\cdots,\boldsymbol{\alpha}_m$ 有一个部分组 B：$\boldsymbol{\alpha}_1,\boldsymbol{\alpha}_2,\cdots,\boldsymbol{\alpha}_s(1\leqslant s\leqslant m)$ 线性相关，则存在不全为 0 的数 $k_1,k_2,\cdots,k_s$ 使得

$$k_1\boldsymbol{\alpha}_1+k_2\boldsymbol{\alpha}_2+\cdots+k_s\boldsymbol{\alpha}_s=\mathbf{0}。$$

那么，

$$k_1\boldsymbol{\alpha}_1+k_2\boldsymbol{\alpha}_2+\cdots+k_s\boldsymbol{\alpha}_s+0\boldsymbol{\alpha}_{s+1}+\cdots+0\boldsymbol{\alpha}_m=\mathbf{0},$$

根据向量组线性相关的定义知，向量组 A：$\boldsymbol{\alpha}_1,\boldsymbol{\alpha}_2,\cdots,\boldsymbol{\alpha}_m$ 线性相关。

(2) 设有 m 个 n 维向量：$\boldsymbol{\alpha}_1,\boldsymbol{\alpha}_2,\cdots,\boldsymbol{\alpha}_m$，令 $\boldsymbol{A}=(\boldsymbol{\alpha}_1,\boldsymbol{\alpha}_2,\cdots,\boldsymbol{\alpha}_m)$，则 $\boldsymbol{A}$ 为 $n\times m$ 矩阵，当 $m>n$ 时，$R(\boldsymbol{A})\leqslant n<m$，故向量组 $\boldsymbol{\alpha}_1,\boldsymbol{\alpha}_2,\cdots,\boldsymbol{\alpha}_m$ 线性相关。

(3) 令 $\boldsymbol{A}=(\boldsymbol{\alpha}_1,\boldsymbol{\alpha}_2,\cdots,\boldsymbol{\alpha}_m)$，$\boldsymbol{B}=(\boldsymbol{\alpha}_1,\boldsymbol{\alpha}_2,\cdots,\boldsymbol{\alpha}_m,\boldsymbol{\beta})$，由向量组 A：$\boldsymbol{\alpha}_1,\boldsymbol{\alpha}_2,\cdots,\boldsymbol{\alpha}_m$ 线性无

关知 $R(\boldsymbol{A})=m$，由向量组 $B:\boldsymbol{\alpha}_1,\boldsymbol{\alpha}_2,\cdots,\boldsymbol{\alpha}_m,\boldsymbol{\beta}$ 线性相关知 $R(\boldsymbol{B})<m+1$，于是，

$$m=R(\boldsymbol{A})\leqslant R(\boldsymbol{B})<m+1。$$

因此，$R(\boldsymbol{B})=m=R(\boldsymbol{A})$，故向量 $\boldsymbol{\beta}$ 能由向量组 A 线性表示。

对于方程组 $x_1\boldsymbol{\alpha}_1+x_2\boldsymbol{\alpha}_2+\cdots+x_m\boldsymbol{\alpha}_m=\boldsymbol{\beta}$，由于 $R(\boldsymbol{A})=R(\boldsymbol{B})=m$，故方程组有唯一解，即向量 $\boldsymbol{\beta}$ 由向量组 A 线性表示的表示式唯一。

4.3　向量组的极大无关组与秩

上一节已经讲过，对于一个线性无关的向量组，它的任何一个非空的部分组也线性无关；而线性相关的向量组中部分组不一定线性相关。事实上，只要一个向量组中含有非零向量，就一定存在线性无关的部分组，这是因为由单个的非零向量所构成的部分组就是线性无关的。在线性无关的部分组中，最重要的就是极大线性无关向量组。

在上两节的讨论中，向量组只局限于含有限个向量。现在我们将去掉这一限制，向量组可以含无限多个向量。

定义 4.6　设有向量组 A，如果在 A 中能选出 r 个向量 $\boldsymbol{\alpha}_1,\boldsymbol{\alpha}_2,\cdots,\boldsymbol{\alpha}_r$，满足

(1) 向量组 $A_0:\boldsymbol{\alpha}_1,\boldsymbol{\alpha}_2,\cdots,\boldsymbol{\alpha}_r$ 线性无关；

(2) 向量组 A 中任意 $r+1$ 个向量(如果 A 中有 $r+1$ 个向量的话) 都线性相关；

那么称向量组 A_0 是向量组 A 的一个**极大线性无关向量组**(简称极大线性无关组或极大无关组)，极大无关组所含向量的个数 r 称为**向量组 A 的秩**，记作 R_A。

注　(1) 只含有零向量的向量组没有极大无关组，规定它的秩为 0；

(2) 一个线性无关的向量组，它的极大无关组就是这个向量组本身；

(3) 一个向量组的极大无关组一般不唯一。如果向量组 A 的秩是 r，则向量组 A 中任意 r 个线性无关的向量都可以看作是 A 的极大无关组。

下面我们来讨论向量组与矩阵的秩的关系。

对于一个 $m\times n$ 矩阵 $\boldsymbol{A}$，我们可以将它的 m 个行向量看成一个向量组，这个向量组的秩称为矩阵的**行秩**，相应的由矩阵 $\boldsymbol{A}$ 的 n 个列向量构成的向量组的秩称为矩阵 $\boldsymbol{A}$ 的**列秩**。

定理 4.8　矩阵的秩等于它的行秩，也等于它的列秩。

证　设 $R(\boldsymbol{A})=r$，$\boldsymbol{A}=(\boldsymbol{\alpha}_1,\boldsymbol{\alpha}_2,\cdots,\boldsymbol{\alpha}_n)$，其中 $\boldsymbol{\alpha}_1,\boldsymbol{\alpha}_2,\cdots,\boldsymbol{\alpha}_n$ 为矩阵 $\boldsymbol{A}$ 的 n 个列向量。则 $\boldsymbol{A}$ 存在 r 阶子式 $D_r\neq 0$，故由定理 4.6 知，D_r 所在的 r 列线性无关。又 $\boldsymbol{A}$ 的所有 $r+1$ 阶子式 D_{r+1} 均为 0，故 $\boldsymbol{A}$ 的任意 $r+1$ 列线性相关。因此，D_r 所在的 r 列就是 $\boldsymbol{A}$ 的列向量组的一个极大无关组，所以 $\boldsymbol{A}$ 的列秩为 r。同理可证 $\boldsymbol{A}$ 的行秩为 r。

今后向量组 $\boldsymbol{\alpha}_1,\boldsymbol{\alpha}_2,\cdots,\boldsymbol{\alpha}_m$ 的秩就记作 $R(\boldsymbol{\alpha}_1,\boldsymbol{\alpha}_2,\cdots,\boldsymbol{\alpha}_m)$。这里的记号 $R(\boldsymbol{\alpha}_1,\boldsymbol{\alpha}_2,\cdots,\boldsymbol{\alpha}_m)$ 既可以理解为矩阵的秩，也可以理解为向量组的秩。

根据向量组的秩的定义及定理 4.8 可知，前面介绍的定理 4.1、4.2、4.3 和 4.6 中出现的矩阵的秩都可以改为向量组的秩。

例 4.6　设矩阵

$$\boldsymbol{A}=\begin{pmatrix}2&-1&-1&1&2\\1&1&-2&1&4\\4&-6&2&-2&4\\3&6&-9&7&9\end{pmatrix},$$

求矩阵 $\boldsymbol{A}$ 的列向量组的一个极大无关组，并把其余向量用该极大线性无关组表示。

解　令 $\boldsymbol{A}=(\boldsymbol{\alpha}_1,\boldsymbol{\alpha}_2,\boldsymbol{\alpha}_3,\boldsymbol{\alpha}_4,\boldsymbol{\alpha}_5)$，对 $\boldsymbol{A}$ 施行初等行变换化为行阶梯形矩阵，得

$$\boldsymbol{A}\rightarrow\begin{pmatrix}1&1&-2&1&4\\0&1&-1&1&0\\0&0&0&1&-3\\0&0&0&0&0\end{pmatrix},$$

可见，$R(\boldsymbol{\alpha}_1,\boldsymbol{\alpha}_2,\boldsymbol{\alpha}_3,\boldsymbol{\alpha}_4,\boldsymbol{\alpha}_5)=R(\boldsymbol{A})=3$，故 $\boldsymbol{A}$ 的列向量组的极大无关组含 3 个向量。由 $R(\boldsymbol{\alpha}_1,\boldsymbol{\alpha}_2,\boldsymbol{\alpha}_4)=3$ 知 $\boldsymbol{\alpha}_1,\boldsymbol{\alpha}_2,\boldsymbol{\alpha}_4$ 线性无关，并作成 $\boldsymbol{A}$ 的列向量组的一个极大无关组。

为把向量 $\boldsymbol{\alpha}_3,\boldsymbol{\alpha}_5$ 用向量 $\boldsymbol{\alpha}_1,\boldsymbol{\alpha}_2,\boldsymbol{\alpha}_4$ 线性表示，利用初等行变换把 $\boldsymbol{A}$ 的行阶梯形矩阵再化为行最简形矩阵 $\boldsymbol{B}$，有

$$\boldsymbol{A}\rightarrow\begin{pmatrix}1&0&-1&0&4\\0&1&-1&0&3\\0&0&0&1&-3\\0&0&0&0&0\end{pmatrix}=\boldsymbol{B}。$$

记 $\boldsymbol{B}=(\boldsymbol{\beta}_1,\boldsymbol{\beta}_2,\boldsymbol{\beta}_3,\boldsymbol{\beta}_4,\boldsymbol{\beta}_5)$，由于方程组 $\boldsymbol{Ax}=\boldsymbol{0}$ 与 $\boldsymbol{Bx}=\boldsymbol{0}$ 同解，即方程组

$$x_1\boldsymbol{\alpha}_1+x_2\boldsymbol{\alpha}_2+x_3\boldsymbol{\alpha}_3+x_4\boldsymbol{\alpha}_4+x_5\boldsymbol{\alpha}_5=\boldsymbol{0}$$

与

$$x_1\boldsymbol{\beta}_1+x_2\boldsymbol{\beta}_2+x_3\boldsymbol{\beta}_3+x_4\boldsymbol{\beta}_4+x_5\boldsymbol{\beta}_5=\boldsymbol{0}$$

同解，因此向量组 $\boldsymbol{\alpha}_1,\boldsymbol{\alpha}_2,\boldsymbol{\alpha}_3,\boldsymbol{\alpha}_4,\boldsymbol{\alpha}_5$ 与向量组 $\boldsymbol{\beta}_1,\boldsymbol{\beta}_2,\boldsymbol{\beta}_3,\boldsymbol{\beta}_4,\boldsymbol{\beta}_5$ 有相同的线性关系。由于

$$\boldsymbol{\beta}_3=-\boldsymbol{\beta}_1-\boldsymbol{\beta}_2,\boldsymbol{\beta}_5=4\boldsymbol{\beta}_1+3\boldsymbol{\beta}_2-3\boldsymbol{\beta}_4,$$

那么

$$\boldsymbol{\alpha}_3=-\boldsymbol{\alpha}_1-\boldsymbol{\alpha}_2,\boldsymbol{\alpha}_5=4\boldsymbol{\alpha}_1+3\boldsymbol{\alpha}_2-3\boldsymbol{\alpha}_4。$$

注　本例的解法表明，如果同型的矩阵 $\boldsymbol{A}$ 与 $\boldsymbol{B}$ 行等价，则方程组 $\boldsymbol{Ax}=\boldsymbol{0}$ 与 $\boldsymbol{Bx}=\boldsymbol{0}$ 同解，从而，$\boldsymbol{A}$ 的列向量组与 $\boldsymbol{B}$ 的列向量组有相同的线性关系，即初等行变换不改变列向量组的线性关系。如果 $\boldsymbol{B}$ 是一个行最简形矩阵，则容易看出 $\boldsymbol{B}$ 的列向量组各向量之间的线性关系，从而也就得到 $\boldsymbol{A}$ 的列向量组各向量之间的线性关系。

性质　向量组与它的任意一个极大无关组等价。

证　设向量组 $A_0:\boldsymbol{\alpha}_1,\boldsymbol{\alpha}_2,\cdots,\boldsymbol{\alpha}_r$ 是向量组 A 的一个极大无关组。因为 A_0 组是 A 组的一个部分组，故 A_0 组总能由 A 组线性表示。

另一方面，对于 A 组中任一向量 $\boldsymbol{\beta}$，由于 $r+1$ 个向量 $\boldsymbol{\alpha}_1,\boldsymbol{\alpha}_2,\cdots,\boldsymbol{\alpha}_r,\boldsymbol{\beta}$ 线性相关，而

$\boldsymbol{\alpha}_1,\boldsymbol{\alpha}_2,\cdots,\boldsymbol{\alpha}_r$ 线性无关，根据定理4.7(3)知：$\boldsymbol{\beta}$ 能由 $\boldsymbol{\alpha}_1,\boldsymbol{\alpha}_2,\cdots,\boldsymbol{\alpha}_r$ 线性表示，即 A 组能由 A_0 组线性表示。因此，A_0 组与 A 组等价。

定理4.9 （极大无关组的等价定义）设向量组 $A_0:\boldsymbol{\alpha}_1,\boldsymbol{\alpha}_2,\cdots,\boldsymbol{\alpha}_r$ 是向量组 A 的一个部分组，且满足

(1) 向量组 A_0 线性无关；

(2) 向量组 A 中的任一向量都能由向量组 A_0 线性表示；

那么向量组 A_0 是向量组 A 的一个极大无关组。

证 根据定义4.6知，只需证明向量组 A 中任意 $r+1$ 个向量线性相关。

设 $\boldsymbol{\beta}_1,\boldsymbol{\beta}_2,\cdots,\boldsymbol{\beta}_r,\boldsymbol{\beta}_{r+1}\in A$，由条件(2)知，$\boldsymbol{\beta}_1,\boldsymbol{\beta}_2,\cdots,\boldsymbol{\beta}_r,\boldsymbol{\beta}_{r+1}$ 都能由向量组 A_0 线性表示，根据定理4.3，有

$$R(\boldsymbol{\beta}_1,\boldsymbol{\beta}_2,\cdots,\boldsymbol{\beta}_r,\boldsymbol{\beta}_{r+1})\leqslant R(\boldsymbol{\alpha}_1,\boldsymbol{\alpha}_2,\cdots,\boldsymbol{\alpha}_r)=r<r+1。$$

再根据定理4.6知，$\boldsymbol{\beta}_1,\boldsymbol{\beta}_2,\cdots,\boldsymbol{\beta}_r,\boldsymbol{\beta}_{r+1}$ 线性相关。因此，向量组 A_0 是向量组 A 的一个极大无关组。

例4.7 n 维向量的全体所组成的集合为

$$\mathbf{R}^n=\{x=(x_1,x_2,\cdots,x_n)^{\mathrm{T}}\mid x_1,x_2,\cdots,x_n\in\mathbf{R}\},$$

求 $\mathbf{R}^n$ 的一个极大无关组及秩。

解 令 $\boldsymbol{\varepsilon}_1=\begin{pmatrix}1\\0\\\vdots\\0\end{pmatrix},\boldsymbol{\varepsilon}_2=\begin{pmatrix}0\\1\\\vdots\\0\end{pmatrix},\cdots,\boldsymbol{\varepsilon}_n=\begin{pmatrix}0\\0\\\vdots\\1\end{pmatrix}$，由 $R(\boldsymbol{\varepsilon}_1,\boldsymbol{\varepsilon}_2,\cdots,\boldsymbol{\varepsilon}_n)=n$ 知 $\boldsymbol{\varepsilon}_1,\boldsymbol{\varepsilon}_2,\cdots,\boldsymbol{\varepsilon}_n$ 线性无关。

任取 $\boldsymbol{x}=\begin{pmatrix}x_1\\x_2\\\vdots\\x_n\end{pmatrix}\in\mathbf{R}^n$，有 $\boldsymbol{x}=x_1\boldsymbol{\varepsilon}_1+x_2\boldsymbol{\varepsilon}_2+\cdots+x_n\boldsymbol{\varepsilon}_n$，即 $\mathbf{R}^n$ 中的任一向量可由向量组 $\boldsymbol{\varepsilon}_1,\boldsymbol{\varepsilon}_2,\cdots,\boldsymbol{\varepsilon}_n$ 线性表示。因此，向量组 $\boldsymbol{\varepsilon}_1,\boldsymbol{\varepsilon}_2,\cdots,\boldsymbol{\varepsilon}_n$ 是 $\mathbf{R}^n$ 的一个极大无关组，$\mathbf{R}^n$ 的秩为 n。

前面我们建立定理4.1,4.2,4.3时，限定向量组只含有限个向量，现在我们去掉这一限制，把定理4.1,4.2,4.3推广到一般情形。推广的方法是利用向量组的极大无关组作过渡。下面仅推广定理4.3，定理4.1和4.2的推广请读者自行完成。

定理4.3′ 若向量组 B 能由向量组 A 线性表示，则 $R_B\leqslant R_A$。

证 设 $R_A=r,R_B=t$，向量组 A 和 B 的极大无关组分别为

$$A_0:\boldsymbol{\alpha}_1,\boldsymbol{\alpha}_2,\cdots,\boldsymbol{\alpha}_r \text{ 和 } B_0:\boldsymbol{\beta}_1,\boldsymbol{\beta}_2,\cdots,\boldsymbol{\beta}_t,$$

由于向量组 B_0 可由向量组 B 线性表示，向量组 B 能由向量组 A 线性表示，向量组 A 能由向量组 A_0 线性表示，因此向量组 B_0 可由向量组 A_0 线性表示，根据定理4.3，有

$$R(\boldsymbol{\beta}_1,\boldsymbol{\beta}_2,\cdots,\boldsymbol{\beta}_t)\leqslant R(\boldsymbol{\alpha}_1,\boldsymbol{\alpha}_2,\cdots,\boldsymbol{\alpha}_r),$$

即 $t\leqslant r$，也就是 $R_B\leqslant R_A$。

4.4　线性方程组的解的结构

在本节中，我们将给出线性方程组的解的结构以及解的表达式。

4.4.1　齐次线性方程组的解的结构

齐次线性方程组的矩阵形式为

$$\boldsymbol{Ax}=\boldsymbol{0}, \tag{4-1}$$

其中 $\boldsymbol{A}=(a_{ij})_{m\times n}$ 为系数矩阵，$\boldsymbol{x}=(x_1,x_2,\cdots,x_n)^{\mathrm{T}}$。

关于齐次线性方程组的解有以下性质：

性质 1　若 $\boldsymbol{\xi}_1,\boldsymbol{\xi}_2$ 为齐次线性方程组 $\boldsymbol{Ax}=\boldsymbol{0}$ 的两个解，则 $\boldsymbol{\xi}_1+\boldsymbol{\xi}_2$ 也是齐次线性方程组 $\boldsymbol{Ax}=\boldsymbol{0}$ 的解，即齐次线性方程组的任意两个解之和还是它的解。

证　这是因为

$$\boldsymbol{A}(\boldsymbol{\xi}_1+\boldsymbol{\xi}_2)=\boldsymbol{A\xi}_1+\boldsymbol{A\xi}_2=\boldsymbol{0}+\boldsymbol{0}=\boldsymbol{0}。$$

性质 2　若 $\boldsymbol{x}=\boldsymbol{\xi}$ 是齐次线性方程组 $\boldsymbol{Ax}=\boldsymbol{0}$ 的一个解，k 为任意常数，则 $k\boldsymbol{\xi}$ 也是齐次线性方程组 $\boldsymbol{Ax}=\boldsymbol{0}$ 的解，即齐次线性方程组的解的任意倍数还是它的解。

证　这是因为

$$\boldsymbol{A}(k\boldsymbol{\xi})=k(\boldsymbol{A\xi})=k\boldsymbol{0}=\boldsymbol{0}。$$

根据齐次线性方程组解的性质 1 和 2，若 $\boldsymbol{\xi}_1,\boldsymbol{\xi}_2,\cdots,\boldsymbol{\xi}_t$ 都是齐次线性方程组 $\boldsymbol{Ax}=\boldsymbol{0}$ 的解，$k_1,k_2,\cdots,k_t$ 为任意常数，则这些解的线性组合 $k_1\boldsymbol{\xi}_1+k_2\boldsymbol{\xi}_2+\cdots+k_t\boldsymbol{\xi}_t$ 也是 $\boldsymbol{Ax}=\boldsymbol{0}$ 的解。

将方程组 $\boldsymbol{Ax}=\boldsymbol{0}$ 的解集记作 S，设 $\boldsymbol{\xi}_1,\boldsymbol{\xi}_2,\cdots,\boldsymbol{\xi}_t$ 是解集 S 的一个极大无关组，则 $S=\{k_1\boldsymbol{\xi}_1+k_2\boldsymbol{\xi}_2+\cdots+k_t\boldsymbol{\xi}_t \mid k_1,k_2,\cdots,k_t\in\mathbf{R}\}$。把方程组 $\boldsymbol{Ax}=\boldsymbol{0}$ 的解集的极大无关组称为它的**基础解系**。

定理 4.10　对于 n 元齐次线性方程组 $\boldsymbol{Ax}=\boldsymbol{0}$，如果 $R(\boldsymbol{A})=r<n$，则方程组一定有基础解系，且基础解系含有 $n-r$ 个线性无关的解向量，即解集 S 的秩 $R_S=n-r$。

证　因为 $R(\boldsymbol{A})=r$，不妨设 $\boldsymbol{A}$ 的前 r 个列向量线性无关，通过初等行变换 $\boldsymbol{A}$ 可化为

$$\begin{pmatrix} 1 & 0 & \cdots & 0 & b_{11} & \cdots & b_{1,n-r} \\ 0 & 1 & \cdots & 0 & b_{21} & \cdots & b_{2,n-r} \\ \vdots & \vdots & & \vdots & \vdots & & \vdots \\ 0 & 0 & \cdots & 1 & b_{r1} & \cdots & b_{r,n-r} \\ 0 & 0 & \cdots & 0 & 0 & \cdots & 0 \\ 0 & 0 & \cdots & 0 & 0 & \cdots & 0 \\ \vdots & \vdots & & \vdots & \vdots & & \vdots \\ 0 & 0 & \cdots & 0 & 0 & \cdots & 0 \end{pmatrix},$$

其对应的同解方程组为

$$\begin{cases} x_1 = -b_{11}x_{r+1} - \cdots - b_{1,n-r}x_n, \\ x_2 = -b_{21}x_{r+1} - \cdots - b_{2,n-r}x_n, \\ \qquad \cdots\cdots\cdots\cdots \\ x_r = -b_{r1}x_{r+1} - \cdots - b_{r,n-r}x_n, \end{cases} \tag{4-2}$$

将 $x_{r+1}, x_{r+2}, \cdots, x_n$ 作为自由未知量，令 $x_{r+1} = k_1, x_{r+2} = k_2, \cdots, x_n = k_{n-r}$，得通解

$$\begin{pmatrix} x_1 \\ x_2 \\ \vdots \\ x_r \\ x_{r+1} \\ x_{r+2} \\ \vdots \\ x_n \end{pmatrix} = k_1 \begin{pmatrix} -b_{11} \\ -b_{21} \\ \vdots \\ -b_{r1} \\ 1 \\ 0 \\ \vdots \\ 0 \end{pmatrix} + k_2 \begin{pmatrix} -b_{12} \\ -b_{22} \\ \vdots \\ -b_{r2} \\ 0 \\ 1 \\ \vdots \\ 0 \end{pmatrix} + \cdots + k_{n-r} \begin{pmatrix} -b_{1,n-r} \\ -b_{2,n-r} \\ \vdots \\ -b_{r,n-r} \\ 0 \\ 0 \\ \vdots \\ 1 \end{pmatrix},$$

将上式记作

$$\boldsymbol{x} = k_1\boldsymbol{\xi}_1 + k_2\boldsymbol{\xi}_2 + \cdots + k_{n-r}\boldsymbol{\xi}_{n-r},$$

即方程组的任一解都能由 $\boldsymbol{\xi}_1, \boldsymbol{\xi}_2, \cdots, \boldsymbol{\xi}_{n-r}$ 线性表示。

再证 $\boldsymbol{\xi}_1, \boldsymbol{\xi}_2, \cdots, \boldsymbol{\xi}_{n-r}$ 线性无关。设

$$k_1 \begin{pmatrix} -b_{11} \\ -b_{21} \\ \vdots \\ -b_{r1} \\ 1 \\ 0 \\ \vdots \\ 0 \end{pmatrix} + k_2 \begin{pmatrix} -b_{12} \\ -b_{22} \\ \vdots \\ -b_{r2} \\ 0 \\ 1 \\ \vdots \\ 0 \end{pmatrix} + \cdots + k_{n-r} \begin{pmatrix} -b_{1,n-r} \\ -b_{2,n-r} \\ \vdots \\ -b_{r,n-r} \\ 0 \\ 0 \\ \vdots \\ 1 \end{pmatrix} = \begin{pmatrix} 0 \\ 0 \\ \vdots \\ 0 \\ 0 \\ 0 \\ \vdots \\ 0 \end{pmatrix},$$

由上式后面 $n-r$ 个分量相等知，$k_1 = k_2 = \cdots = k_{n-r} = 0$，因此 $\boldsymbol{\xi}_1, \boldsymbol{\xi}_2, \cdots, \boldsymbol{\xi}_{n-r}$ 线性无关，故 $\boldsymbol{\xi}_1, \boldsymbol{\xi}_2, \cdots, \boldsymbol{\xi}_{n-r}$ 是方程组(4-1)的一个基础解系，从而知解集 S 的秩为 $n-r$。

在上面的讨论中，我们先求出齐次线性方程组的通解，再从通解求得基础解系。实际上，我们也可以先求出基础解系，再写出通解。这只需在得到方程组(4-2)后，对 $n-r$ 个自由未知量分别取

$$\begin{pmatrix} x_{r+1} \\ x_{r+2} \\ \vdots \\ x_n \end{pmatrix} = \begin{pmatrix} 1 \\ 0 \\ \vdots \\ 0 \end{pmatrix}, \begin{pmatrix} 0 \\ 1 \\ \vdots \\ 0 \end{pmatrix}, \cdots, \begin{pmatrix} 0 \\ 0 \\ \vdots \\ 1 \end{pmatrix},$$

这样得到方程组(4-1)的基础解系：

$$\boldsymbol{\xi}_1=\begin{pmatrix}-b_{11}\\-b_{21}\\\vdots\\-b_{r1}\\1\\0\\\vdots\\0\end{pmatrix},\boldsymbol{\xi}_2=\begin{pmatrix}-b_{12}\\-b_{22}\\\vdots\\-b_{r2}\\0\\1\\\vdots\\0\end{pmatrix},\cdots,\boldsymbol{\xi}_{n-r}=\begin{pmatrix}-b_{1,n-r}\\-b_{2,n-r}\\\vdots\\-b_{r,n-r}\\0\\0\\\vdots\\1\end{pmatrix}。$$

若齐次线性方程组 $\boldsymbol{Ax}=\boldsymbol{0}$ 有非零解，则它的通解是基础解系的线性组合。设 $\boldsymbol{Ax}=\boldsymbol{0}$ 的一个基础解系为 $\boldsymbol{\xi}_1,\boldsymbol{\xi}_2,\cdots,\boldsymbol{\xi}_{n-r}$，则 $\boldsymbol{Ax}=\boldsymbol{0}$ 的通解或一般解可表示为

$$\boldsymbol{x}=k_1\boldsymbol{\xi}_1+k_2\boldsymbol{\xi}_2+\cdots+k_{n-r}\boldsymbol{\xi}_{n-r},$$

其中 $k_1,k_2,\cdots,k_{n-r}$ 为任意常数。

例 4.8　求解方程组

$$\begin{cases}x_1+x_2+x_3+4x_4-3x_5=0,\\x_1-x_2+3x_3-2x_4-x_5=0,\\2x_1+x_2+3x_3+5x_4-5x_5=0,\\3x_1+x_2+5x_3+6x_4-7x_5=0。\end{cases}$$

解　对系数矩阵作初等行变换，得

$$A=\begin{pmatrix}1&1&1&4&-3\\1&-1&3&-2&-1\\2&1&3&5&-5\\3&1&5&6&-7\end{pmatrix}\xrightarrow[r_4-3r_1]{\substack{r_2-r_1\\r_3-2r_1}}\begin{pmatrix}1&1&1&4&-3\\0&-2&2&-6&2\\0&-1&1&-3&1\\0&-2&2&-6&2\end{pmatrix}$$

$$\xrightarrow[r_3+r_2]{\substack{r_4-r_2\\-\frac{1}{2}r_2}}\begin{pmatrix}1&1&1&4&-3\\0&1&-1&3&-1\\0&0&0&0&0\\0&0&0&0&0\end{pmatrix}\xrightarrow{r_1-r_2}\begin{pmatrix}1&0&2&1&-2\\0&1&-1&3&-1\\0&0&0&0&0\\0&0&0&0&0\end{pmatrix},$$

由此得对应的同解方程组

$$\begin{cases}x_1=-2x_3-x_4+2x_5,\\x_2=x_3-3x_4+x_5,\end{cases}$$

其中，x_3,x_4,x_5 为自由未知量。分别令 $\begin{pmatrix}x_3\\x_4\\x_5\end{pmatrix}=\begin{pmatrix}1\\0\\0\end{pmatrix},\begin{pmatrix}0\\1\\0\end{pmatrix},\begin{pmatrix}0\\0\\1\end{pmatrix}$，得基础解系

$$\boldsymbol{\xi}_1 = \begin{pmatrix} -2 \\ 1 \\ 1 \\ 0 \\ 0 \end{pmatrix}, \boldsymbol{\xi}_2 = \begin{pmatrix} -1 \\ -3 \\ 0 \\ 1 \\ 0 \end{pmatrix}, \boldsymbol{\xi}_3 = \begin{pmatrix} 2 \\ 1 \\ 0 \\ 0 \\ 1 \end{pmatrix}。$$

故方程组的通解为 $\boldsymbol{x} = c_1\boldsymbol{\xi}_1 + c_2\boldsymbol{\xi}_2 + c_3\boldsymbol{\xi}_3$，其中 c_1, c_2, c_3 为任意常数。

例 4.9 设 $\boldsymbol{A}_{m\times n}\boldsymbol{B}_{n\times l} = \boldsymbol{0}$，证明：$R(\boldsymbol{A}) + R(\boldsymbol{B}) \leqslant n$。

证 令 $\boldsymbol{B} = (\boldsymbol{b}_1, \boldsymbol{b}_2, \cdots, \boldsymbol{b}_l)$，则

$$\boldsymbol{A}(\boldsymbol{b}_1, \boldsymbol{b}_2, \cdots, \boldsymbol{b}_l) = (\boldsymbol{0}, \boldsymbol{0}, \cdots, \boldsymbol{0}),$$

那么，$\boldsymbol{A}\boldsymbol{b}_i = \boldsymbol{0}, i = 1, 2, \cdots, l$，即矩阵 $\boldsymbol{B}$ 的列向量都是齐次线性方程组 $\boldsymbol{Ax} = \boldsymbol{0}$ 的解。设 $\boldsymbol{Ax} = \boldsymbol{0}$ 的解集为 S，则

$$R(\boldsymbol{B}) = R(\boldsymbol{b}_1, \boldsymbol{b}_2, \cdots, \boldsymbol{b}_l) \leqslant R_S = n - R(\boldsymbol{A})。$$

故 $R(\boldsymbol{A}) + R(\boldsymbol{B}) \leqslant n$。

例 4.10 设 $\boldsymbol{A}$ 是 $m \times n$ 实矩阵，证明：$R(\boldsymbol{A}^{\mathrm{T}}\boldsymbol{A}) = R(\boldsymbol{A})$。

证 只需证明齐次线性方程组 $\boldsymbol{A}^{\mathrm{T}}\boldsymbol{Ax} = \boldsymbol{0}$ 与 $\boldsymbol{Ax} = \boldsymbol{0}$ 同解。

若 $\boldsymbol{x}$ 满足 $\boldsymbol{Ax} = \boldsymbol{0}$，则有 $\boldsymbol{A}^{\mathrm{T}}\boldsymbol{Ax} = \boldsymbol{0}$。

若 $\boldsymbol{x}$ 满足 $\boldsymbol{A}^{\mathrm{T}}\boldsymbol{Ax} = \boldsymbol{0}$，则 $\boldsymbol{x}^{\mathrm{T}}\boldsymbol{A}^{\mathrm{T}}\boldsymbol{Ax} = \boldsymbol{0}$，即 $(\boldsymbol{Ax})^{\mathrm{T}}\boldsymbol{Ax} = \boldsymbol{0}$，从而，$\boldsymbol{Ax} = \boldsymbol{0}$。

综上，方程组 $\boldsymbol{A}^{\mathrm{T}}\boldsymbol{Ax} = \boldsymbol{0}$ 与 $\boldsymbol{Ax} = \boldsymbol{0}$ 同解。因此，$n - R(\boldsymbol{A}^{\mathrm{T}}\boldsymbol{A}) = n - R(\boldsymbol{A})$，于是，$R(\boldsymbol{A}^{\mathrm{T}}\boldsymbol{A}) = R(\boldsymbol{A})$。

4.4.2 非齐次线性方程组的解的结构

我们知道，非齐次线性方程组的矩阵形式是 $\boldsymbol{Ax} = \boldsymbol{b}(\boldsymbol{b} \neq \boldsymbol{0})$。

若令 $\boldsymbol{b} = \boldsymbol{0}$，则得到对应的齐次线性方程组 $\boldsymbol{Ax} = \boldsymbol{0}$，我们称 $\boldsymbol{Ax} = \boldsymbol{0}$ 为 $\boldsymbol{Ax} = \boldsymbol{b}$ 的导出组。

利用导出组的解的结构，可以得到非齐次线性方程组 $\boldsymbol{Ax} = \boldsymbol{b}$ 的解的结构。

非齐次线性方程组 $\boldsymbol{Ax} = \boldsymbol{b}$ 的解及其导出组 $\boldsymbol{Ax} = \boldsymbol{0}$ 的解具有如下性质：

性质 1 设 $\boldsymbol{\eta}_1, \boldsymbol{\eta}_2$ 是非齐次线性方程组 $\boldsymbol{Ax} = \boldsymbol{b}$ 的解，则 $\boldsymbol{\eta}_1 - \boldsymbol{\eta}_2$ 是其导出组 $\boldsymbol{Ax} = \boldsymbol{0}$ 的解。

证 事实上，我们有

$$\boldsymbol{A}(\boldsymbol{\eta}_1 - \boldsymbol{\eta}_2) = \boldsymbol{A\eta}_1 - \boldsymbol{A\eta}_2 = \boldsymbol{b} - \boldsymbol{b} = \boldsymbol{0}。$$

性质 2 设 $\boldsymbol{\eta}$ 是非齐次线性方程组 $\boldsymbol{Ax} = \boldsymbol{b}$ 的一个解，$\boldsymbol{\xi}$ 是导出组 $\boldsymbol{Ax} = \boldsymbol{0}$ 的一个解，则 $\boldsymbol{\xi} + \boldsymbol{\eta}$ 是 $\boldsymbol{Ax} = \boldsymbol{b}$ 的一个解。

证 这是因为

$$\boldsymbol{A}(\boldsymbol{\xi}+\boldsymbol{\eta})=\boldsymbol{A}\boldsymbol{\xi}+\boldsymbol{A}\boldsymbol{\eta}=\boldsymbol{0}+\boldsymbol{b}=\boldsymbol{b}。$$

综合以上两条性质，可得非齐次线性方程组 $\boldsymbol{Ax}=\boldsymbol{b}$ 解的结构定理：

定理 4.11　如果非齐次线性方程组 $\boldsymbol{Ax}=\boldsymbol{b}$ 有解，则其通解为

$$\boldsymbol{\eta}=\boldsymbol{\xi}+\boldsymbol{\eta}^*,$$

其中 $\boldsymbol{\xi}$ 是 $\boldsymbol{Ax}=\boldsymbol{0}$ 的通解，$\boldsymbol{\eta}^*$ 是 $\boldsymbol{Ax}=\boldsymbol{b}$ 的一个解(称为特解)。

证　由于 $\boldsymbol{A}(\boldsymbol{\xi}+\boldsymbol{\eta}^*)=\boldsymbol{A}\boldsymbol{\xi}+\boldsymbol{A}\boldsymbol{\eta}^*=\boldsymbol{0}+\boldsymbol{b}=\boldsymbol{b}$，所以 $\boldsymbol{\xi}+\boldsymbol{\eta}^*$ 是 $\boldsymbol{Ax}=\boldsymbol{b}$ 的解。现在设 $\boldsymbol{\gamma}$ 是 $\boldsymbol{Ax}=\boldsymbol{b}$ 的任意一个解，则由非齐次线性方程组解的性质 1 知 $\boldsymbol{\xi}=\boldsymbol{\gamma}-\boldsymbol{\eta}^*$ 是 $\boldsymbol{Ax}=\boldsymbol{0}$ 的解，而 $\boldsymbol{\gamma}=(\boldsymbol{\gamma}-\boldsymbol{\eta}^*)+\boldsymbol{\eta}^*$，即任一解 $\boldsymbol{\gamma}$ 均可表示成 $\boldsymbol{\xi}+\boldsymbol{\eta}^*$ 的形式，因此 $\boldsymbol{\eta}=\boldsymbol{\xi}+\boldsymbol{\eta}^*$ 为 $\boldsymbol{Ax}=\boldsymbol{b}$ 的通解。而且当 $\boldsymbol{\xi}$ 取遍 $\boldsymbol{Ax}=\boldsymbol{0}$ 的全部解时，$\boldsymbol{\eta}=\boldsymbol{\xi}+\boldsymbol{\eta}^*$ 取遍 $\boldsymbol{Ax}=\boldsymbol{b}$ 的全部解。

注　(1)$\boldsymbol{Ax}=\boldsymbol{0}$ 有无穷多个解，不能得出 $\boldsymbol{Ax}=\boldsymbol{b}$ 有解，但 $\boldsymbol{Ax}=\boldsymbol{b}$ 有无穷多个解时，$\boldsymbol{Ax}=\boldsymbol{0}$ 有非零解；$\boldsymbol{Ax}=\boldsymbol{b}$ 有唯一解时，$\boldsymbol{Ax}=\boldsymbol{0}$ 只有零解。

(2) 判定 $\boldsymbol{Ax}=\boldsymbol{b}$ 是否有解及求 $\boldsymbol{Ax}=\boldsymbol{b}$ 的解，只需对增广矩阵 $(\boldsymbol{A},\boldsymbol{b})$ 施行初等行变换化成行最简形矩阵即可。

例 4.11　求解方程组

$$\begin{cases}2x_1-x_2+3x_3-x_4=1,\\3x_1-2x_2-2x_3+3x_4=3,\\x_1-x_2-5x_3+4x_4=2,\\7x_1-5x_2-9x_3+10x_4=8。\end{cases}$$

解　对方程组的增广矩阵施行初等行变换

$$(\boldsymbol{A},\boldsymbol{b})=\begin{pmatrix}2&-1&3&-1&1\\3&-2&-2&3&3\\1&-1&-5&4&2\\7&-5&-9&10&8\end{pmatrix}\xrightarrow{r_1\leftrightarrow r_3}\begin{pmatrix}1&-1&-5&4&2\\3&-2&-2&3&3\\2&-1&3&-1&1\\7&-5&-9&10&8\end{pmatrix}$$

$$\xrightarrow[r_4-7r]{\substack{r_2-3r_1\\r_3-2r_1}}\begin{pmatrix}1&-1&-5&4&2\\0&1&13&-9&-3\\0&1&13&-9&-3\\0&2&26&-18&-6\end{pmatrix}\xrightarrow[r_4-2r_2]{\substack{r_1+r_2\\r_3-r_2}}\begin{pmatrix}1&0&8&-5&-1\\0&1&13&-9&-3\\0&0&0&0&0\\0&0&0&0&0\end{pmatrix},$$

可以看出 $R(\boldsymbol{A})=R(\boldsymbol{A},\boldsymbol{b})=2<4$，故方程组有无穷多解。最后一个矩阵对应的方程组为

$$\begin{cases}x_1=-8x_3+5x_4-1,\\x_2=-13x_3+9x_4-3,\end{cases}$$

令 $x_3=x_4=0$，得 $x_1=-1,x_2=-3$，得到非齐次线性方程组的一个特解

$$\boldsymbol{\eta}^* = \begin{pmatrix} -1 \\ -3 \\ 0 \\ 0 \end{pmatrix},$$

对应的导出组的一般解为

$$\begin{cases} x_1 = -8x_3 + 5x_4, \\ x_2 = -13x_3 + 9x_4, \end{cases}$$

其中 x_3, x_4 为自由未知量，分别令 $x_3 = 1, x_4 = 0$ 及 $x_3 = 0, x_4 = 1$，得导出组的基础解系为

$$\boldsymbol{\xi}_1 = \begin{pmatrix} 8 \\ -13 \\ 1 \\ 0 \end{pmatrix}, \boldsymbol{\xi}_2 = \begin{pmatrix} 5 \\ 9 \\ 0 \\ 1 \end{pmatrix}。$$

从而原方程组的通解为

$$\boldsymbol{x} = c_1\boldsymbol{\xi}_1 + c_2\boldsymbol{\xi}_2 + \boldsymbol{\eta}^* = c_1\begin{pmatrix} 8 \\ -13 \\ 1 \\ 0 \end{pmatrix} + c_2\begin{pmatrix} 5 \\ 9 \\ 0 \\ 1 \end{pmatrix} + \begin{pmatrix} -1 \\ -3 \\ 0 \\ 0 \end{pmatrix},$$

其中 c_1, c_2 为任意常数。

4.5 向量空间

4.5.1 向量空间的定义

设 V 为 n 维向量组成的非空集合，P 为数域。如果对任意元素 $\boldsymbol{\alpha}, \boldsymbol{\beta} \in V$，及任意数 $k \in P$，都有 $\boldsymbol{\alpha} + \boldsymbol{\beta} \in V, k\boldsymbol{\alpha} \in V$，则称 V 关于**加法和数乘运算封闭**(即关于**线性运算封闭**)。

定义 4.7 设 V 为数域 P 上 n 维向量组成的集合，如果集合 V 非空，且关于向量的加法和数乘运算封闭，那么就称 V 为数域 P 上的一个**向量空间**。

例 4.12 在解析几何中，三维空间 $\mathbf{R}^3$ 中的向量可以按照平行四边形法则相加，也可以作实数与向量的乘法，运算的结果仍然是三维空间 $\mathbf{R}^3$ 中的向量，故 $\mathbf{R}^3$ 成为一个向量空间。

类似的，n 维实向量的全体 $\mathbf{R}^n$ 也是一个向量空间。但当 $n > 3$ 时，没有直观的几何意义。

例 4.13　集合

$$V=\{(0,x_2,\cdots,x_n)\mid x_i\in\mathbf{R},i=2,\cdots,n\}$$

是 $\mathbf{R}$ 上的一个向量空间。

这是因为对任意 $\boldsymbol{\alpha}=(0,a_2,\cdots,a_n),\boldsymbol{\beta}=(0,b_2,\cdots,b_n)\in V,k\in\mathbf{R}$ 有

$$\boldsymbol{\alpha}+\boldsymbol{\beta}=(0,a_2+b_2,\cdots,a_n+b_n)\in V,$$

$$k\boldsymbol{\alpha}=(0,ka_2,\cdots,ka_n)\in V。$$

例 4.14　设 $\boldsymbol{A}$ 为 $\mathbf{R}$ 上 $m\times n$ 矩阵，考虑齐次线性方程组 $\boldsymbol{Ax}=\mathbf{0}$ 的解集 W(即全部解向量的集合)，则 W 构成 $\mathbf{R}$ 上的一个向量空间，称为齐次线性方程组 $\boldsymbol{Ax}=\mathbf{0}$ 的**解空间**。

显然，$\mathbf{0}\in W$，故 W 非空。设 n 维列向量 $\boldsymbol{x}_1,\boldsymbol{x}_2$ 为齐次线性方程组 $\boldsymbol{Ax}=\mathbf{0}$ 的任意两个解，且对任意 $k\in\mathbf{R}$，由 $\boldsymbol{Ax}_1=\mathbf{0}$ 和 $\boldsymbol{Ax}_2=\mathbf{0}$ 可得

$$\boldsymbol{A}(\boldsymbol{x}_1+\boldsymbol{x}_2)=\boldsymbol{Ax}_1+\boldsymbol{Ax}_2=\mathbf{0},\boldsymbol{A}(k\boldsymbol{x}_1)=k(\boldsymbol{Ax}_1)=\mathbf{0},$$

于是 $\boldsymbol{x}_1+\boldsymbol{x}_2$ 和 $k\boldsymbol{x}_1$ 也是 $\boldsymbol{Ax}=\mathbf{0}$ 的解，即 $\boldsymbol{x}_1+\boldsymbol{x}_2,k\boldsymbol{x}_1\in W$。因此 W 构成 $\mathbf{R}$ 上一个向量空间。

例 4.15　集合 $V=\{(x,y)\mid x,y\in\mathbf{R}$ 且 $xy=0\}$ 不是一个向量空间。

这是因为对于 $\boldsymbol{\alpha}=(0,1),\boldsymbol{\beta}=(1,0)\in V$，有 $\boldsymbol{\alpha}+\boldsymbol{\beta}=(1,1)\notin V$，即 V 关于向量的加法运算不封闭。从几何意义上看，集合 V 是直角坐标平面 x 轴和 y 轴上向量的全体，虽然 $\boldsymbol{\alpha},\boldsymbol{\beta}$ 分别在 x 轴和 y 轴上，但是它们的和却不一定在 x 轴或 y 轴上。

例 4.16　设 $\boldsymbol{\alpha}_1,\boldsymbol{\alpha}_2,\cdots,\boldsymbol{\alpha}_r$ 是给定的 r 个 n 维向量，考虑集合

$$V=\{x_1\boldsymbol{\alpha}_1+x_2\boldsymbol{\alpha}_2+\cdots+x_r\boldsymbol{\alpha}_r\mid x_i\in P,i=1,2,\cdots,r\}。$$

显然 V 非空($\mathbf{0}\in V$)，且对 V 中任意的两个向量 $\boldsymbol{v}_1=k_1\boldsymbol{\alpha}_1+k_2\boldsymbol{\alpha}_2+\cdots+k_r\boldsymbol{\alpha}_r,\boldsymbol{v}_2=l_1\boldsymbol{\alpha}_1+l_2\boldsymbol{\alpha}_2+\cdots+l_r\boldsymbol{\alpha}_r$，对任意 $k\in P$，都有

$$\boldsymbol{v}_1+\boldsymbol{v}_2=(k_1+l_1)\boldsymbol{\alpha}_1+(k_2+l_2)\boldsymbol{\alpha}_2+\cdots+(k_r+l_r)\boldsymbol{\alpha}_r\in V,$$

$$k\boldsymbol{v}_1=(kk_1)\boldsymbol{\alpha}_1+(kk_2)\boldsymbol{\alpha}_2+\cdots+(kk_r)\boldsymbol{\alpha}_r\in V,$$

因此 V 构成数域 P 上的一个向量空间。称此空间为**由向量 $\boldsymbol{\alpha}_1,\boldsymbol{\alpha}_2,\cdots,\boldsymbol{\alpha}_r$ 生成的向量空间**，其中 $\boldsymbol{\alpha}_1,\boldsymbol{\alpha}_2,\cdots,\boldsymbol{\alpha}_r$ 称为**生成元**。通常将它记作

$$V=L(\boldsymbol{\alpha}_1,\boldsymbol{\alpha}_2,\cdots,\boldsymbol{\alpha}_r)。$$

例 4.17　设 $\boldsymbol{\alpha}_1,\boldsymbol{\alpha}_2,\cdots,\boldsymbol{\alpha}_r$ 和 $\boldsymbol{\beta}_1,\boldsymbol{\beta}_2,\cdots,\boldsymbol{\beta}_s$ 是两个等价的向量组，且

$$V_1=L(\boldsymbol{\alpha}_1,\boldsymbol{\alpha}_2,\cdots,\boldsymbol{\alpha}_r),V_2=L(\boldsymbol{\beta}_1,\boldsymbol{\beta}_2,\cdots,\boldsymbol{\beta}_s),$$

证明：$V_1=V_2$。

证　对任意 $\boldsymbol{v}_1=k_1\boldsymbol{\alpha}_1+k_2\boldsymbol{\alpha}_2+\cdots+k_r\boldsymbol{\alpha}_r\in V_1$，因为向量组 $\boldsymbol{\alpha}_1,\boldsymbol{\alpha}_2,\cdots,\boldsymbol{\alpha}_r$ 和 $\boldsymbol{\beta}_1,\boldsymbol{\beta}_2,\cdots,\boldsymbol{\beta}_s$ 等价，故向量组 $\boldsymbol{\alpha}_1,\boldsymbol{\alpha}_2,\cdots,\boldsymbol{\alpha}_r$ 中每个向量 $\boldsymbol{\alpha}_i(i=1,\cdots,r)$ 可以表示成向量组 $\boldsymbol{\beta}_1,\boldsymbol{\beta}_2,\cdots,\boldsymbol{\beta}_s$ 的线性组合，从而 $\boldsymbol{v}_1$ 可以表示成向量组 $\boldsymbol{\beta}_1,\boldsymbol{\beta}_2,\cdots,\boldsymbol{\beta}_s$ 的线性组合，这样 $\boldsymbol{v}_1\in V_2$；同理可证，对任意 $\boldsymbol{v}_2\in V_2$，有 $\boldsymbol{v}_2\in V_1$，因此 $V_1=V_2$。

从上面的例子可以看出，若 $\boldsymbol{\alpha}_{i_1},\boldsymbol{\alpha}_{i_2},\cdots,\boldsymbol{\alpha}_{i_t}$ 是向量组 $\boldsymbol{\alpha}_1,\boldsymbol{\alpha}_2,\cdots,\boldsymbol{\alpha}_r$ 的一个极大无关组，则有 $V=L(\boldsymbol{\alpha}_1,\boldsymbol{\alpha}_2,\cdots,\boldsymbol{\alpha}_r)=L(\boldsymbol{\alpha}_{i_1},\boldsymbol{\alpha}_{i_2},\cdots,\boldsymbol{\alpha}_{i_t})$。

定义 4.8 设 V 是数域 P 上的一个向量空间，W 是 V 的一个非空子集，如果 W 关于 V 的加法和数乘运算也构成数域 P 上的一个向量空间，换句话说，如果 W 关于 V 的加法和数乘运算封闭，那么 W 就是 V 的一个**子空间**。

例 4.18 只含有零向量的集合 $V=\{\mathbf{0}\}$ 是一个向量空间，称为**零空间**。

V 也可以看作自身的一个子空间。零空间和 V 自身称为 V 的**平凡子空间**。

例 4.19 以 $m\times n$ 矩阵 $\boldsymbol{A}$ 为系数矩阵的齐次线性方程组 $\boldsymbol{Ax}=\mathbf{0}$ 的解空间 V 就是 $\mathbf{R}^n$ 的一个子空间。

例 4.20 分别由 x 轴，y 轴，z 轴上的向量构成的集合 $W_1=\{(x,0,0)\mid x\in\mathbf{R}\}$，$W_2=\{(0,y,0)\mid y\in\mathbf{R}\}$，$W_3=\{(0,0,z)\mid z\in\mathbf{R}\}$ 均为 $\mathbf{R}^3$ 的子空间。

定理 4.12 设 V_1,V_2 均为向量空间 V 的子空间。则 V_1 与 V_2 的交与和，即

$$V_1\cap V_2=\{\boldsymbol{\alpha}\in V\mid \boldsymbol{\alpha}\in V_1\text{ 且 }\boldsymbol{\alpha}\in V_2\}$$

及

$$V_1+V_2=\{\boldsymbol{\alpha}_1+\boldsymbol{\alpha}_2\mid \boldsymbol{\alpha}_1\in V_1,\boldsymbol{\alpha}_2\in V_2\}$$

都是 V 的子空间。

证 显然 $\mathbf{0}\in V_1\cap V_2,V_1+V_2$，故两个子集非空。

对于任意的 $\boldsymbol{\alpha},\boldsymbol{\beta}\in V_1\cap V_2,k\in P$，由子空间关于加法和数乘运算封闭可得 $\boldsymbol{\alpha}+\boldsymbol{\beta}\in V_1$，$\boldsymbol{\alpha}+\boldsymbol{\beta}\in V_2,k\boldsymbol{\alpha}\in V_1,k\boldsymbol{\alpha}\in V_2$，从而 $\boldsymbol{\alpha}+\boldsymbol{\beta}\in V_1\cap V_2,k\boldsymbol{\alpha}\in V_1\cap V_2$，因此 $V_1\cap V_2$ 为 V 的子空间。

对于任意 $\boldsymbol{\alpha},\boldsymbol{\beta}\in V_1+V_2,k\in P$，则存在 $\boldsymbol{\alpha}_1,\boldsymbol{\beta}_1\in V_1,\boldsymbol{\alpha}_2,\boldsymbol{\beta}_2\in V_2$ 使得 $\boldsymbol{\alpha}=\boldsymbol{\alpha}_1+\boldsymbol{\alpha}_2$，$\boldsymbol{\beta}=\boldsymbol{\beta}_1+\boldsymbol{\beta}_2$，由子空间的运算封闭性可得

$$\boldsymbol{\alpha}_1+\boldsymbol{\beta}_1\in V_1,\boldsymbol{\alpha}_2+\boldsymbol{\beta}_2\in V_2,k\boldsymbol{\alpha}_1\in V_1,k\boldsymbol{\alpha}_2\in V_2,$$

故

$$\boldsymbol{\alpha}+\boldsymbol{\beta}=(\boldsymbol{\alpha}_1+\boldsymbol{\alpha}_2)+(\boldsymbol{\beta}_1+\boldsymbol{\beta}_2)=(\boldsymbol{\alpha}_1+\boldsymbol{\beta}_1)+(\boldsymbol{\alpha}_2+\boldsymbol{\beta}_2)\in V_1+V_2,$$
$$k\boldsymbol{\alpha}=k(\boldsymbol{\alpha}_1+\boldsymbol{\alpha}_2)=k\boldsymbol{\alpha}_1+k\boldsymbol{\alpha}_2\in V_1+V_2,$$

从而 V_1+V_2 为 V 的子空间。

分别称 $V_1\cap V_2$ 与 V_1+V_2 为 V_1,V_2 的**交空间**与**和空间**。显然，我们有

$$\{\mathbf{0}\}\subseteq V_1\cap V_2\subseteq V_1+V_2\subseteq V。$$

4.5.2 基变换与坐标变换

对于一个向量空间而言，我们可以把它的所有 n 维向量看成一个向量组。因为任意 $n+1$ 个 n 维向量必线性相关，故这个向量组的秩不超过 n。在一个向量空间中，究竟最多能有几个线性无关的向量，显然是向量空间的一个重要属性，为此我们引入下列定义：

定义 4.9 设 V 为向量空间，如果 V 中有 r 个向量 $\boldsymbol{\alpha}_1,\boldsymbol{\alpha}_2,\cdots,\boldsymbol{\alpha}_r$ 满足

(1)$\boldsymbol{\alpha}_1,\boldsymbol{\alpha}_2,\cdots,\boldsymbol{\alpha}_r$ 线性无关，

(2)V 中任意一个向量都可由 $\boldsymbol{\alpha}_1,\boldsymbol{\alpha}_2,\cdots,\boldsymbol{\alpha}_r$ 线性表示，

那么称 $\boldsymbol{\alpha}_1,\boldsymbol{\alpha}_2,\cdots,\boldsymbol{\alpha}_r$ 为向量空间 V 的一组**基**，r 为向量空间 V 的**维数**，记作 $\dim V = r$。

从定义中可以看出，向量空间 V 的基实际上是向量空间 V 的一个极大无关组。根据例 4.16，还可以知道，整个向量空间可以由任意一组基来生成，即 $V = L(\boldsymbol{\alpha}_1,\boldsymbol{\alpha}_2,\cdots,\boldsymbol{\alpha}_r)$。

显然，$\boldsymbol{\varepsilon}_1 = (1,0,\cdots,0)^{\mathrm{T}},\boldsymbol{\varepsilon}_2 = (0,1,\cdots,0)^{\mathrm{T}},\cdots,\boldsymbol{\varepsilon}_n = (0,0,\cdots,1)^{\mathrm{T}}$ 是 $\mathbf{R}^n$ 的一组基，且 $\dim\mathbf{R}^n = n$。

在上面的例 4.19 中，$\dim V = n-r$，其中 r 是系数矩阵 $\boldsymbol{A}$ 的秩，而 $n-r$ 个线性无关的解向量就是 V 的一组基。在例 4.16 中，生成元 $\boldsymbol{\alpha}_1,\boldsymbol{\alpha}_2,\cdots,\boldsymbol{\alpha}_r$ 的一个极大无关组是向量空间 $V = L\{\boldsymbol{\alpha}_1,\boldsymbol{\alpha}_2,\cdots,\boldsymbol{\alpha}_r\}$ 的一组基，而 V 的维数为极大无关组所含向量的个数。

特别地，零空间没有基，维数为 0。

现在设 $\boldsymbol{\alpha}_1,\boldsymbol{\alpha}_2,\cdots,\boldsymbol{\alpha}_n$ 是数域 P 上 n 维向量空间 V 的一组基，任给 P 上一个 n 元有序数组 $x_1,x_2,\cdots,x_n$，可以唯一确定 V 中的一个向量 $\boldsymbol{\alpha} = x_1\boldsymbol{\alpha}_1 + x_2\boldsymbol{\alpha}_2 + \cdots + x_n\boldsymbol{\alpha}_n$。反之，$V$ 中任意一个 n 维向量都可以由 $\boldsymbol{\alpha}_1,\boldsymbol{\alpha}_2,\cdots,\boldsymbol{\alpha}_n$ 唯一线性表示。

定义 4.10　设 $\boldsymbol{\alpha}_1,\boldsymbol{\alpha}_2,\cdots,\boldsymbol{\alpha}_n$ 是数域 P 上 n 维向量空间 V 的一组基。对于任一向量 $\boldsymbol{\alpha} \in V$，存在 P 上唯一的一个 n 元有序数组 $x_1,x_2,\cdots,x_n$，使得

$$\boldsymbol{\alpha} = x_1\boldsymbol{\alpha}_1 + x_2\boldsymbol{\alpha}_2 + \cdots + x_n\boldsymbol{\alpha}_n,$$

称有序数组 $x_1,x_2,\cdots,x_n$ 为向量 $\boldsymbol{\alpha}$ 在基 $\boldsymbol{\alpha}_1,\boldsymbol{\alpha}_2,\cdots,\boldsymbol{\alpha}_n$ 下的**坐标**，记为

$$\boldsymbol{\alpha} = (x_1,x_2,\cdots,x_n)^{\mathrm{T}}。$$

例 4.21　求 $\mathbf{R}^3$ 中向量 $\boldsymbol{\alpha} = (1,0,4)$ 在基 $\boldsymbol{\alpha}_1 = (1,0,0),\boldsymbol{\alpha}_2 = (0,1,-1),\boldsymbol{\alpha}_3 = (1,1,1)$ 下的坐标。

解　设 $\boldsymbol{\alpha} = x_1\boldsymbol{\alpha}_1 + x_2\boldsymbol{\alpha}_2 + x_3\boldsymbol{\alpha}_3$，则可得方程组 $\boldsymbol{Ax} = \boldsymbol{b}$，其中

$$\boldsymbol{A} = \begin{pmatrix} 1 & 0 & 1 \\ 0 & 1 & 1 \\ 0 & -1 & 1 \end{pmatrix},\boldsymbol{x} = \begin{pmatrix} x_1 \\ x_2 \\ x_3 \end{pmatrix},\boldsymbol{b} = \begin{pmatrix} 1 \\ 0 \\ 4 \end{pmatrix}。$$

因为 $\boldsymbol{\alpha}_1,\boldsymbol{\alpha}_2,\boldsymbol{\alpha}_3$ 为基，故矩阵 $\boldsymbol{A}$ 可逆，从而 $\boldsymbol{x} = \boldsymbol{A}^{-1}\boldsymbol{b} = \begin{pmatrix} -1 \\ -2 \\ 2 \end{pmatrix}$，向量 $\boldsymbol{\alpha}$ 在基 $\boldsymbol{\alpha}_1,\boldsymbol{\alpha}_2,\boldsymbol{\alpha}_3$ 下的坐标为 $(-1,-2,2)^{\mathrm{T}}$。

例 4.22　在 n 维向量空间 $\mathbf{R}^n$ 中，显然 $\boldsymbol{\varepsilon}_1 = (1,0,\cdots,0)^{\mathrm{T}},\boldsymbol{\varepsilon}_2 = (0,1,\cdots,0)^{\mathrm{T}},\cdots,\boldsymbol{\varepsilon}_n = (0,0,\cdots,1)^{\mathrm{T}}$ 是一组基。对任意一个向量 $\boldsymbol{\alpha} = (a_1,a_2,\cdots,a_n)^{\mathrm{T}}$，都有

$$\boldsymbol{\alpha} = a_1\boldsymbol{\varepsilon}_1 + a_2\boldsymbol{\varepsilon}_2 + \cdots + a_n\boldsymbol{\varepsilon}_n,$$

所以 $(a_1,a_2,\cdots,a_n)^{\mathrm{T}}$ 就是向量 $\boldsymbol{\alpha}$ 在基 $\boldsymbol{\varepsilon}_1,\boldsymbol{\varepsilon}_2,\cdots,\boldsymbol{\varepsilon}_n$ 下的坐标。

容易证明$\boldsymbol{\varepsilon}_1'=(1,1,\cdots,1)^{\mathrm{T}},\boldsymbol{\varepsilon}_2'=(0,1,\cdots,1)^{\mathrm{T}},\cdots,\boldsymbol{\varepsilon}_n'=(0,0,\cdots,1)^{\mathrm{T}}$是$n$维向量空间$\mathbf{R}^n$的一组基，且通过解方程组可得向量$\boldsymbol{\alpha}=(a_1,a_2,\cdots,a_n)^{\mathrm{T}}$在基$\boldsymbol{\varepsilon}_1',\boldsymbol{\varepsilon}_2',\cdots,\boldsymbol{\varepsilon}_n'$下的坐标为

$$(a_1,a_2-a_1,\cdots,a_n-a_{n-1})^{\mathrm{T}}。$$

从上例可以看出，一般情况下同一个向量在不同基下的坐标是不相同的，但是这两组不同坐标之间却有着紧密的联系。

设$\boldsymbol{\varepsilon}_1,\boldsymbol{\varepsilon}_2,\cdots,\boldsymbol{\varepsilon}_n$与$\boldsymbol{\varepsilon}_1',\boldsymbol{\varepsilon}_2',\cdots,\boldsymbol{\varepsilon}_n'$是$n$维向量空间$V$的两组基，则它们可相互线性表出。设

$$\begin{cases}\boldsymbol{\varepsilon}_1'=a_{11}\boldsymbol{\varepsilon}_1+a_{21}\boldsymbol{\varepsilon}_2+\cdots+a_{n1}\boldsymbol{\varepsilon}_n,\\ \boldsymbol{\varepsilon}_2'=a_{12}\boldsymbol{\varepsilon}_1+a_{22}\boldsymbol{\varepsilon}_2+\cdots+a_{n2}\boldsymbol{\varepsilon}_n,\\ \qquad\cdots\cdots\cdots\cdots\\ \boldsymbol{\varepsilon}_n'=a_{1n}\boldsymbol{\varepsilon}_1+a_{2n}\boldsymbol{\varepsilon}_2+\cdots+a_{nn}\boldsymbol{\varepsilon}_n,\end{cases}$$

写成矩阵的形式就是

$$(\boldsymbol{\varepsilon}_1',\boldsymbol{\varepsilon}_2',\cdots,\boldsymbol{\varepsilon}_n')=(\boldsymbol{\varepsilon}_1,\boldsymbol{\varepsilon}_2,\cdots,\boldsymbol{\varepsilon}_n)\begin{pmatrix}a_{11}&a_{12}&\cdots&a_{1n}\\a_{21}&a_{22}&\cdots&a_{2n}\\\vdots&\vdots&&\vdots\\a_{n1}&a_{n2}&\cdots&a_{nn}\end{pmatrix},\tag{4-3}$$

或简写成

$$(\boldsymbol{\varepsilon}_1',\boldsymbol{\varepsilon}_2',\cdots,\boldsymbol{\varepsilon}_n')=(\boldsymbol{\varepsilon}_1,\boldsymbol{\varepsilon}_2,\cdots,\boldsymbol{\varepsilon}_n)\boldsymbol{A},$$

其中矩阵$\boldsymbol{A}=(a_{ij})$。我们称上式(4-3)为基$\boldsymbol{\varepsilon}_1,\boldsymbol{\varepsilon}_2,\cdots,\boldsymbol{\varepsilon}_n$到基$\boldsymbol{\varepsilon}_1',\boldsymbol{\varepsilon}_2',\cdots,\boldsymbol{\varepsilon}_n'$的**基变换公式**，矩阵$\boldsymbol{A}$称为基$\boldsymbol{\varepsilon}_1,\boldsymbol{\varepsilon}_2,\cdots,\boldsymbol{\varepsilon}_n$到基$\boldsymbol{\varepsilon}_1',\boldsymbol{\varepsilon}_2',\cdots,\boldsymbol{\varepsilon}_n'$的**过渡矩阵**。

注意到矩阵$\boldsymbol{A}$的第i列恰好是向量$\boldsymbol{\varepsilon}_i'$在基$\boldsymbol{\varepsilon}_1,\boldsymbol{\varepsilon}_2,\cdots,\boldsymbol{\varepsilon}_n$下的坐标。

因为$\boldsymbol{\varepsilon}_1,\boldsymbol{\varepsilon}_2,\cdots,\boldsymbol{\varepsilon}_n$与$\boldsymbol{\varepsilon}_1',\boldsymbol{\varepsilon}_2',\cdots,\boldsymbol{\varepsilon}_n'$线性无关，所以它们构成的矩阵可逆，从而**过渡矩阵$\boldsymbol{A}$是可逆矩阵**。

例 4.23 在例 4.22 中，我们有

$$(\boldsymbol{\varepsilon}_1',\boldsymbol{\varepsilon}_2',\cdots,\boldsymbol{\varepsilon}_n')=(\boldsymbol{\varepsilon}_1,\boldsymbol{\varepsilon}_2,\cdots,\boldsymbol{\varepsilon}_n)\begin{pmatrix}1&0&\cdots&0\\1&1&\cdots&0\\\vdots&\vdots&&\vdots\\1&1&\cdots&1\end{pmatrix},$$

故基$\boldsymbol{\varepsilon}_1,\boldsymbol{\varepsilon}_2,\cdots,\boldsymbol{\varepsilon}_n$到基$\boldsymbol{\varepsilon}_1',\boldsymbol{\varepsilon}_2',\cdots,\boldsymbol{\varepsilon}_n'$的过渡矩阵是

$$\boldsymbol{A}=\begin{pmatrix}1&0&\cdots&0\\1&1&\cdots&0\\\vdots&\vdots&&\vdots\\1&1&\cdots&1\end{pmatrix}。$$

下面我们来讨论同一个向量在不同基下的坐标之间的关系。

设向量 $\boldsymbol{\alpha}$ 在基 $\boldsymbol{\varepsilon}_1,\boldsymbol{\varepsilon}_2,\cdots,\boldsymbol{\varepsilon}_n$ 与 $\boldsymbol{\varepsilon}_1',\boldsymbol{\varepsilon}_2',\cdots,\boldsymbol{\varepsilon}_n'$ 下的坐标分别为 $(x_1,x_2,\cdots,x_n)^{\mathrm{T}}$ 与 $(x_1',x_2',\cdots,x_n')^{\mathrm{T}}$，即

$$\boldsymbol{\alpha}=x_1\boldsymbol{\varepsilon}_1+x_2\boldsymbol{\varepsilon}_2+\cdots+x_n\boldsymbol{\varepsilon}_n=x_1'\boldsymbol{\varepsilon}_1'+x_2'\boldsymbol{\varepsilon}_2'+\cdots+x_n'\boldsymbol{\varepsilon}_n',$$

写成矩阵形式就是

$$\boldsymbol{\alpha}=(\boldsymbol{\varepsilon}_1,\boldsymbol{\varepsilon}_2,\cdots,\boldsymbol{\varepsilon}_n)\begin{pmatrix}x_1\\x_2\\\vdots\\x_n\end{pmatrix}=(\boldsymbol{\varepsilon}_1',\boldsymbol{\varepsilon}_2',\cdots,\boldsymbol{\varepsilon}_n')\begin{pmatrix}x_1'\\x_2'\\\vdots\\x_n'\end{pmatrix}。$$

将(4-3) 式代入上式可得

$$\boldsymbol{\alpha}=(\boldsymbol{\varepsilon}_1,\boldsymbol{\varepsilon}_2,\cdots,\boldsymbol{\varepsilon}_n)\begin{pmatrix}a_{11}&a_{12}&\cdots&a_{1n}\\a_{21}&a_{22}&\cdots&a_{2n}\\\vdots&\vdots&&\vdots\\a_{n1}&a_{n2}&\cdots&a_{nn}\end{pmatrix}\begin{pmatrix}x_1'\\x_2'\\\vdots\\x_n'\end{pmatrix}。$$

因为向量 $\boldsymbol{\alpha}$ 在基 $\boldsymbol{\varepsilon}_1,\boldsymbol{\varepsilon}_2,\cdots,\boldsymbol{\varepsilon}_n$ 下的坐标是唯一确定的，故

$$\begin{pmatrix}x_1\\x_2\\\vdots\\x_n\end{pmatrix}=\begin{pmatrix}a_{11}&a_{12}&\cdots&a_{1n}\\a_{21}&a_{22}&\cdots&a_{2n}\\\vdots&\vdots&&\vdots\\a_{n1}&a_{n2}&\cdots&a_{nn}\end{pmatrix}\begin{pmatrix}x_1'\\x_2'\\\vdots\\x_n'\end{pmatrix}\tag{4-4}$$

或者

$$\begin{pmatrix}x_1'\\x_2'\\\vdots\\x_n'\end{pmatrix}=\begin{pmatrix}a_{11}&a_{12}&\cdots&a_{1n}\\a_{21}&a_{22}&\cdots&a_{2n}\\\vdots&\vdots&&\vdots\\a_{n1}&a_{n2}&\cdots&a_{nn}\end{pmatrix}^{-1}\begin{pmatrix}x_1\\x_2\\\vdots\\x_n\end{pmatrix}。\tag{4-5}$$

我们称(4-4) 或(4-5) 式为**坐标变换公式**。综上可得

定理 4.13　设 $\boldsymbol{\varepsilon}_1,\boldsymbol{\varepsilon}_2,\cdots,\boldsymbol{\varepsilon}_n$ 与 $\boldsymbol{\varepsilon}_1',\boldsymbol{\varepsilon}_2',\cdots,\boldsymbol{\varepsilon}_n'$ 是 n 维向量空间 V 中两组基，基 $\boldsymbol{\varepsilon}_1,\boldsymbol{\varepsilon}_2,\cdots,\boldsymbol{\varepsilon}_n$ 到基 $\boldsymbol{\varepsilon}_1',\boldsymbol{\varepsilon}_2',\cdots,\boldsymbol{\varepsilon}_n'$ 的过渡矩阵为 $\boldsymbol{A}$。设向量 $\boldsymbol{\alpha}$ 在基 $\boldsymbol{\varepsilon}_1,\boldsymbol{\varepsilon}_2,\cdots,\boldsymbol{\varepsilon}_n$ 与 $\boldsymbol{\varepsilon}_1',\boldsymbol{\varepsilon}_2',\cdots,\boldsymbol{\varepsilon}_n'$ 下的坐标分别为 $(x_1,x_2,\cdots,x_n)^{\mathrm{T}}$ 与 $(x_1',x_2',\cdots,x_n')^{\mathrm{T}}$，则有坐标变换公式

$$\begin{pmatrix}x_1\\x_2\\\vdots\\x_n\end{pmatrix}=\boldsymbol{A}\begin{pmatrix}x_1'\\x_2'\\\vdots\\x_n'\end{pmatrix}\text{或}\begin{pmatrix}x_1'\\x_2'\\\vdots\\x_n'\end{pmatrix}=\boldsymbol{A}^{-1}\begin{pmatrix}x_1\\x_2\\\vdots\\x_n\end{pmatrix}。$$

例 4.24 在例 4.23 中，设向量 $\boldsymbol{\alpha}=(a_1,a_2,\cdots,a_n)$ 在基 $\boldsymbol{\varepsilon}_1,\boldsymbol{\varepsilon}_2,\cdots,\boldsymbol{\varepsilon}_n$ 与 $\boldsymbol{\varepsilon}_1',\boldsymbol{\varepsilon}_2',\cdots,\boldsymbol{\varepsilon}_n'$ 下的坐标分别为 $(x_1,x_2,\cdots,x_n)^{\mathrm{T}}$ 与 $(x_1',x_2',\cdots,x_n')^{\mathrm{T}}$，则由定理 4.13 得

$$\begin{pmatrix}x_1'\\x_2'\\\vdots\\x_n'\end{pmatrix}=\begin{pmatrix}1&0&0&\cdots&0\\1&1&0&\cdots&0\\1&1&1&\cdots&0\\\vdots&\vdots&\vdots&&\vdots\\1&1&1&\cdots&1\end{pmatrix}^{-1}\begin{pmatrix}x_1\\x_2\\\vdots\\x_n\end{pmatrix}=\begin{pmatrix}1&0&0&\cdots&0\\-1&1&0&\cdots&0\\0&-1&1&\cdots&0\\\vdots&\vdots&\vdots&&\vdots\\0&0&0&\cdots&1\end{pmatrix}\begin{pmatrix}x_1\\x_2\\\vdots\\x_n\end{pmatrix}。$$

结果与例 4.22 的结果一致。

习　题　4

1. 已知 $\boldsymbol{\alpha}=(2,1,0,-3,5)$，$\boldsymbol{\beta}=(-2,0,1,3,-1)$，$\boldsymbol{\gamma}=(0,3,0,2,-1)$，求 $-\boldsymbol{\alpha}$，$2\boldsymbol{\beta}$，$\boldsymbol{\beta}+\boldsymbol{\gamma}$，$3\boldsymbol{\alpha}-\boldsymbol{\beta}+2\boldsymbol{\gamma}$。

2. 已知 $\boldsymbol{\alpha}_3=3\boldsymbol{\alpha}_1-\boldsymbol{\alpha}_2$，证明：向量组 $\boldsymbol{\alpha}_1,\boldsymbol{\alpha}_2$ 与 $\boldsymbol{\alpha}_2,\boldsymbol{\alpha}_3$ 等价。

3. 判断向量组 $\boldsymbol{\alpha}_1=(2,1,2)$，$\boldsymbol{\alpha}_2=(-1,-2,-1)$，$\boldsymbol{\alpha}_3=(-1,1,-1)$ 的线性相关性。

4. (2008 年考研数学一) 设 $\boldsymbol{\alpha},\boldsymbol{\beta}$ 为三维列向量，矩阵 $\boldsymbol{A}=\boldsymbol{\alpha}\boldsymbol{\alpha}^{\mathrm{T}}+\boldsymbol{\beta}\boldsymbol{\beta}^{\mathrm{T}}$，其中 $\boldsymbol{\alpha}^{\mathrm{T}},\boldsymbol{\beta}^{T}$ 分别是 $\boldsymbol{\alpha},\boldsymbol{\beta}$ 的转置。证明：

(1) $R(\boldsymbol{A})\leqslant 2$；

(2) 若 $\boldsymbol{\alpha},\boldsymbol{\beta}$ 线性相关，则 $R(\boldsymbol{A})<2$。

5. 已知向量组 $\boldsymbol{\alpha}_1,\boldsymbol{\alpha}_2,\boldsymbol{\alpha}_3$ 线性无关，判断向量组 $\boldsymbol{\beta}_1,\boldsymbol{\beta}_2,\boldsymbol{\beta}_3$ 的线性相关性：

(1) $\boldsymbol{\beta}_1=\boldsymbol{\alpha}_1+2\boldsymbol{\alpha}_2+3\boldsymbol{\alpha}_3$，$\boldsymbol{\beta}_2=2\boldsymbol{\alpha}_1+2\boldsymbol{\alpha}_2+4\boldsymbol{\alpha}_3$，$\boldsymbol{\beta}_3=3\boldsymbol{\alpha}_1+\boldsymbol{\alpha}_2+3\boldsymbol{\alpha}_3$；

(2) $\boldsymbol{\beta}_1=\boldsymbol{\alpha}_1-\boldsymbol{\alpha}_2$，$\boldsymbol{\beta}_2=2\boldsymbol{\alpha}_2+\boldsymbol{\alpha}_3$，$\boldsymbol{\beta}_3=\boldsymbol{\alpha}_1+\boldsymbol{\alpha}_2+\boldsymbol{\alpha}_3$。

6. 已知向量 $\boldsymbol{\alpha}=\begin{pmatrix}a_1\\a_2\\a_3\end{pmatrix}$，$\boldsymbol{\beta}=\begin{pmatrix}b_1\\b_2\\b_3\end{pmatrix}$，$\boldsymbol{\gamma}=\begin{pmatrix}c_1\\c_2\\c_3\end{pmatrix}$ $(a_i^2+b_i^2\neq 0,i=1,2,3)$，证明三直线

$$\begin{cases}l_1:a_1x+b_1y+c_1=0,\\l_2:a_2x+b_2y+c_2=0,\\l_3:a_3x+b_3y+c_3=0\end{cases}$$

相交于一点的充分必要条件是：向量组 $\boldsymbol{\alpha},\boldsymbol{\beta}$ 线性无关，而向量组 $\boldsymbol{\alpha},\boldsymbol{\beta},\boldsymbol{\gamma}$ 线性相关。

7. 求向量组 $\boldsymbol{\alpha}_1=(2,1,4,3)$，$\boldsymbol{\alpha}_2=(-1,1,-6,6)$，$\boldsymbol{\alpha}_3=(-1,-2,2,-9)$，$\boldsymbol{\alpha}_4=(1,1,-2,7)$，$\boldsymbol{\alpha}_5=(2,4,4,9)$ 的一个极大无关组。

8. 求下列矩阵的列向量组的一个极大无关组，并把其余向量用极大无关组线性表示。

(1) $\begin{pmatrix} 25 & 31 & 17 & 43 \\ 75 & 94 & 53 & 132 \\ 75 & 94 & 54 & 134 \\ 25 & 32 & 20 & 48 \end{pmatrix}$； (2) $\begin{pmatrix} 1 & 1 & 2 & 2 & 1 \\ 0 & 2 & 1 & 5 & -1 \\ 2 & 0 & 3 & -1 & 3 \\ 1 & 1 & 0 & 4 & -1 \end{pmatrix}$。

9. 设有 n 维向量组 $A:\boldsymbol{\alpha}_1,\boldsymbol{\alpha}_2,\cdots,\boldsymbol{\alpha}_n$，证明：它们线性无关的充分必要条件是：任一 n 维向量都可由它们线性表示。

10. 设向量组 $\boldsymbol{\alpha}_1,\boldsymbol{\alpha}_2,\cdots,\boldsymbol{\alpha}_m$ 线性相关，且 $\boldsymbol{\alpha}_1\neq\mathbf{0}$。证明：存在某个向量 $\boldsymbol{\alpha}_k(2\leqslant k\leqslant m)$，使得 $\boldsymbol{\alpha}_k$ 能由 $\boldsymbol{\alpha}_1,\boldsymbol{\alpha}_2,\cdots,\boldsymbol{\alpha}_{k-1}$ 线性表示。

11. 已知三阶矩阵 $\boldsymbol{A}$ 与三维列向量 $\boldsymbol{\alpha}$ 满足 $\boldsymbol{A}^3\boldsymbol{\alpha}=3\boldsymbol{\alpha}-\boldsymbol{A}^2\boldsymbol{\alpha}$，且向量组 $\boldsymbol{\alpha},\boldsymbol{A}\boldsymbol{\alpha},\boldsymbol{A}^2\boldsymbol{\alpha}$ 线性无关。

(1) 令 $\boldsymbol{P}=(\boldsymbol{\alpha},\boldsymbol{A}\boldsymbol{\alpha},\boldsymbol{A}^2\boldsymbol{\alpha})$，求三阶矩阵 $\boldsymbol{B}$，使得 $\boldsymbol{AP}=\boldsymbol{PB}$；

(2) 求 $|\boldsymbol{A}|$。

12. 求下列齐次线性方程组的基础解系：

(1) $\begin{cases} x_1+x_2-x_3=0, \\ -x_1-x_2+x_3=0, \\ x_1-x_2+2x_3=0; \end{cases}$ (2) $\begin{cases} x_1-x_2+x_3-x_4=0, \\ x_1-x_2-x_3+x_4=0, \\ x_1-x_2-2x_3+2x_4=0; \end{cases}$

(3) $\begin{cases} x_1+3x_2-x_3+2x_4+4x_5=0, \\ 2x_1-x_2+8x_3+7x_4+2x_5=0, \\ 4x_1+5x_2+6x_3+11x_4+10x_5=0。 \end{cases}$

13. 求解下列非齐次线性方程组：

(1) $\begin{cases} x_1+x_2+2x_3=1, \\ 2x_1-x_2+2x_3=4, \\ x_1-2x_2=3, \\ 4x_1+x_2+4x_3=2; \end{cases}$ (2) $\begin{cases} x_1+x_2+x_3+x_4+x_5=7, \\ 3x_1+2x_2+x_3+x_4-3x_5=-2, \\ x_2+2x_3+2x_4+6x_5=23, \\ 5x_1+4x_2+3x_3+3x_4-x_5=12。 \end{cases}$

14. 设四元非齐次线性方程组 $\boldsymbol{Ax}=\boldsymbol{b}$ 的系数矩阵 $\boldsymbol{A}$ 的秩为 3，已知它的 3 个解向量 $\boldsymbol{\eta}_1,\boldsymbol{\eta}_2,\boldsymbol{\eta}_3$ 满足 $\boldsymbol{\eta}_1=\begin{pmatrix} 3 \\ -4 \\ 1 \\ 2 \end{pmatrix}$，$\boldsymbol{\eta}_2+\boldsymbol{\eta}_3=\begin{pmatrix} 4 \\ 6 \\ 8 \\ 0 \end{pmatrix}$，求方程组的解。

15. (2007 年考研数学一) 设线性方程组

$$\begin{cases} x_1+x_2+x_3=0, \\ x_1+2x_2+ax_3=0, \\ x_1+4x_2+a^2x_3=0 \end{cases} \qquad ①$$

与方程组

$$x_1+2x_2+x_3=a-1 \qquad ②$$

有公共解，求 a 的值及所有公共解。

16. 已知四阶方阵 $\boldsymbol{A}=(\boldsymbol{\alpha}_1,\boldsymbol{\alpha}_2,\boldsymbol{\alpha}_3,\boldsymbol{\alpha}_4)$，$\boldsymbol{\alpha}_i(i=1,2,3,4)$ 均为四维列向量，其中 $\boldsymbol{\alpha}_2,\boldsymbol{\alpha}_3,\boldsymbol{\alpha}_4$ 线性无关，$\boldsymbol{\alpha}_1=2\boldsymbol{\alpha}_2-3\boldsymbol{\alpha}_3$。若 $\boldsymbol{\beta}=\boldsymbol{\alpha}_1+\boldsymbol{\alpha}_2+\boldsymbol{\alpha}_3+\boldsymbol{\alpha}_4$，求线性方程组 $\boldsymbol{Ax}=\boldsymbol{\beta}$ 的通解。

17.（2006 年考研数学一）已知非齐次线性方程组

$$\begin{cases} x_1+x_2+x_3+x_4=-1, \\ 4x_1+3x_2+5x_3-x_4=-1, \\ ax_1+x_2+3x_3+bx_4=1 \end{cases}$$

有 3 个线性无关的解。

(1) 证明：方程组系数矩阵 $\boldsymbol{A}$ 的秩 $R(\boldsymbol{A})=2$；

(2) 求 a,b 的值及方程组的通解。

18. 选择题：

(1)（2021 年考研数学二）设三阶矩阵 $\boldsymbol{A}=(\boldsymbol{\alpha}_1,\boldsymbol{\alpha}_2,\boldsymbol{\alpha}_3)$，$\boldsymbol{B}=(\boldsymbol{\beta}_1,\boldsymbol{\beta}_2,\boldsymbol{\beta}_3)$，若向量组 $\boldsymbol{\alpha}_1,\boldsymbol{\alpha}_2,\boldsymbol{\alpha}_3$ 可以由向量组 $\boldsymbol{\beta}_1,\boldsymbol{\beta}_2,\boldsymbol{\beta}_3$ 线性表出，则(　　)；

(A) $\boldsymbol{Ax}=\boldsymbol{0}$ 的解均为 $\boldsymbol{Bx}=\boldsymbol{0}$ 的解　　(B) $\boldsymbol{A}^{\mathrm{T}}\boldsymbol{x}=\boldsymbol{0}$ 的解均为 $\boldsymbol{B}^{\mathrm{T}}\boldsymbol{x}=\boldsymbol{0}$ 的解

(C) $\boldsymbol{Bx}=\boldsymbol{0}$ 的解均为 $\boldsymbol{Ax}=\boldsymbol{0}$ 的解　　(D) $\boldsymbol{B}^{\mathrm{T}}\boldsymbol{x}=\boldsymbol{0}$ 的解均为 $\boldsymbol{A}^{\mathrm{T}}\boldsymbol{x}=\boldsymbol{0}$ 的解

(2)（2011 年考研数学一）设 $\boldsymbol{A}=(\boldsymbol{\alpha}_1,\boldsymbol{\alpha}_2,\boldsymbol{\alpha}_3,\boldsymbol{\alpha}_4)$ 是四阶矩阵，$\boldsymbol{A}^*$ 为 $\boldsymbol{A}$ 的伴随矩阵，若 $(1,0,1,0)^{\mathrm{T}}$ 是方程组 $\boldsymbol{Ax}=\boldsymbol{0}$ 的一个基础解系，则 $\boldsymbol{A}^*\boldsymbol{x}=\boldsymbol{0}$ 的基础解系可为(　　)；

(A) $\boldsymbol{\alpha}_1,\boldsymbol{\alpha}_3$　　(B) $\boldsymbol{\alpha}_1,\boldsymbol{\alpha}_2$　　(C) $\boldsymbol{\alpha}_1,\boldsymbol{\alpha}_2,\boldsymbol{\alpha}_3$　　(D) $\boldsymbol{\alpha}_2,\boldsymbol{\alpha}_3,\boldsymbol{\alpha}_4$

(3)（2013 年考研数学一）设 $\boldsymbol{A},\boldsymbol{B},\boldsymbol{C}$ 均为 n 阶矩阵，若 $\boldsymbol{AB}=\boldsymbol{C}$，且 $\boldsymbol{B}$ 可逆，则(　　)；

(A) 矩阵 $\boldsymbol{C}$ 的行向量组与矩阵 $\boldsymbol{A}$ 的行向量组等价

(B) 矩阵 $\boldsymbol{C}$ 的列向量组与矩阵 $\boldsymbol{A}$ 的列向量组等价

(C) 矩阵 $\boldsymbol{C}$ 的行向量组与矩阵 $\boldsymbol{B}$ 的行向量组等价

(D) 矩阵 $\boldsymbol{C}$ 的列向量组与矩阵 $\boldsymbol{B}$ 的列向量组等价

(4)（2020 年考研数学一）已知两条直线

$$L_1:\frac{x-a_2}{a_1}=\frac{y-b_2}{b_1}=\frac{z-c_2}{c_1},L_2:\frac{x-a_3}{a_2}=\frac{y-b_3}{b_2}=\frac{z-c_3}{c_2}$$

相交于一点，记向量 $\boldsymbol{\alpha}_i=\begin{pmatrix} a_i \\ b_i \\ c_i \end{pmatrix}$，$i=1,2,3$，则(　　)；

(A) $\boldsymbol{\alpha}_1$ 可由 $\boldsymbol{\alpha}_2,\boldsymbol{\alpha}_3$ 线性表示　　(B) $\boldsymbol{\alpha}_2$ 可由 $\boldsymbol{\alpha}_1,\boldsymbol{\alpha}_3$ 线性表示

(C) $\boldsymbol{\alpha}_3$ 可由 $\boldsymbol{\alpha}_1,\boldsymbol{\alpha}_2$ 线性表示　　(D) $\boldsymbol{\alpha}_1,\boldsymbol{\alpha}_2,\boldsymbol{\alpha}_3$ 线性无关

(5)(2021 年考研数学一) 设 $\boldsymbol{A},\boldsymbol{B}$ 为 n 阶实矩阵,下列不成立的是(　　)。

(A)$R\begin{bmatrix}\boldsymbol{A} & \boldsymbol{O}\\ \boldsymbol{O} & \boldsymbol{A}^{\mathrm{T}}\boldsymbol{A}\end{bmatrix}=2R(\boldsymbol{A})$　　(B)$R\begin{bmatrix}\boldsymbol{A} & \boldsymbol{AB}\\ \boldsymbol{O} & \boldsymbol{A}^{\mathrm{T}}\end{bmatrix}=2R(\boldsymbol{A})$

(C)$R\begin{bmatrix}\boldsymbol{A} & \boldsymbol{BA}\\ \boldsymbol{O} & \boldsymbol{A}^{\mathrm{T}}\boldsymbol{A}\end{bmatrix}=2R(\boldsymbol{A})$　　(D)$R\begin{bmatrix}\boldsymbol{A} & \boldsymbol{O}\\ \boldsymbol{BA} & \boldsymbol{A}^{\mathrm{T}}\end{bmatrix}=2R(\boldsymbol{A})$

19. 判断集合

$$V_1=\{(x_1,x_2,\cdots,x_n)\mid x_i\in\mathbf{R} \text{ 且 } x_1+x_2+\cdots+x_n=0\},$$
$$V_2=\{(x_1,x_2,\cdots,x_n)\mid x_i\in\mathbf{R} \text{ 且 } x_1+x_2+\cdots+x_n=-1\}$$

是否是实数域上的向量空间,并给出理由。

20. 证明:由向量 $\boldsymbol{\alpha}_1=(2,-1,3,3),\boldsymbol{\alpha}_2=(0,1,-1,-1)$ 所生成的向量空间与由向量 $\boldsymbol{\beta}_1=(1,1,0,0),\boldsymbol{\beta}_2=(1,0,1,1)$ 所生成的向量空间相同。

21. 写出向量 $\boldsymbol{\alpha}=(4,-3,-1)$ 在基 $\boldsymbol{\alpha}_1=(1,-1,0),\boldsymbol{\alpha}_2=(2,1,3),\boldsymbol{\alpha}_3=(3,1,2)$ 下的坐标。

22. 已知 $\boldsymbol{\alpha}_1=(1,0,0),\boldsymbol{\alpha}_2=(0,1,-1),\boldsymbol{\alpha}_3=(1,1,1)$ 与 $\boldsymbol{\beta}_1=(0,1,1),\boldsymbol{\beta}_2=(1,1,-1),\boldsymbol{\beta}_3=(2,-1,1)$ 为向量空间 $\mathbf{R}^3$ 的两组基,且向量 $\boldsymbol{\alpha}$ 在基 $\boldsymbol{\alpha}_1,\boldsymbol{\alpha}_2,\boldsymbol{\alpha}_3$ 下的坐标为(4,2,1)。

(1) 求由基 $\boldsymbol{\alpha}_1,\boldsymbol{\alpha}_2,\boldsymbol{\alpha}_3$ 到基 $\boldsymbol{\beta}_1,\boldsymbol{\beta}_2,\boldsymbol{\beta}_3$ 的过渡矩阵 $\boldsymbol{A}$;

(2) 向量 $\boldsymbol{\alpha}$ 在基 $\boldsymbol{\beta}_1,\boldsymbol{\beta}_2,\boldsymbol{\beta}_3$ 下的坐标。

23. (2019 年考研数学一) 设向量组 $\boldsymbol{\alpha}_1=(1,2,1)^{\mathrm{T}},\boldsymbol{\alpha}_2=(1,3,2)^{\mathrm{T}},\boldsymbol{\alpha}_3=(1,a,3)^{\mathrm{T}}$ 为 $\mathbf{R}^3$ 的一个基,$\boldsymbol{\beta}=(1,1,1)^{\mathrm{T}}$ 在这个基下的坐标为$(b,c,1)$。

(1) 求 a,b,c;

(2) 证明 $\boldsymbol{\alpha}_2,\boldsymbol{\alpha}_3,\boldsymbol{\beta}$ 为 $\mathbf{R}^3$ 的一个基,并求 $\boldsymbol{\alpha}_2,\boldsymbol{\alpha}_3,\boldsymbol{\beta}$ 到 $\boldsymbol{\alpha}_1,\boldsymbol{\alpha}_2,\boldsymbol{\alpha}_3$ 的过渡矩阵。

24. (2015 年考研数学一) 设向量组 $\boldsymbol{\alpha}_1,\boldsymbol{\alpha}_2,\boldsymbol{\alpha}_3$ 是三维向量空间 $\mathbf{R}^3$ 的一个基,$\boldsymbol{\beta}_1=2\boldsymbol{\alpha}_1+2k\boldsymbol{\alpha}_3,\boldsymbol{\beta}_2=2\boldsymbol{\alpha}_2,\boldsymbol{\beta}_3=\boldsymbol{\alpha}_1+(k+1)\boldsymbol{\alpha}_3$。

(1) 证明向量组 $\boldsymbol{\beta}_1,\boldsymbol{\beta}_2,\boldsymbol{\beta}_3$ 是 $\mathbf{R}^3$ 的一个基;

(2) 当 k 为何值时,存在非零向量 $\boldsymbol{\xi}$ 在基 $\boldsymbol{\alpha}_1,\boldsymbol{\alpha}_2,\boldsymbol{\alpha}_3$ 与基 $\boldsymbol{\beta}_1,\boldsymbol{\beta}_2,\boldsymbol{\beta}_3$ 下的坐标相同,并求出所有的 $\boldsymbol{\xi}$。

第 5 章

相似矩阵与二次型

在理论研究和实际应用中，一些问题例如振动问题和稳定性问题，常常归结为求解一个方阵的特征值和特征向量的问题，数学中求方阵的幂、解微分方程等问题，也要用到特征值和特征向量的理论。二次型的理论在几何、物理和力学等领域有着广泛的应用，化二次型为标准形是二次型理论中的一个重要问题，它的研究起源于解析几何中化二次曲面方程为标准形的问题。

本章首先给出向量的内积、长度及正交性等相关概念，然后讨论方阵的特征值与特征向量，接着给出相似矩阵的概念，重点讨论方阵对角化的条件和方法，以及实对称矩阵的对角化问题，最后介绍二次型的化简和正定二次型的判定。

5.1　向量的内积、长度及正交性

5.1.1　向量的内积

在解析几何空间中，可进行向量的长度，向量间的夹角等几何性质的度量。仿照三维空间的做法，我们可以把几何度量引入到 n 维向量空间中。

在本节中，所讨论的数域均为实数域 $\mathbf{R}$，向量均为实向量。

定义 5.1　设 $\mathbf{R}^n$ 中两个 n 维向量为

$$\boldsymbol{\alpha}=\begin{pmatrix}a_1\\a_2\\\vdots\\a_n\end{pmatrix},\quad \boldsymbol{\beta}=\begin{pmatrix}b_1\\b_2\\\vdots\\b_n\end{pmatrix},$$

则有

$$\boldsymbol{\alpha}^{\mathrm{T}}\boldsymbol{\beta}=a_1b_1+a_2b_2+\cdots+a_nb_n,$$

这个乘积 $\boldsymbol{\alpha}^{\mathrm{T}}\boldsymbol{\beta}$ 称为向量 $\boldsymbol{\alpha}$ 和 $\boldsymbol{\beta}$ 的**内积**(或称为标量积)，记作 $[\boldsymbol{\alpha},\boldsymbol{\beta}]$。

例 5.1　设

$$\boldsymbol{\alpha}=\begin{pmatrix}2\\-6\\-1\end{pmatrix},\boldsymbol{\beta}=\begin{pmatrix}3\\2\\-4\end{pmatrix},\boldsymbol{\gamma}=\begin{pmatrix}-7\\9\\1\end{pmatrix},$$

计算 $[\boldsymbol{\alpha},\boldsymbol{\beta}]$，$[3\boldsymbol{\alpha},\boldsymbol{\beta}]$，$[\boldsymbol{\alpha}+\boldsymbol{\gamma},\boldsymbol{\beta}]$，$[\boldsymbol{\alpha},\boldsymbol{\beta}]+[\boldsymbol{\gamma},\boldsymbol{\beta}]$。

解　$[\boldsymbol{\alpha},\boldsymbol{\beta}]=(2,-6,-1)\begin{pmatrix}3\\2\\-4\end{pmatrix}=2\times3+(-6)\times2+(-1)\times(-4)=-2$,

$[3\boldsymbol{\alpha},\boldsymbol{\beta}]=(6,-18,-3)\begin{pmatrix}3\\2\\-4\end{pmatrix}=6\times3+(-18)\times2+(-3)(-4)=-6$,

$[\boldsymbol{\alpha}+\boldsymbol{\gamma},\boldsymbol{\beta}]=(-5,3,0)\begin{pmatrix}3\\2\\-4\end{pmatrix}=-5\times3+3\times2+0\times(-4)=-9$,

$[\boldsymbol{\alpha},\boldsymbol{\beta}]+[\boldsymbol{\gamma},\boldsymbol{\beta}]=(2,-6,-1)\begin{pmatrix}3\\2\\-4\end{pmatrix}+(-7,9,1)\begin{pmatrix}3\\2\\-4\end{pmatrix}=-2-7=-9$。

事实上,若 $\boldsymbol{\alpha},\boldsymbol{\beta},\boldsymbol{\gamma}$ 为 n 维向量,λ 为实数,我们可以推导出内积的以下性质:

(1) 对称性:$[\boldsymbol{\alpha},\boldsymbol{\beta}]=[\boldsymbol{\beta},\boldsymbol{\alpha}]$;

(2) 齐次性:$[\lambda\boldsymbol{\alpha},\boldsymbol{\beta}]=\lambda[\boldsymbol{\alpha},\boldsymbol{\beta}]$;

(3) 可加性:$[\boldsymbol{\alpha}+\boldsymbol{\gamma},\boldsymbol{\beta}]=[\boldsymbol{\alpha},\boldsymbol{\beta}]+[\boldsymbol{\gamma},\boldsymbol{\beta}]$;

(4) 非负性:$[\boldsymbol{\alpha},\boldsymbol{\alpha}]\geqslant0$;$[\boldsymbol{\alpha},\boldsymbol{\alpha}]=0$ 当且仅当 $\boldsymbol{\alpha}=\mathbf{0}$。

关于内积,有一个重要的不等式,即 **柯西-施瓦茨** (Cauchy-Schwarz) 不等式(这里不证明)

$$[\boldsymbol{\alpha},\boldsymbol{\beta}]^2\leqslant[\boldsymbol{\alpha},\boldsymbol{\alpha}][\boldsymbol{\beta},\boldsymbol{\beta}],$$

特别的,当取 $\boldsymbol{\alpha}=(a_1,a_2,\cdots,a_n)^{\mathrm{T}}$,$\boldsymbol{\beta}=(b_1,b_2,\cdots,b_n)^{\mathrm{T}}$ 时,由柯西-施瓦茨不等式有

$$(a_1b_1+a_2b_2+\cdots+a_nb_n)^2\leqslant(a_1^2+a_2^2+\cdots+a_n^2)(b_1^2+b_2^2+\cdots+b_n^2)。$$

5.1.2　向量的长度和夹角

定义 5.2　设 n 维向量 $\boldsymbol{\alpha}=(a_1,a_2,\cdots,a_n)^{\mathrm{T}}$,称

$$\|\boldsymbol{\alpha}\|=\sqrt{[\boldsymbol{\alpha},\boldsymbol{\alpha}]}=\sqrt{a_1^2+a_2^2+\cdots+a_n^2}$$

为向量 $\boldsymbol{\alpha}$ 的**长度**(或**范数**)。当 $\|\boldsymbol{\alpha}\|=1$ 时,称 $\boldsymbol{\alpha}$ 为**单位向量**。

对 $\mathbf{R}^n$ 中的任一非零向量 $\boldsymbol{\alpha}$,向量 $\dfrac{\boldsymbol{\alpha}}{\|\boldsymbol{\alpha}\|}$ 是一个单位向量,由向量 $\boldsymbol{\alpha}$ 得到向量 $\dfrac{\boldsymbol{\alpha}}{\|\boldsymbol{\alpha}\|}$ 的这一过程称为将向量 $\boldsymbol{\alpha}$ **单位化**。

向量长度的基本性质如下:

(1) 非负性:$\|\boldsymbol{\alpha}\|\geqslant0$,$\|\boldsymbol{\alpha}\|=0$ 当且仅当 $\boldsymbol{\alpha}=\mathbf{0}$;

(2) 齐次性:$\|\lambda\boldsymbol{\alpha}\|=|\lambda|\,\|\boldsymbol{\alpha}\|$;

(3) 三角不等式:$\|\boldsymbol{\alpha}+\boldsymbol{\beta}\|\leqslant\|\boldsymbol{\alpha}\|+\|\boldsymbol{\beta}\|$。

这里仅给出性质(3)的证明。因为

$$\begin{aligned}\|\boldsymbol{\alpha}+\boldsymbol{\beta}\|^2&=[\boldsymbol{\alpha}+\boldsymbol{\beta},\boldsymbol{\alpha}+\boldsymbol{\beta}]\\&=[\boldsymbol{\alpha},\boldsymbol{\alpha}]+2[\boldsymbol{\alpha},\boldsymbol{\beta}]+[\boldsymbol{\beta},\boldsymbol{\beta}]\leqslant\|\boldsymbol{\alpha}\|^2+2\|\boldsymbol{\alpha}\|\,\|\boldsymbol{\beta}\|+\|\boldsymbol{\beta}\|^2\\&=(\|\boldsymbol{\alpha}\|+\|\boldsymbol{\beta}\|)^2,\end{aligned}$$

所以

$$\|\boldsymbol{\alpha}+\boldsymbol{\beta}\|\leqslant\|\boldsymbol{\alpha}\|+\|\boldsymbol{\beta}\|。$$

定义 5.3 当 $\boldsymbol{\alpha}\neq\mathbf{0},\boldsymbol{\beta}\neq\mathbf{0}$ 时,定义

$$\boldsymbol{\theta}=\arccos\frac{[\boldsymbol{\alpha},\boldsymbol{\beta}]}{\|\boldsymbol{\alpha}\|\cdot\|\boldsymbol{\beta}\|}(0\leqslant\boldsymbol{\theta}\leqslant\pi),$$

称 $\boldsymbol{\theta}$ 为向量 $\boldsymbol{\alpha}$ 与 $\boldsymbol{\beta}$ 的夹角。

5.1.3 向量的正交性

定义 5.4 若 $[\boldsymbol{\alpha},\boldsymbol{\beta}]=0$,则称向量 $\boldsymbol{\alpha}$ 与 $\boldsymbol{\beta}$ 是**正交**的,记为 $\boldsymbol{\alpha}\perp\boldsymbol{\beta}$。

显然,零向量与任意一个向量都正交。

例 5.2 已知向量 $\boldsymbol{\alpha}=(1,2,3)^{\mathrm{T}},\boldsymbol{\beta}=(1,1,-1)^{\mathrm{T}}$,试求一个单位向量 $\boldsymbol{\gamma}$,使得 $\boldsymbol{\alpha},\boldsymbol{\beta},\boldsymbol{\gamma}$ 两两正交。

解 设所求的向量 $\boldsymbol{\gamma}=(x_1,x_2,x_3)^{\mathrm{T}}$,依题意,得

$$\begin{cases}[\boldsymbol{\alpha},\boldsymbol{\gamma}]=0,\\[\boldsymbol{\beta},\boldsymbol{\gamma}]=0,\\\|\boldsymbol{\gamma}\|=1,\end{cases}$$

即

$$\begin{cases}x_1+2x_2+3x_3=0,\\x_1+x_2-x_3=0,\\x_1^2+x_2^2+x_3^2=1,\end{cases}$$

解得

$$x_1=\pm\frac{5}{\sqrt{42}},x_2=\mp\frac{4}{\sqrt{42}},x_3=\pm\frac{1}{\sqrt{42}},$$

故

$$\boldsymbol{\gamma}=\left(\frac{5}{\sqrt{42}},-\frac{4}{\sqrt{42}},\frac{1}{\sqrt{42}}\right)^{\mathrm{T}}\text{或}\boldsymbol{\gamma}=\left(-\frac{5}{\sqrt{42}},\frac{4}{\sqrt{42}},-\frac{1}{\sqrt{42}}\right)^{\mathrm{T}}。$$

定义 5.5 如果 $\mathbf{R}^n$ 中的 r 个向量 $\boldsymbol{\alpha}_1,\boldsymbol{\alpha}_2,\cdots,\boldsymbol{\alpha}_r$ 都是非零向量,且两两正交,即

$$[\boldsymbol{\alpha}_i,\boldsymbol{\alpha}_j]=0(i\neq j;i,j=1,2,\cdots,r),$$

则称该组向量为**正交向量组**。如果正交向量组 $\boldsymbol{\alpha}_1,\boldsymbol{\alpha}_2,\cdots,\boldsymbol{\alpha}_r$ 都是单位向量,则称该组向量为**标准正交向量组**。

显然,例 5.2 中的向量组 $\boldsymbol{\alpha},\boldsymbol{\beta},\boldsymbol{\gamma}$ 构成了一个正交向量组,我们可以通过计算得出这个向量组是线性无关的。事实上有

定理 5.1 正交向量组一定线性无关。

证 设 $\boldsymbol{\alpha}_1,\boldsymbol{\alpha}_2,\cdots,\boldsymbol{\alpha}_r$ 为正交向量组,且

$$k_1\boldsymbol{\alpha}_1 + k_2\boldsymbol{\alpha}_2 + \cdots + k_r\boldsymbol{\alpha}_r = \mathbf{0}。$$

将上式两端同时与向量 $\boldsymbol{\alpha}_j(1 \leqslant j \leqslant r)$ 作内积,可得

$$k_1[\boldsymbol{\alpha}_1,\boldsymbol{\alpha}_j] + k_2[\boldsymbol{\alpha}_2,\boldsymbol{\alpha}_j] + \cdots + k_r[\boldsymbol{\alpha}_r,\boldsymbol{\alpha}_j] = 0,$$

由正交性得

$$k_j[\boldsymbol{\alpha}_j,\boldsymbol{\alpha}_j] = 0。$$

因为 $\boldsymbol{\alpha}_j \neq \mathbf{0}$,所以 $[\boldsymbol{\alpha}_j,\boldsymbol{\alpha}_j] > 0$,因此 $k_j = 0, j = 1,2,\cdots,r$。由此得正交向量组 $\boldsymbol{\alpha}_1,\boldsymbol{\alpha}_2,\cdots,\boldsymbol{\alpha}_r$ 线性无关。

定义 5.6　设 V 是 r 维向量空间,$\boldsymbol{\alpha}_1,\boldsymbol{\alpha}_2,\cdots,\boldsymbol{\alpha}_r$ 是 V 的一组基,若 $\boldsymbol{\alpha}_1,\boldsymbol{\alpha}_2,\cdots,\boldsymbol{\alpha}_r$ 是标准正交向量组,则称 $\boldsymbol{\alpha}_1,\boldsymbol{\alpha}_2,\cdots,\boldsymbol{\alpha}_r$ 是 V 的一组**标准正交基**。

例如,向量组

$$\boldsymbol{\varepsilon}_1 = \begin{pmatrix} \frac{1}{\sqrt{2}} \\ \frac{1}{\sqrt{2}} \\ 0 \\ 0 \end{pmatrix}, \boldsymbol{\varepsilon}_2 = \begin{pmatrix} \frac{1}{\sqrt{2}} \\ -\frac{1}{\sqrt{2}} \\ 0 \\ 0 \end{pmatrix}, \boldsymbol{\varepsilon}_3 = \begin{pmatrix} 0 \\ 0 \\ \frac{1}{\sqrt{2}} \\ \frac{1}{\sqrt{2}} \end{pmatrix}, \boldsymbol{\varepsilon}_4 = \begin{pmatrix} 0 \\ 0 \\ \frac{1}{\sqrt{2}} \\ -\frac{1}{\sqrt{2}} \end{pmatrix}$$

是向量空间 $\mathbf{R}^4$ 的一组标准正交基。

又如,$\mathbf{R}^n$ 中单位向量组 $\boldsymbol{e}_1 = (1,0,\cdots,0)^{\mathrm{T}}, \boldsymbol{e}_2 = (0,1,\cdots,0)^{\mathrm{T}}, \cdots, \boldsymbol{e}_n = (0,0,\cdots,1)^{\mathrm{T}}$ 是 $\mathbf{R}^n$ 的一组标准正交基。

下面讨论如何把向量空间的一个线性无关向量组转化为一个正交向量组。由一个线性无关的向量组生成正交向量组的过程,称为将该向量组**正交化**。应用**施密特**(Schmidt)**正交化方法**可将向量空间 $\mathbf{R}^n$ 中的一个线性无关的向量组 $\boldsymbol{\alpha}_1,\boldsymbol{\alpha}_2,\cdots,\boldsymbol{\alpha}_r$ 化为与之等价的正交向量组 $\boldsymbol{\beta}_1,\boldsymbol{\beta}_2,\cdots,\boldsymbol{\beta}_r$。施密特正交化方法如下:

令

$$\boldsymbol{\beta}_1 = \boldsymbol{\alpha}_1;$$

$$\boldsymbol{\beta}_2 = \boldsymbol{\alpha}_2 - \frac{[\boldsymbol{\alpha}_2,\boldsymbol{\beta}_1]}{[\boldsymbol{\beta}_1,\boldsymbol{\beta}_1]}\boldsymbol{\beta}_1;$$

$$\boldsymbol{\beta}_3 = \boldsymbol{\alpha}_3 - \frac{[\boldsymbol{\alpha}_3,\boldsymbol{\beta}_1]}{[\boldsymbol{\beta}_1,\boldsymbol{\beta}_1]}\boldsymbol{\beta}_1 - \frac{[\boldsymbol{\alpha}_3,\boldsymbol{\beta}_2]}{[\boldsymbol{\beta}_2,\boldsymbol{\beta}_2]}\boldsymbol{\beta}_2;$$

$$\cdots\cdots\cdots\cdots$$

$$\boldsymbol{\beta}_r = \boldsymbol{\alpha}_r - \frac{[\boldsymbol{\alpha}_r,\boldsymbol{\beta}_1]}{[\boldsymbol{\beta}_1,\boldsymbol{\beta}_1]}\boldsymbol{\beta}_1 - \frac{[\boldsymbol{\alpha}_r,\boldsymbol{\beta}_2]}{[\boldsymbol{\beta}_2,\boldsymbol{\beta}_2]}\boldsymbol{\beta}_2 - \cdots - \frac{[\boldsymbol{\alpha}_r,\boldsymbol{\beta}_{r-1}]}{[\boldsymbol{\beta}_{r-1},\boldsymbol{\beta}_{r-1}]}\boldsymbol{\beta}_{r-1}。$$

容易验证 $\boldsymbol{\beta}_1,\boldsymbol{\beta}_2,\cdots,\boldsymbol{\beta}_r$ 两两正交,且 $\boldsymbol{\beta}_1,\boldsymbol{\beta}_2,\cdots,\boldsymbol{\beta}_r$ 与 $\boldsymbol{\alpha}_1,\boldsymbol{\alpha}_2,\cdots,\boldsymbol{\alpha}_r$ 等价。

进一步,将 $\boldsymbol{\beta}_1,\boldsymbol{\beta}_2,\cdots,\boldsymbol{\beta}_r$ 单位化,即取

$$\boldsymbol{\gamma}_1 = \frac{\boldsymbol{\beta}_1}{\|\boldsymbol{\beta}_1\|}, \boldsymbol{\gamma}_2 = \frac{\boldsymbol{\beta}_2}{\|\boldsymbol{\beta}_2\|}, \cdots, \boldsymbol{\gamma}_r = \frac{\boldsymbol{\beta}_r}{\|\boldsymbol{\beta}_r\|},$$

则 $\boldsymbol{\gamma}_1,\boldsymbol{\gamma}_2,\cdots,\boldsymbol{\gamma}_r$ 就是一个标准正交向量组。这样一个过程称为标准正交化。

设 $\boldsymbol{\alpha}_1,\boldsymbol{\alpha}_2,\cdots,\boldsymbol{\alpha}_r$ 是向量空间 V 的一组基，则通过对 $\boldsymbol{\alpha}_1,\boldsymbol{\alpha}_2,\cdots,\boldsymbol{\alpha}_r$ 应用施密特正交化方法将其正交化，再单位化，就可以得到向量空间 V 的一组标准正交基。

例 5.3 令

$$\boldsymbol{\alpha}_1=\begin{pmatrix}1\\1\\1\\1\end{pmatrix},\boldsymbol{\alpha}_2=\begin{pmatrix}3\\3\\-1\\-1\end{pmatrix},\boldsymbol{\alpha}_3=\begin{pmatrix}-2\\0\\6\\8\end{pmatrix},$$

试用施密特正交化将向量组 $\boldsymbol{\alpha}_1,\boldsymbol{\alpha}_2,\boldsymbol{\alpha}_3$ 标准正交化。

解 令

$$\boldsymbol{\beta}_1=\boldsymbol{\alpha}_1=(1,1,1,1)^{\mathrm{T}},$$

$$\boldsymbol{\beta}_2=\boldsymbol{\alpha}_2-\frac{[\boldsymbol{\beta}_1,\boldsymbol{\alpha}_2]}{[\boldsymbol{\beta}_1,\boldsymbol{\beta}_1]}\boldsymbol{\beta}_1=(3,3,-1,-1)^{\mathrm{T}}-\frac{4}{4}(1,1,1,1)^{\mathrm{T}}=(2,2,-2,-2)^{\mathrm{T}},$$

$$\begin{aligned}\boldsymbol{\beta}_3&=\boldsymbol{\alpha}_3-\frac{[\boldsymbol{\beta}_1,\boldsymbol{\alpha}_3]}{[\boldsymbol{\beta}_1,\boldsymbol{\beta}_1]}\boldsymbol{\beta}_1-\frac{[\boldsymbol{\beta}_2,\boldsymbol{\alpha}_3]}{[\boldsymbol{\beta}_2,\boldsymbol{\beta}_2]}\boldsymbol{\beta}_2\\&=(-2,0,6,8)^{\mathrm{T}}-\frac{12}{4}(1,1,1,1)^{\mathrm{T}}-\frac{-32}{16}(2,2,-2,-2)^{\mathrm{T}}\\&=(-1,1,-1,1)^{\mathrm{T}},\end{aligned}$$

则得正交向量组 $\boldsymbol{\beta}_1,\boldsymbol{\beta}_2,\boldsymbol{\beta}_3$，再将它们单位化，得

$$\boldsymbol{\gamma}_1=\frac{1}{\|\boldsymbol{\beta}_1\|}\boldsymbol{\beta}_1=\frac{1}{2}(1,1,1,1)^{\mathrm{T}}=\left(\frac{1}{2},\frac{1}{2},\frac{1}{2},\frac{1}{2}\right)^{\mathrm{T}},$$

$$\boldsymbol{\gamma}_2=\frac{1}{\|\boldsymbol{\beta}_2\|}\boldsymbol{\beta}_2=\frac{1}{4}(2,2,-2,-2)^{\mathrm{T}}=\left(\frac{1}{2},\frac{1}{2},-\frac{1}{2},-\frac{1}{2}\right)^{\mathrm{T}},$$

$$\boldsymbol{\gamma}_3=\frac{1}{\|\boldsymbol{\beta}_3\|}\boldsymbol{\beta}_3=\frac{1}{2}(-1,1,-1,1)^{\mathrm{T}}=\left(-\frac{1}{2},\frac{1}{2},-\frac{1}{2},\frac{1}{2}\right)^{\mathrm{T}},$$

则 $\boldsymbol{\gamma}_1,\boldsymbol{\gamma}_2,\boldsymbol{\gamma}_3$ 即为所求。

5.1.4 正交矩阵

定义 5.7 设 $\boldsymbol{Q}$ 是 n 阶实矩阵，若

$$\boldsymbol{Q}^{\mathrm{T}}\boldsymbol{Q}=\boldsymbol{E},$$

则称 $\boldsymbol{Q}$ 为**正交矩阵**，简称**正交阵**。

例如，矩阵

$$\begin{pmatrix}0&1\\1&0\end{pmatrix},\begin{pmatrix}-\cos\theta&\sin\theta\\\sin\theta&\cos\theta\end{pmatrix},\begin{pmatrix}1&0&0\\0&\frac{1}{\sqrt{2}}&\frac{1}{\sqrt{2}}\\0&\frac{1}{\sqrt{2}}&-\frac{1}{\sqrt{2}}\end{pmatrix}$$

都是正交矩阵。

设 n 阶正交矩阵 $\boldsymbol{Q}=(\boldsymbol{\alpha}_1,\boldsymbol{\alpha}_2,\cdots,\boldsymbol{\alpha}_n)$，则

$$\boldsymbol{Q}^{\mathrm{T}}\boldsymbol{Q}=\begin{pmatrix}\boldsymbol{\alpha}_1^{\mathrm{T}}\\\boldsymbol{\alpha}_2^{\mathrm{T}}\\\vdots\\\boldsymbol{\alpha}_n^{\mathrm{T}}\end{pmatrix}(\boldsymbol{\alpha}_1,\boldsymbol{\alpha}_2,\cdots,\boldsymbol{\alpha}_n)=\begin{pmatrix}\boldsymbol{\alpha}_1^{\mathrm{T}}\boldsymbol{\alpha}_1 & \boldsymbol{\alpha}_1^{\mathrm{T}}\boldsymbol{\alpha}_2 & \cdots & \boldsymbol{\alpha}_1^{\mathrm{T}}\boldsymbol{\alpha}_n\\\boldsymbol{\alpha}_2^{\mathrm{T}}\boldsymbol{\alpha}_1 & \boldsymbol{\alpha}_2^{\mathrm{T}}\boldsymbol{\alpha}_2 & \cdots & \boldsymbol{\alpha}_2^{\mathrm{T}}\boldsymbol{\alpha}_n\\\vdots & \vdots & & \vdots\\\boldsymbol{\alpha}_n^{\mathrm{T}}\boldsymbol{\alpha}_1 & \boldsymbol{\alpha}_n^{\mathrm{T}}\boldsymbol{\alpha}_2 & \cdots & \boldsymbol{\alpha}_n^{\mathrm{T}}\boldsymbol{\alpha}_n\end{pmatrix}=\boldsymbol{E},$$

即

$$\boldsymbol{\alpha}_i^{\mathrm{T}}\boldsymbol{\alpha}_j=\begin{cases}1, & i=j,\\0, & i\neq j,\end{cases}\text{其中 } i,j=1,2,\cdots,n,$$

这说明，n 阶方阵 $\boldsymbol{Q}$ 为正交矩阵的充分必要条件是：$\boldsymbol{Q}$ 的列向量组构成 $\mathbf{R}^n$ 的标准正交基。

注意到 $\boldsymbol{Q}^{\mathrm{T}}\boldsymbol{Q}=\boldsymbol{E}=\boldsymbol{Q}\boldsymbol{Q}^{\mathrm{T}}$，所以上述结论对 $\boldsymbol{Q}$ 的行向量组也成立。

正交矩阵具有如下性质：

(1) 若 $\boldsymbol{Q}$ 为正交矩阵，则 $\boldsymbol{Q}^{\mathrm{T}}=\boldsymbol{Q}^{-1}$，即 $\boldsymbol{Q}\boldsymbol{Q}^{\mathrm{T}}=\boldsymbol{Q}^{\mathrm{T}}\boldsymbol{Q}=\boldsymbol{E}$；

(2) 若 $\boldsymbol{Q}$ 为正交矩阵，则 $\boldsymbol{A}^{\mathrm{T}}$（或 $\boldsymbol{A}^{-1}$）也是正交矩阵；

(3) 若 $\boldsymbol{Q}_1,\boldsymbol{Q}_2$ 是 n 阶正交矩阵，则 $\boldsymbol{Q}_1\boldsymbol{Q}_2$ 也是正交矩阵；

(4) 正交矩阵的行列式等于 1 或 -1。

上述性质都可以根据正交矩阵的定义直接证得，请读者自行证明。

例 5.4　验证矩阵

$$\begin{pmatrix}\frac{1}{9} & -\frac{8}{9} & -\frac{4}{9}\\-\frac{8}{9} & \frac{1}{9} & -\frac{4}{9}\\-\frac{4}{9} & -\frac{4}{9} & \frac{7}{9}\end{pmatrix}$$

是正交阵。

证　可以看到，$\boldsymbol{Q}$ 的每个列向量都是单位向量，且两两正交，所以 $\boldsymbol{Q}$ 是正交阵。

5.2　方阵的特征值与特征向量

引例　设 $\boldsymbol{A}$ 是 n 阶方阵，一般而言，方阵 $\boldsymbol{A}$ 乘 n 维非零向量 $\boldsymbol{x}$ 得到的新向量 $\boldsymbol{Ax}$ 与 $\boldsymbol{x}$ 线性无关（或者说不成比例），如 $\boldsymbol{A}=\begin{pmatrix}1 & 4\\3 & 2\end{pmatrix}$，取 $\boldsymbol{x}=\begin{pmatrix}2\\3\end{pmatrix}$，则 $\boldsymbol{Ax}=\begin{pmatrix}14\\12\end{pmatrix}$，易知 $\boldsymbol{Ax}$ 与 $\boldsymbol{x}$ 线性无关。而对某些向量 $\boldsymbol{x}$，$\boldsymbol{Ax}$ 与 $\boldsymbol{x}$ 却线性相关（或者说成比例），例如，取 $\boldsymbol{x}=\begin{pmatrix}1\\1\end{pmatrix}$，则 $\boldsymbol{Ax}=\begin{pmatrix}1 & 4\\3 & 2\end{pmatrix}\begin{pmatrix}1\\1\end{pmatrix}=\begin{pmatrix}5\\5\end{pmatrix}=5\boldsymbol{x}$。这一节，我们将研究满足 $\boldsymbol{Ax}=\lambda\boldsymbol{x}$ 的数 λ 和非零向量 $\boldsymbol{x}$。

5.2.1 特征值与特征向量的概念

定义 5.8 设 $\boldsymbol{A}$ 是 n 阶方阵，如果存在数 λ 和 n 维非零列向量 $\boldsymbol{x}$，使得

$$\boldsymbol{A}\boldsymbol{x}=\lambda\boldsymbol{x}$$

成立，则称数 λ 为矩阵 $\boldsymbol{A}$ 的**特征值**，向量 $\boldsymbol{x}$ 为 $\boldsymbol{A}$ 的对应于(或属于) 特征值 λ 的**特征向量**。

例如，对方阵 $\boldsymbol{A}=\begin{pmatrix}1&4\\3&2\end{pmatrix}$ 与非零列向量 $\boldsymbol{x}=\begin{pmatrix}1\\1\end{pmatrix}$，因为

$$\boldsymbol{A}\boldsymbol{x}=\begin{pmatrix}5\\5\end{pmatrix}=5\boldsymbol{x},$$

由定义知，实数 5 为方阵 $\boldsymbol{A}$ 的一个特征值，$\boldsymbol{x}$ 为 $\boldsymbol{A}$ 的对应于特征值 5 的特征向量。

注 特征值问题只是对方阵而言的，且特征向量必须是非零向量。

5.2.2 特征值与特征向量的求法

下面探讨矩阵 $\boldsymbol{A}$ 的特征值与特征向量的求法。我们做如下分析：

$$\begin{aligned}&\boldsymbol{A}\boldsymbol{x}=\lambda\boldsymbol{x}\text{ 有非零解}\\ \Leftrightarrow&(\boldsymbol{A}-\lambda\boldsymbol{E})\boldsymbol{x}=\boldsymbol{0}\text{ 有非零解}\\ \Leftrightarrow&R(\boldsymbol{A}-\lambda\boldsymbol{E})<n\\ \Leftrightarrow&|\boldsymbol{A}-\lambda\boldsymbol{E}|=0。\end{aligned}$$

定义 5.9 设 $\boldsymbol{A}$ 为 n 阶矩阵，含有未知量 λ 的矩阵 $\boldsymbol{A}-\lambda\boldsymbol{E}$ 称为 $\boldsymbol{A}$ 的**特征矩阵**，其行列式 $|\boldsymbol{A}-\lambda\boldsymbol{E}|$ 是 λ 的 n 次多项式，称为 $\boldsymbol{A}$ 的**特征多项式**，$|\boldsymbol{A}-\lambda\boldsymbol{E}|=0$ 称为 $\boldsymbol{A}$ 的**特征方程**。

若 λ 是矩阵 $\boldsymbol{A}$ 的一个特征值，则一定是 $|\boldsymbol{A}-\lambda\boldsymbol{E}|=0$ 的根，因此又称为特征根。若 λ 是 $|\boldsymbol{A}-\lambda\boldsymbol{E}|=0$ 的 k 重根，则 λ 称为 $\boldsymbol{A}$ 的 k 重特征值。方程 $(\boldsymbol{A}-\lambda\boldsymbol{E})\boldsymbol{x}=\boldsymbol{0}$ 的非零解就是对应于特征值 λ 的特征向量。

由以上讨论，我们得到求特征值和相应的特征向量的步骤如下：

第一步，由 $|\boldsymbol{A}-\lambda\boldsymbol{E}|=0$ 求出所有特征值；

第二步，对每个特征值 λ_i，解方程 $(\boldsymbol{A}-\lambda_i\boldsymbol{E})\boldsymbol{x}=\boldsymbol{0}$，它的通解(零解除外) 就是矩阵 $\boldsymbol{A}$ 的对应于特征值 λ_i 的全部的特征向量，而它的基础解系就是 $\boldsymbol{A}$ 的对应于特征值 λ_i 的线性无关的特征向量。

例 5.5 求矩阵 $\boldsymbol{A}=\begin{pmatrix}-1&1&0\\-4&3&0\\1&0&2\end{pmatrix}$ 的特征值和特征向量。

解 $\boldsymbol{A}$ 的特征多项式为

$$|\boldsymbol{A}-\lambda\boldsymbol{E}|=\begin{vmatrix}-1-\lambda&1&0\\-4&3-\lambda&0\\1&0&2-\lambda\end{vmatrix}=(2-\lambda)(\lambda-1)^2,$$

所以 $\boldsymbol{A}$ 的特征值为 $\lambda_1=2,\lambda_2=\lambda_3=1$(二重)。

当 $\lambda_1=2$ 时,解方程 $(\boldsymbol{A}-2\boldsymbol{E})\boldsymbol{x}=\boldsymbol{0}$,因为

$$\boldsymbol{A}-2\boldsymbol{E}=\begin{pmatrix}-3&1&0\\-4&1&0\\1&0&0\end{pmatrix}\rightarrow\begin{pmatrix}1&0&0\\0&1&0\\0&0&0\end{pmatrix},$$

可得基础解系 $\boldsymbol{p}_1=\begin{pmatrix}0\\0\\1\end{pmatrix}$,所以对应于 $\lambda_1=2$ 的特征向量为 $k_1\boldsymbol{p}_1$(k_1 为任意非零常数)。

当 $\lambda_2=\lambda_3=1$ 时,解方程 $(\boldsymbol{A}-\boldsymbol{E})\boldsymbol{x}=\boldsymbol{0}$,因为

$$\boldsymbol{A}-\boldsymbol{E}=\begin{pmatrix}-2&1&0\\-4&2&0\\1&0&1\end{pmatrix}\rightarrow\begin{pmatrix}1&0&1\\0&1&2\\0&0&0\end{pmatrix},$$

故可得基础解系 $\boldsymbol{p}_2=\begin{pmatrix}-1\\-2\\1\end{pmatrix}$,所以对应于 $\lambda_2=\lambda_3=1$ 的特征向量为 $k_2\boldsymbol{p}_2$(k_2 为任意非零常数)。

例 5.6　求矩阵

$$\boldsymbol{A}=\begin{pmatrix}4&6&0\\-3&-5&0\\-3&-6&1\end{pmatrix}$$

的特征值与特征向量。

证　$\boldsymbol{A}$ 的特征多项式为

$$|\boldsymbol{A}-\lambda\boldsymbol{E}|=\begin{vmatrix}4-\lambda&6&0\\-3&-5-\lambda&0\\-3&-6&1-\lambda\end{vmatrix}=(\lambda-1)^2(-\lambda-2),$$

所以 $\boldsymbol{A}$ 的特征值为 $\lambda_1=\lambda_2=1,\lambda_3=-2$。

当 $\lambda_1=\lambda_2=1$ 时,解方程 $(\boldsymbol{A}-\boldsymbol{E})\boldsymbol{x}=\boldsymbol{0}$,因为

$$\boldsymbol{A}-\boldsymbol{E}=\begin{pmatrix}3&6&0\\-3&-6&0\\-3&-6&0\end{pmatrix}\rightarrow\begin{pmatrix}1&2&0\\0&0&0\\0&0&0\end{pmatrix},$$

故得基础解系 $\boldsymbol{p}_1=\begin{pmatrix}-2\\1\\0\end{pmatrix},\boldsymbol{p}_2=\begin{pmatrix}0\\0\\1\end{pmatrix}$,所以对应于 $\lambda_1=\lambda_2=1$ 的特征向量为 $k_1\boldsymbol{p}_1+k_2\boldsymbol{p}_2$($k_1,k_2$ 为任意不同时为零的常数)。

当 $\lambda_3=-2$ 时,解方程 $(\boldsymbol{A}+2\boldsymbol{E})\boldsymbol{x}=\boldsymbol{0}$,因为

$$A+2E=\begin{pmatrix}6&6&0\\-3&-3&0\\3&-6&3\end{pmatrix}\to\begin{pmatrix}1&0&1\\0&1&-1\\0&0&0\end{pmatrix},$$

故得基础解系 $p_3=\begin{pmatrix}-1\\1\\1\end{pmatrix}$，所以对应于 $\lambda_3=-2$ 的特征向量为 k_3p_3（k_3 为任意非零的常数）。

需要指出，若 λ_i 是 A 的 k_i 重特征值，那么相应于 λ_i 的线性无关特征向量不超过 k_i 个，即 $(A-\lambda_iE)x=0$ 的基础解系中所含向量个数不超过 k_i 个（至少含 1 个）。例如，在例 5.5 中，对于二重特征值 $\lambda_2=\lambda_3=1$，我们由方程 $(A-E)x=0$ 解出了一个线性无关的特征向量，在例 5.6 中，对于二重特征值 $\lambda_1=\lambda_2=1$，我们由方程 $(A-E)x=0$ 解出了两个线性无关的特征向量。

5.2.3 特征值与特征向量的性质

对于 n 阶方阵 $A=(a_{ij})$，由于

$$|A-\lambda E|=\begin{vmatrix}a_{11}-\lambda&a_{12}&\cdots&a_{1n}\\a_{21}&a_{22}-\lambda&\cdots&a_{2n}\\\vdots&\vdots&&\vdots\\a_{n1}&a_{n2}&\cdots&a_{nn}-\lambda\end{vmatrix}$$

是 λ 的 n 次多项式，因此特征根方程 $|A-\lambda E|=0$ 在复数范围内有 n 个根（重根按重数计算）。设 A 的特征值为 $\lambda_1,\lambda_2,\cdots,\lambda_n$，则有

$$|A-\lambda E|=(\lambda_1-\lambda)(\lambda_2-\lambda)\cdots(\lambda_n-\lambda)。\tag{5-1}$$

取 $\lambda=0$ 得，$|A|=\lambda_1\lambda_2\cdots\lambda_n$。

再考查(5-1)式左右两边的 λ^{n-1} 的系数，易知右式中 λ^{n-1} 的系数为

$$(-1)^{n-1}(\lambda_1+\lambda_2+\cdots+\lambda_n),$$

左边行列式的展开式中只有 $(a_{11}-\lambda)(a_{22}-\lambda)\cdots(a_{nn}-\lambda)$ 中才含有 λ^{n-1} 项，故 λ^{n-1} 系数为 $(-1)^{n-1}(a_{11}+a_{22}+\cdots+a_{nn})$，所以，

$$\lambda_1+\lambda_2+\cdots+\lambda_n=a_{11}+a_{22}+\cdots+a_{nn}。$$

定理 5.2 设 n 阶矩阵 $A=(a_{ij})$ 的 n 个特征值为 $\lambda_1,\lambda_2,\cdots,\lambda_n$，则

(1) $\lambda_1+\lambda_2+\cdots+\lambda_n=a_{11}+a_{22}+\cdots+a_{nn}$；

(2) $\lambda_1\lambda_2\cdots\lambda_n=|A|$。

例 5.7 设 $A_{3\times3}$ 满足：$|3E+A|=0$，$|4E-A|=0$，$R(E+2A)<3$，求 $|A|$。

解 由 $|3E+A|=0$，$|4E-A|=0$ 知 A 的两个特征值为 $\lambda_1=-3,\lambda_2=4$。由 $R(E+2A)<3$ 知 $|E+2A|=0$，所以 A 的第三个特征值为 $\lambda_3=-\dfrac{1}{2}$，所以

$$|\boldsymbol{A}|=\lambda_1\lambda_2\lambda_3=(-3)\times 4\times\left(-\frac{1}{2}\right)=6。$$

定理 5.3　若 λ 是矩阵 $\boldsymbol{A}$ 的特征值，$\boldsymbol{x}$ 是 $\boldsymbol{A}$ 的属于 $\boldsymbol{\lambda}$ 的特征向量，即 $\boldsymbol{Ax}=\lambda\boldsymbol{x}$，则

(1) $k\lambda$ 是 $k\boldsymbol{A}$ 的特征值(k 为任意常数)；

(2) λ^m 是 $\boldsymbol{A}^m$ 的特征值(m 为正整数)；

(3) 当 $\boldsymbol{A}$ 可逆时，λ^{-1} 是 $\boldsymbol{A}^{-1}$ 的特征值；

且 $\boldsymbol{x}$ 是 $k\boldsymbol{A}$，$\boldsymbol{A}^m$，$\boldsymbol{A}^{-1}$ 分别对应于特征值 $k\lambda$，λ^m，λ^{-1} 的特征向量。

证　(1) 由 $\boldsymbol{Ax}=\lambda\boldsymbol{x}$ 可得 $k\boldsymbol{Ax}=k(\lambda\boldsymbol{x})=k\lambda\boldsymbol{x}$，故 $k\lambda$ 是 $k\boldsymbol{A}$ 的特征值，$\boldsymbol{x}$ 是相应的特征向量。

(2) 由 $\boldsymbol{A}x=\lambda\boldsymbol{x}$，可得

$$\boldsymbol{A}^2\boldsymbol{x}=\boldsymbol{A}(\boldsymbol{A}x)=\boldsymbol{A}(\lambda\boldsymbol{x})=\lambda\boldsymbol{Ax}=\lambda^2\boldsymbol{x},$$

$$\boldsymbol{A}^3\boldsymbol{x}=\boldsymbol{A}(\boldsymbol{A}^2\boldsymbol{x})=\lambda^2\boldsymbol{Ax}=\lambda^3\boldsymbol{x},$$

…………

$$\boldsymbol{A}^m\boldsymbol{x}=\lambda^m\boldsymbol{x},$$

故 λ^m 是 $\boldsymbol{A}^m$ 的特征值，$\boldsymbol{x}$ 是相应的特征向量。

(3) 由 $\boldsymbol{Ax}=\lambda\boldsymbol{x}$ 及 $\boldsymbol{A}$ 可逆得 $\boldsymbol{x}=\boldsymbol{A}^{-1}(\lambda\boldsymbol{x})=\lambda\boldsymbol{A}^{-1}\boldsymbol{x}$，所以 $\boldsymbol{A}^{-1}\boldsymbol{x}=\lambda^{-1}\boldsymbol{x}$，因此 λ^{-1} 是 $\boldsymbol{A}^{-1}$ 的特征值，$\boldsymbol{x}$ 是相应的特征向量。

注　$g(\lambda)=a_0+a_1\lambda+a_2\lambda^2+\cdots+a_k\lambda^k$ 是 $g(\boldsymbol{A})=a_0\boldsymbol{E}+a_1\boldsymbol{A}+a_2\boldsymbol{A}^2+\cdots+a_k\boldsymbol{A}^k$ 的特征值，$\boldsymbol{x}$ 是对应的特征向量。

事实上，由 $\boldsymbol{Ax}=\lambda\boldsymbol{x}$ 知

$$a_0\boldsymbol{Ex}=a_0\boldsymbol{x},a_1\boldsymbol{Ax}=a_1\lambda\boldsymbol{x},\cdots,a_k\boldsymbol{A}^k\boldsymbol{x}=a_k\lambda^k\boldsymbol{x},$$

将上述式子左右两边分别相加得 $(a_0\boldsymbol{E}+a_1\boldsymbol{A}+a_2\boldsymbol{A}^2+\cdots+a_k\boldsymbol{A}^k)\boldsymbol{x}=(a_0+a_1\lambda+a_2\lambda^2+\cdots+a_k\lambda^k)\boldsymbol{x}$，即

$$g(\boldsymbol{A})\boldsymbol{x}=g(\lambda)\boldsymbol{x},$$

因此 $g(\lambda)$ 是 $g(\boldsymbol{A})$ 的特征值，$\boldsymbol{x}$ 是相应的特征向量。

当 $\boldsymbol{A}$ 可逆时，记 $h(\boldsymbol{A})=b_m\boldsymbol{A}^{-m}+b_{m-1}\boldsymbol{A}^{-(m-1)}+\cdots+b_1\boldsymbol{A}^{-1}+a_0\boldsymbol{E}+a_1\boldsymbol{A}+\cdots+a_k\boldsymbol{A}^k$，其中 m,k 为非负整数，$h(\lambda)=b_m\lambda^{-m}+b_{m-1}\lambda^{-(m-1)}+\cdots+b_1\lambda^{-1}+a_0+a_1\lambda+\cdots+a_k\lambda^k$。由 $\boldsymbol{Ax}=\lambda\boldsymbol{x}$ 类似可得，

$$h(\boldsymbol{A})\boldsymbol{x}=h(\lambda)\boldsymbol{x},$$

即 $h(\lambda)$ 是 $h(\boldsymbol{A})$ 的特征值，$\boldsymbol{x}$ 是对应的特征向量。

例 5.8　设三阶矩阵 $\boldsymbol{A}$ 的特征值为 $\lambda_1=1,\lambda_2=2,\lambda_3=3$，求 $|\boldsymbol{A}^{-1}+2\boldsymbol{E}+\boldsymbol{A}^2|$。

解　记 $h(\boldsymbol{A})=\boldsymbol{A}^{-1}+2\boldsymbol{E}+\boldsymbol{A}^2$，对应的多项式为 $h(\lambda)=\lambda^{-1}+2+\lambda^2$，将 $\lambda=1,2,3$ 分别代入，得矩阵 $h(\boldsymbol{A})$ 的特征值为

$$\mu_1=h(1)=1+2+1^2=4,$$

$$\mu_2=h(2)=\frac{1}{2}+2+4=\frac{13}{2},$$

$$\mu_3 = h(3) = \frac{1}{3} + 2 + 3^2 = \frac{34}{3},$$

所以

$$|\boldsymbol{A}^{-1} + 2\boldsymbol{E} + \boldsymbol{A}^2| = \mu_1\mu_2\mu_3 = \frac{884}{3}。$$

定理 5.4 矩阵 $\boldsymbol{A}$ 的属于不同特征值的特征向量线性无关。

证 设 $\boldsymbol{A}$ 的 m 个互不相同的特征值为 $\lambda_1,\lambda_2,\cdots,\lambda_m$，其相应的特征向量分别为 $\boldsymbol{p}_1,\boldsymbol{p}_2,\cdots,\boldsymbol{p}_m$。设

$$k_1\boldsymbol{p}_1 + k_2\boldsymbol{p}_2 + \cdots + k_m\boldsymbol{p}_m = \boldsymbol{0}, \tag{5-2}$$

用 $\boldsymbol{A},\boldsymbol{A}^2,\cdots,\boldsymbol{A}^{m-1}$ 分别乘(5-2)式两边，得

$$\begin{cases} \lambda_1k_1\boldsymbol{p}_1 + \lambda_2k_2\boldsymbol{p}_2 + \cdots + \lambda_mk_m\boldsymbol{p}_m = \boldsymbol{0}, \\ \lambda_1^2k_1\boldsymbol{p}_1 + \lambda_2^2k_2\boldsymbol{p}_2 + \cdots + \lambda_m^2k_m\boldsymbol{p}_m = \boldsymbol{0}, \\ \cdots\cdots\cdots\cdots \\ \lambda_1^{m-1}k_1\boldsymbol{p}_1 + \lambda_2^{m-1}k_2\boldsymbol{p}_2 + \cdots + \lambda_m^{m-1}k_m\boldsymbol{p}_m = \boldsymbol{0}, \end{cases}$$

所以

$$(k_1\boldsymbol{p}_1,k_2\boldsymbol{p}_2,\cdots,k_m\boldsymbol{p}_m)\begin{pmatrix} 1 & \lambda_1 & \cdots & \lambda_1^{m-1} \\ 1 & \lambda_2 & \cdots & \lambda_2^{m-1} \\ \vdots & \vdots & & \vdots \\ 1 & \lambda_m & \cdots & \lambda_m^{m-1} \end{pmatrix} = (\boldsymbol{0},\boldsymbol{0},\cdots,\boldsymbol{0})。$$

注意到

$$\begin{vmatrix} 1 & \lambda_1 & \cdots & \lambda_1^{m-1} \\ 1 & \lambda_2 & \cdots & \lambda_2^{m-1} \\ \vdots & \vdots & & \vdots \\ 1 & \lambda_m & \cdots & \lambda_m^{m-1} \end{vmatrix} = \prod_{m \geqslant i > j \geqslant 1}(\lambda_i - \lambda_j) \neq 0,$$

所以

$$\begin{pmatrix} 1 & \lambda_1 & \cdots & \lambda_1^{m-1} \\ 1 & \lambda_2 & \cdots & \lambda_2^{m-1} \\ \vdots & \vdots & & \vdots \\ 1 & \lambda_m & \cdots & \lambda_m^{m-1} \end{pmatrix}$$

可逆，因此

$$(k_1\boldsymbol{p}_1,k_2\boldsymbol{p}_2,\cdots,k_m\boldsymbol{p}_m) = (\boldsymbol{0},\boldsymbol{0},\cdots,\boldsymbol{0}),$$

故 $k_1 = k_2 = \cdots = k_m = 0$，即 $\boldsymbol{p}_1,\boldsymbol{p}_2,\cdots,\boldsymbol{p}_m$ 线性无关。

进一步，我们有：

定理 5.5 设 $\lambda_1,\lambda_2,\cdots,\lambda_m$ 是 n 阶矩阵 $\boldsymbol{A}$ 的 m 个不同的特征值，对应于 λ_i 的线性无关的特征向量为 $\boldsymbol{p}_{i1},\boldsymbol{p}_{i2},\cdots,\boldsymbol{p}_{ik_i}$ $(i = 1,2,\cdots,m)$，则由所有这些特征向量(共 $k_1 + k_2 + \cdots +$

k_m 个)构成的向量组线性无关。

证　设

$$\sum_{i=1}^{m}(t_{i1}\boldsymbol{p}_{i1}+\cdots+t_{ik_i}\boldsymbol{p}_{ik_i})=\boldsymbol{0}, \tag{5-3}$$

记 $\boldsymbol{y}_i=t_{i1}\boldsymbol{p}_{i1}+\cdots+t_{ik_i}\boldsymbol{p}_{ik_i}(i=1,2,\cdots,m)$,则(5-3)式即为

$$\boldsymbol{y}_1+\boldsymbol{y}_2+\cdots+\boldsymbol{y}_m=\boldsymbol{0}, \tag{5-4}$$

记 $\boldsymbol{B}_1=(\boldsymbol{A}-\lambda_2\boldsymbol{E})(\boldsymbol{A}-\lambda_3\boldsymbol{E})\cdots(\boldsymbol{A}-\lambda_m\boldsymbol{E})$,则

$$\boldsymbol{B}_1\boldsymbol{y}_2=\boldsymbol{B}_1\boldsymbol{y}_3=\cdots=\boldsymbol{B}_1\boldsymbol{y}_m=0,\boldsymbol{B}_1\boldsymbol{y}_1=(\lambda_1-\lambda_2)(\lambda_1-\lambda_3)\cdots(\lambda_1-\lambda_m)\boldsymbol{y}_1。$$

因此以 $\boldsymbol{B}_1$ 乘(5-4)式两边得

$$(\lambda_1-\lambda_2)(\lambda_1-\lambda_3)\cdots(\lambda_1-\lambda_m)\boldsymbol{y}_1=0,$$

所以 $\boldsymbol{y}_1=\boldsymbol{0}$,同理 $\boldsymbol{y}_2=\cdots=\boldsymbol{y}_m=\boldsymbol{0}$。

由于 $\boldsymbol{p}_{i1},\boldsymbol{p}_{i2},\cdots,\boldsymbol{p}_{ik_i}$ 线性无关,所以 $t_{i1}=t_{i2}=\cdots=t_{ik_i}=0(i=1,2,\cdots,m)$,由此得结论成立。

5.3　相似矩阵与方阵的对角化

5.3.1　相似矩阵及其性质

定义 5.10　设 $\boldsymbol{A},\boldsymbol{B}$ 是 n 阶方阵,若存在 n 阶可逆矩阵 $\boldsymbol{P}$,使

$$\boldsymbol{P}^{-1}\boldsymbol{AP}=\boldsymbol{B},$$

则称矩阵 $\boldsymbol{A}$ 相似于矩阵 $\boldsymbol{B}$,或称 $\boldsymbol{A}$ 与 $\boldsymbol{B}$ **相似**。用可逆矩阵 $\boldsymbol{P}$ 对方阵 $\boldsymbol{A}$ 进行的运算 $\boldsymbol{P}^{-1}\boldsymbol{AP}$ 称为对 $\boldsymbol{A}$ 进行**相似变换**,$\boldsymbol{P}$ 称为**相似变换矩阵**。

例如,$\boldsymbol{A}=\begin{pmatrix}3&1\\5&-1\end{pmatrix}$,$\boldsymbol{B}=\begin{pmatrix}4&0\\0&-2\end{pmatrix}$,$\boldsymbol{P}=\begin{pmatrix}1&1\\1&-5\end{pmatrix}$,则

$$\boldsymbol{P}^{-1}=\begin{pmatrix}\frac{5}{6}&\frac{1}{6}\\\frac{1}{6}&-\frac{1}{6}\end{pmatrix},\boldsymbol{P}^{-1}\boldsymbol{AP}=\begin{pmatrix}\frac{5}{6}&\frac{1}{6}\\\frac{1}{6}&-\frac{1}{6}\end{pmatrix}\begin{pmatrix}3&1\\5&-1\end{pmatrix}\begin{pmatrix}1&1\\1&-5\end{pmatrix}=\begin{pmatrix}4&0\\0&-2\end{pmatrix}=\boldsymbol{B},$$

所以 $\boldsymbol{A}$ 与 $\boldsymbol{B}$ 相似。

矩阵的相似关系是一种等价关系,它具有以下性质:

(1) 自反性:$\boldsymbol{A}$ 与本身相似;

(2) 对称性:若 $\boldsymbol{A}$ 与 $\boldsymbol{B}$ 相似,则 $\boldsymbol{B}$ 与 $\boldsymbol{A}$ 相似;

(3) 传递性:若 $\boldsymbol{A}$ 与 $\boldsymbol{B}$ 相似,$\boldsymbol{B}$ 与 $\boldsymbol{C}$ 相似,则 $\boldsymbol{A}$ 与 $\boldsymbol{C}$ 相似。

证　这里只证性质(3)。设 $\boldsymbol{P}_1^{-1}\boldsymbol{AP}_1=\boldsymbol{B},\boldsymbol{P}_2^{-1}\boldsymbol{BP}_2=\boldsymbol{C}$,则

$$\boldsymbol{C}=\boldsymbol{P}_2^{-1}\boldsymbol{P}_1^{-1}\boldsymbol{AP}_1\boldsymbol{P}_2=(\boldsymbol{P}_1\boldsymbol{P}_2)^{-1}\boldsymbol{A}(\boldsymbol{P}_1\boldsymbol{P}_2),$$

记 $\boldsymbol{P}=\boldsymbol{P}_1\boldsymbol{P}_2$,则 $\boldsymbol{C}=\boldsymbol{P}^{-1}\boldsymbol{AP}$,所以 $\boldsymbol{A}$ 与 $\boldsymbol{C}$ 相似。

定理 5.6 若$\boldsymbol{A}$与$\boldsymbol{B}$相似，则$|\boldsymbol{A}-\lambda\boldsymbol{E}|=|\boldsymbol{B}-\lambda\boldsymbol{E}|$，即$\boldsymbol{A}$与$\boldsymbol{B}$有相同的特征多项式，从而$\boldsymbol{A},\boldsymbol{B}$有相同的特征值。

证 设$\boldsymbol{P}^{-1}\boldsymbol{A}\boldsymbol{P}=\boldsymbol{B}$，则

$$|\boldsymbol{B}-\lambda\boldsymbol{E}|=|\boldsymbol{P}^{-1}\boldsymbol{A}\boldsymbol{P}-\lambda\boldsymbol{E}|=|\boldsymbol{P}^{-1}(\boldsymbol{A}-\lambda\boldsymbol{E})\boldsymbol{P}|=|\boldsymbol{P}^{-1}||\boldsymbol{A}-\lambda\boldsymbol{E}||\boldsymbol{P}|=|\boldsymbol{A}-\lambda\boldsymbol{E}|,$$

故$\boldsymbol{A}$与$\boldsymbol{B}$有相同特征多项式，从而它们的特征值也相同。

注 当$\boldsymbol{A},\boldsymbol{B}$有相同特征多项式时，$\boldsymbol{A},\boldsymbol{B}$不一定相似。例如

$$\boldsymbol{A}=\begin{pmatrix}1&0\\0&1\end{pmatrix},\boldsymbol{B}=\begin{pmatrix}1&1\\0&1\end{pmatrix},$$

则$|\boldsymbol{A}-\lambda\boldsymbol{E}|=(1-\lambda)^2$，$|\boldsymbol{B}-\lambda\boldsymbol{E}|=(1-\lambda)^2$，$\boldsymbol{A},\boldsymbol{B}$有相同特征多项式。但对于任意可逆矩阵$\boldsymbol{P}$，有$\boldsymbol{P}^{-1}\boldsymbol{A}\boldsymbol{P}=\boldsymbol{A}\neq\boldsymbol{B}$。

5.3.2 矩阵对角化的条件

相似的矩阵具有许多共同的性质，因此，对于n阶矩阵$\boldsymbol{A}$，我们希望在与$\boldsymbol{A}$相似的矩阵中找一个较简单的矩阵，在研究$\boldsymbol{A}$的性质时，只需研究这一简单矩阵的性质即可。这里我们考虑n阶矩阵与一个对角矩阵相似的问题。如果一个n阶矩阵与一个对角矩阵相似，则称这个矩阵可以对角化。

定理 5.7 n阶方阵$\boldsymbol{A}$可以对角化的充要条件是$\boldsymbol{A}$有n个线性无关的特征向量。

证 必要性 设$\boldsymbol{\Lambda}=\begin{pmatrix}\lambda_1&&\\&\ddots&\\&&\lambda_n\end{pmatrix}$，$\boldsymbol{A}$与对角阵$\boldsymbol{\Lambda}$相似，则存在可逆矩阵$\boldsymbol{P}$，使得$\boldsymbol{P}^{-1}\boldsymbol{A}\boldsymbol{P}=\boldsymbol{\Lambda}$，即$\boldsymbol{A}\boldsymbol{P}=\boldsymbol{P}\boldsymbol{\Lambda}$。设$\boldsymbol{P}=(\boldsymbol{p}_1,\boldsymbol{p}_2,\cdots,\boldsymbol{p}_n)$，则

$$\boldsymbol{A}(\boldsymbol{p}_1,\boldsymbol{p}_2,\cdots,\boldsymbol{p}_n)=(\boldsymbol{p}_1,\boldsymbol{p}_2,\cdots,\boldsymbol{p}_n)\begin{pmatrix}\lambda_1&&\\&\ddots&\\&&\lambda_n\end{pmatrix},$$

即

$$\boldsymbol{A}\boldsymbol{p}_1=\lambda_1\boldsymbol{p}_1,\boldsymbol{A}\boldsymbol{p}_2=\lambda_2\boldsymbol{p}_2,\cdots,\boldsymbol{A}\boldsymbol{p}_n=\lambda_n\boldsymbol{p}_n。$$

这表明$\boldsymbol{p}_1,\boldsymbol{p}_2,\cdots,\boldsymbol{p}_n$是$\boldsymbol{A}$的$n$个特征向量。又由$\boldsymbol{P}$可逆知$\boldsymbol{p}_1,\boldsymbol{p}_2,\cdots,\boldsymbol{p}_n$线性无关。

充分性 设$\boldsymbol{p}_1,\boldsymbol{p}_2,\cdots,\boldsymbol{p}_n$是$\boldsymbol{A}$的$n$个线性无关特征向量，它们所对应的特征值依次为$\lambda_1,\lambda_2,\cdots,\lambda_n$。记

$$\boldsymbol{\Lambda}=\begin{pmatrix}\lambda_1&&\\&\ddots&\\&&\lambda_n\end{pmatrix},\boldsymbol{P}=(\boldsymbol{p}_1,\boldsymbol{p}_2,\cdots,\boldsymbol{p}_n),$$

则$\boldsymbol{P}$可逆，且

$$\boldsymbol{A}\boldsymbol{P}=(\boldsymbol{A}\boldsymbol{p}_1,\boldsymbol{A}\boldsymbol{p}_2,\cdots,\boldsymbol{A}\boldsymbol{p}_n)=(\lambda_1\boldsymbol{p}_1,\lambda_2\boldsymbol{p}_2,\cdots,\lambda_n\boldsymbol{p}_n)$$

$$= (\boldsymbol{p}_1, \boldsymbol{p}_2, \cdots, \boldsymbol{p}_n) \begin{pmatrix} \lambda_1 & & \\ & \ddots & \\ & & \lambda_n \end{pmatrix} = \boldsymbol{P\Lambda},$$

所以 $\boldsymbol{P}^{-1}\boldsymbol{AP} = \boldsymbol{\Lambda}$，即 $\boldsymbol{A}$ 与对角矩阵 $\boldsymbol{\Lambda}$ 相似。

注　(1) 若 n 阶方阵 $\boldsymbol{A}$ 可对角化，则以 $\boldsymbol{A}$ 的 n 个线性无关的特征向量为列构成的可逆矩阵 $\boldsymbol{P}$，使得 $\boldsymbol{P}^{-1}\boldsymbol{AP} = \boldsymbol{\Lambda} = \mathrm{diag}(\lambda_1, \lambda_2, \cdots, \lambda_n)$，且对角矩阵 $\boldsymbol{\Lambda}$ 的对角线上的元素 $\lambda_1, \lambda_2, \cdots, \lambda_n$ 即为 $\boldsymbol{A}$ 的 n 个特征值。

(2) $\lambda_1, \lambda_2, \cdots, \lambda_n$ 的排列次序与相应的特征向量 $\boldsymbol{p}_1, \boldsymbol{p}_2, \cdots, \boldsymbol{p}_n$ 的排列次序应保持一致。

(3) 对应于特征值 λ_i 的特征向量不唯一，因此，可逆矩阵 $\boldsymbol{P}$ 也不唯一。

由于 $\boldsymbol{A}$ 的不同特征值所对应的特征向量线性无关，可得

推论 5.1　若 n 阶方阵 $\boldsymbol{A}$ 有 n 个不同的特征值 $\lambda_1, \lambda_2, \cdots, \lambda_n$，则 $\boldsymbol{A}$ 与对角矩阵

$$\boldsymbol{\Lambda} = \begin{pmatrix} \lambda_1 & & \\ & \ddots & \\ & & \lambda_n \end{pmatrix}$$

相似。

当 $\boldsymbol{A}$ 有 n 个不同的特征值时，$\boldsymbol{A}$ 相似对角化的步骤如下：

第一步，由特征方程 $|\boldsymbol{A} - \lambda\boldsymbol{E}| = 0$ 求出不同的特征值 $\lambda_1, \lambda_2, \cdots, \lambda_n$；

第二步，对每个特征值 $\lambda_i (i = 1, 2, \cdots, n)$，解方程 $(\boldsymbol{A} - \lambda_i\boldsymbol{E})\boldsymbol{x}_i = \boldsymbol{0}$ 得到一个线性无关特征向量 $\boldsymbol{p}_i$；

第三步，令 $\boldsymbol{P} = (\boldsymbol{p}_1, \boldsymbol{p}_2, \cdots, \boldsymbol{p}_n)$，则 $\boldsymbol{P}^{-1}\boldsymbol{AP} = \begin{pmatrix} \lambda_1 & & \\ & \ddots & \\ & & \lambda_n \end{pmatrix}$。

当 $\boldsymbol{A}$ 有 k 重特征值时，一个 k 重特征值所对应的线性无关的特征向量不超过 k 个，此时 $\boldsymbol{A}$ 不一定能相似对角化。

定理 5.8　n 阶矩阵 $\boldsymbol{A}$ 与对角矩阵相似的充要条件是：$\boldsymbol{A}$ 的每个特征值对应的线性无关特征向量的个数等于该特征值的重数。

设 n 阶矩阵 $\boldsymbol{A}$ 的特征值为 $\lambda_1, \lambda_2, \cdots, \lambda_s$，重数分别为 $k_1, k_2, \cdots, k_s$，这里

$$k_1 + k_2 + \cdots + k_s = n,$$

则上述定理可变为：

$$\begin{aligned} \boldsymbol{A}\text{ 可以对角化} &\Leftrightarrow (\boldsymbol{A} - \lambda_i\boldsymbol{E})\boldsymbol{x} = \boldsymbol{0}\text{ 的基础解系含有 }k_i\text{ 个向量}(i = 1, 2, \cdots, s) \\ &\Leftrightarrow R(\boldsymbol{A} - \lambda_i\boldsymbol{E}) = n - k_i (i = 1, 2, \cdots, s)。\end{aligned}$$

当 $\boldsymbol{A}$ 的特征多项式有重根时，我们给出 $\boldsymbol{A}$ 的相似对角化的步骤：

第一步，由 $|\boldsymbol{A} - \lambda\boldsymbol{E}| = 0$ 求出特征值 $\lambda_1, \lambda_2, \cdots, \lambda_s$，其重数依次为 $k_1, k_2, \cdots, k_s$；

第二步，对每个特征值 λ_i，解方程 $(\boldsymbol{A} - \lambda_i\boldsymbol{E})\boldsymbol{x} = \boldsymbol{0}$，若某个特征值所对应的线性无关特征向量小于 k_i 个，则说明 $\boldsymbol{A}$ 不能对角化；若每个特征值所对应的线性无关特征向量的个数

都等于它的重数,则说明 $\boldsymbol{A}$ 可对角化。

第三步,当 $\boldsymbol{A}$ 可对角化时,设对应于 λ_i 的线性无关特征向量为 $\boldsymbol{p}_{i1},\boldsymbol{p}_{i2},\cdots,\boldsymbol{p}_{ik_i}(i=1,2,\cdots,s)$,令 $\boldsymbol{P}=(\boldsymbol{p}_{11},\cdots,\boldsymbol{p}_{1k_1},\cdots,\boldsymbol{p}_{s1},\boldsymbol{p}_{s2},\cdots,\boldsymbol{p}_{sk_s})$,则

$$\boldsymbol{P}^{-1}\boldsymbol{A}\boldsymbol{P}=\begin{pmatrix}\lambda_1 & & & & & \\ & \ddots & & & & \\ & & \lambda_1 & & & \\ & & & \ddots & & \\ & & & & \lambda_s & \\ & & & & & \ddots \\ & & & & & & \lambda_s\end{pmatrix}。$$

例 5.9 判断下列矩阵能否相似对角化,若能,则求出相似变换矩阵 $\boldsymbol{P}$。

(1)$\boldsymbol{A}=\begin{pmatrix}2&0&0\\1&1&0\\1&1&1\end{pmatrix}$;　　(2)$\boldsymbol{A}=\begin{pmatrix}1&2&2\\2&1&2\\2&2&1\end{pmatrix}$。

解 (1) 由 $|\boldsymbol{A}-\lambda\boldsymbol{E}|=(2-\lambda)(1-\lambda)^2=0$,得 $\lambda_1=\lambda_2=1,\lambda_3=2$。

当 $\lambda_1=\lambda_2=1$ 时,解方程 $(\boldsymbol{A}-\boldsymbol{E})\boldsymbol{x}=\boldsymbol{0}$,因为

$$\boldsymbol{A}-\boldsymbol{E}=\begin{pmatrix}1&0&0\\1&0&0\\1&1&0\end{pmatrix}\to\begin{pmatrix}1&0&0\\0&1&0\\0&0&0\end{pmatrix},$$

所以 $R(\boldsymbol{A}-\boldsymbol{E})=2$,因此对应于二重特征值 $\lambda_1=\lambda_2=1$ 的线性特征向量只有 1 个,故 $\boldsymbol{A}$ 不能相似对角化。

(2) 由

$$|\boldsymbol{A}-\lambda\boldsymbol{E}|=\begin{vmatrix}1-\lambda&2&2\\2&1-\lambda&2\\2&2&1-\lambda\end{vmatrix}=(1+\lambda)^2(5-\lambda)=0$$

得 $\lambda_1=\lambda_2=-1,\lambda_3=5$。

当 $\lambda_1=\lambda_2=-1$ 时,解方程 $(\boldsymbol{A}+\boldsymbol{E})\boldsymbol{x}=\boldsymbol{0}$,因为

$$\boldsymbol{A}+\boldsymbol{E}=\begin{pmatrix}2&2&2\\2&2&2\\2&2&2\end{pmatrix}\to\begin{pmatrix}1&1&1\\0&0&0\\0&0&0\end{pmatrix},$$

得其基础解系为 $\boldsymbol{p}_1=\begin{pmatrix}-1\\1\\0\end{pmatrix},\boldsymbol{p}_2=\begin{pmatrix}-1\\0\\1\end{pmatrix}$。

当 $\lambda_3=5$ 时,解方程 $(\boldsymbol{A}-5\boldsymbol{E})\boldsymbol{x}=\boldsymbol{0}$,得基础解系为 $\boldsymbol{p}_3=\begin{pmatrix}1\\1\\1\end{pmatrix}$。

令 $\boldsymbol{P}=(\boldsymbol{p}_1,\boldsymbol{p}_2,\boldsymbol{p}_3)$，则

$$\boldsymbol{P}^{-1}\boldsymbol{A}\boldsymbol{P}=\begin{pmatrix}-1&&\\&-1&\\&&5\end{pmatrix}。$$

例 5.10　设三阶方阵 $\boldsymbol{A}$ 的 3 个特征值 $\lambda_1=1,\lambda_2=3,\lambda_3=4$，且对应的特征向量分别为

$$\boldsymbol{p}_1=\begin{pmatrix}1\\1\\0\end{pmatrix},\boldsymbol{p}_2=\begin{pmatrix}-1\\0\\1\end{pmatrix},\boldsymbol{p}_3=\begin{pmatrix}1\\1\\2\end{pmatrix},$$

求矩阵 $\boldsymbol{A}$。

解　令

$$\boldsymbol{P}=(\boldsymbol{p}_1,\boldsymbol{p}_2,\boldsymbol{p}_3)=\begin{pmatrix}1&-1&1\\1&0&1\\0&1&2\end{pmatrix},$$

则有

$$\boldsymbol{P}^{-1}\boldsymbol{A}\boldsymbol{P}=\begin{pmatrix}1&&\\&3&\\&&4\end{pmatrix},$$

所以

$$\boldsymbol{A}=\boldsymbol{P}\begin{pmatrix}1&&\\&3&\\&&4\end{pmatrix}\boldsymbol{P}^{-1}=\begin{pmatrix}1&-1&1\\1&0&1\\0&1&2\end{pmatrix}\begin{pmatrix}1&&\\&3&\\&&4\end{pmatrix}\begin{pmatrix}-\frac{1}{2}&\frac{3}{2}&-\frac{1}{2}\\-1&1&0\\\frac{1}{2}&-\frac{1}{2}&\frac{1}{2}\end{pmatrix}=\frac{1}{2}\begin{pmatrix}9&-7&3\\3&-1&3\\2&-2&8\end{pmatrix}。$$

5.4　实对称矩阵的对角化

上一节已指出，不是任何矩阵都可以对角化，但是，实对称矩阵一定可以对角化。而且，对于任一实对称矩阵 $\boldsymbol{A}$，存在正交矩阵 $\boldsymbol{Q}$，使得 $\boldsymbol{Q}^{-1}\boldsymbol{A}\boldsymbol{Q}$ 为对角阵。

性质　实对称矩阵的特征值必为实数。

* **证**　先介绍一个记号。设复数矩阵 $\boldsymbol{X}=(x_{ij})$，$\overline{x}_{ij}$ 为 x_{ij} 的共轭复数，记 $\overline{\boldsymbol{X}}=(\overline{x}_{ij})$，即 $\overline{\boldsymbol{X}}$ 是由 $\boldsymbol{X}$ 的对应元素的共轭复数构成的矩阵。

设复数 λ 为实对称矩阵 $\boldsymbol{A}$ 的特征值，复向量 $\boldsymbol{x}$ 为对应的特征向量，即 $\boldsymbol{A}\boldsymbol{x}=\lambda\boldsymbol{x}$ 且 $\boldsymbol{x}\neq\boldsymbol{0}$。

用 $\overline{\lambda}$ 表示 λ 的共轭复数，$\overline{\boldsymbol{x}}$ 表示 $\boldsymbol{x}$ 的共轭复向量（即 $\overline{\boldsymbol{x}}$ 与 $\boldsymbol{x}$ 的对应分量互为共轭复数），

则

$$A\bar{x}=\bar{A}\ \bar{x}=(\overline{Ax})=(\overline{\lambda x})=\bar{\lambda}\bar{x}。$$

于是有

$$\bar{x}^{T}Ax=\bar{x}^{T}(Ax)=\bar{x}^{T}\lambda x=\lambda\,\bar{x}^{T}x$$

和

$$\bar{x}^{T}Ax=(\bar{x}^{T}A)x=(A\,\bar{x})^{T}x=\bar{\lambda}\,\bar{x}^{T}x,$$

两式相减得

$$(\lambda-\bar{\lambda})\,\bar{x}^{T}x=\mathbf{0}。$$

而 $x\neq\mathbf{0}$,所以

$$\bar{x}^{T}x=\sum_{i=1}^{n}\bar{x}_{i}x_{i}=\sum_{i=1}^{n}|x_{i}|^{2}\neq\mathbf{0},$$

则 $\lambda-\bar{\lambda}=0$,即 $\lambda=\bar{\lambda}$,这说明 λ 为实数。

显然,当特征值 λ_i 为实数时,齐次线性方程组

$$(A-\lambda_{i}E)x=\mathbf{0}$$

是实系数方程组,则可取实的基础解系,所以对应的特征向量可以取实向量。

例 5.11 设 $A=\begin{pmatrix}\frac{3}{2}&-\frac{1}{2}&0\\-\frac{1}{2}&\frac{3}{2}&0\\0&0&3\end{pmatrix}$,求 A 的特征值和特征向量。

解 由

$$|A-\lambda E|=\begin{vmatrix}\frac{3}{2}-\lambda&-\frac{1}{2}&0\\-\frac{1}{2}&\frac{3}{2}-\lambda&0\\0&0&3-\lambda\end{vmatrix}=(1-\lambda)(2-\lambda)(3-\lambda)=0$$

得 A 的特征值为 $\lambda_1=1,\lambda_2=2,\lambda_3=3$。通过计算可得,对应 $\lambda_1=1$ 的特征向量为 $p_1=\begin{pmatrix}1\\1\\0\end{pmatrix}$;对应 $\lambda_2=2$ 的特征向量为 $p_2=\begin{pmatrix}-1\\1\\0\end{pmatrix}$;对应 $\lambda_3=3$ 的特征向量为 $p_3=\begin{pmatrix}0\\0\\1\end{pmatrix}$。

由上例我们可发现,3 个特征向量 x_1,x_2,x_3 相互正交,一般情形下,我们有如下结论:

定理 5.9 实对称矩阵的对应于不同特征值的特征向量是正交的。

证 设 A 为 n 阶实对称矩阵,p_1,p_2 分别是 A 的对应于不同特征值 λ_1,λ_2 的特征向量。于是 $Ap_1=\lambda_1p_1,Ap_2=\lambda_2p_2$,所以

$$\lambda_1p_1^{T}p_2=(\lambda_1p_1)^{T}p_2=(Ap_1)^{T}p_2=p_1^{T}A^{T}p_2=p_1^{T}Ap_2=p_1^{T}(\lambda_2p_2)=\lambda_2p_1^{T}p_2,$$

故 $(\lambda_1-\lambda_2)p_1^{T}p_2=0$。由于 $\lambda_1\neq\lambda_2$,所以 $p_1^{T}p_2=0$,即 p_1 与 p_2 正交。

定理 5.10　设 $\boldsymbol{A}$ 为 n 阶实对称矩阵，λ 是 $\boldsymbol{A}$ 的 k 重特征值，则 $R(\lambda\boldsymbol{E}-\boldsymbol{A})=n-k$，从而 $\boldsymbol{A}$ 的对应于特征值 λ 的线性无关的特征向量的个数恰好等于 k。

此定理不予证明。实际上对实对称矩阵，更有如下重要结论：

定理 5.11　设 $\boldsymbol{A}$ 为 n 阶实对称矩阵，则必存在正交矩阵 $\boldsymbol{Q}$，使得

$$\boldsymbol{Q}^{-1}\boldsymbol{A}\boldsymbol{Q}=\boldsymbol{Q}^{\mathrm{T}}\boldsymbol{A}\boldsymbol{Q}=\boldsymbol{\Lambda}=\begin{pmatrix}\lambda_1 & & & \\ & \lambda_2 & & \\ & & \ddots & \\ & & & \lambda_n\end{pmatrix},$$

其中 $\lambda_1,\lambda_2,\cdots,\lambda_n$ 是 $\boldsymbol{A}$ 的特征值。

上述定理说明：实对称矩阵一定可以相似对角化。相似对角化的具体步骤分情形介绍如下：

情形 1　当实对称阵 $\boldsymbol{A}$ 的特征多项式没有重根时，设 $\boldsymbol{A}$ 的 n 个不同的特征值为 $\lambda_1,\lambda_2,\cdots,\lambda_n$。

第一步，由 $(\boldsymbol{A}-\lambda_i\boldsymbol{E})\boldsymbol{x}=\boldsymbol{0}$ 求出每个特征值 λ_i 所对应的特征向量 $\boldsymbol{p}_i(i=1,2,\cdots,n)$；

第二步，将 $\boldsymbol{p}_i$ 单位化得 $\dfrac{\boldsymbol{p}_i}{\|\boldsymbol{p}_i\|}(i=1,2,\cdots,n)$；

第三步，令 $\boldsymbol{Q}=\left(\dfrac{\boldsymbol{p}_1}{\|\boldsymbol{p}_1\|},\dfrac{\boldsymbol{p}_2}{\|\boldsymbol{p}_2\|},\cdots,\dfrac{\boldsymbol{p}_n}{\|\boldsymbol{p}_n\|}\right)$，则 $\boldsymbol{Q}$ 为正交矩阵，

$$\boldsymbol{Q}^{-1}\boldsymbol{A}\boldsymbol{Q}=\begin{pmatrix}\lambda_1 & & & \\ & \lambda_2 & & \\ & & \ddots & \\ & & & \lambda_n\end{pmatrix}。$$

情形 2　当实对称阵 $\boldsymbol{A}$ 的特征多项式有重根时，设特征值为 $\lambda_1,\lambda_2,\cdots,\lambda_s$，其重数分别为 $k_1,k_2,\cdots,k_s(k_1+k_2+\cdots+k_s=n)$。

第一步，由 $(\boldsymbol{A}-\lambda_i\boldsymbol{E})\boldsymbol{x}=\boldsymbol{0}$ 求出每个特征值 λ_i 所对应的线性无关特征向量 $\boldsymbol{p}_{i1},\boldsymbol{p}_{i2},\cdots,\boldsymbol{p}_{ik_i}(i=1,2,\cdots,s)$；

第二步，利用施密特正交化方法将每个特征值 λ_i 所对应的线性无关特征向量组 $\boldsymbol{p}_{i1},\boldsymbol{p}_{i2},\cdots,\boldsymbol{p}_{ik_i}$ 正交化，得到 $\boldsymbol{p}'_{i1},\boldsymbol{p}'_{i2},\cdots,\boldsymbol{p}'_{ik_i}$，然后再单位化得到

$$\frac{\boldsymbol{p}'_{i1}}{\|\boldsymbol{p}'_{i1}\|},\frac{\boldsymbol{p}'_{i2}}{\|\boldsymbol{p}'_{i2}\|},\cdots,\frac{\boldsymbol{p}'_{ik_i}}{\|\boldsymbol{p}'_{ik_i}\|};$$

第三步：令

$$\boldsymbol{Q}=\left(\frac{\boldsymbol{p}'_{11}}{\|\boldsymbol{p}'_{11}\|},\frac{\boldsymbol{p}'_{12}}{\|\boldsymbol{p}'_{12}\|},\cdots,\frac{\boldsymbol{p}'_{1k_1}}{\|\boldsymbol{p}'_{1k_1}\|},\cdots,\frac{\boldsymbol{p}'_{s1}}{\|\boldsymbol{p}'_{s1}\|},\frac{\boldsymbol{p}'_{s2}}{\|\boldsymbol{p}'_{s2}\|},\cdots,\frac{\boldsymbol{p}'_{sk_s}}{\|\boldsymbol{p}'_{sk_s}\|}\right),$$

则 $\boldsymbol{Q}$ 为正交矩阵，且

$$Q^{-1}AQ=\begin{pmatrix}\lambda_1 & & & & & & \\ & \ddots & & & & & \\ & & \lambda_1 & & & & \\ & & & \ddots & & & \\ & & & & \lambda_s & & \\ & & & & & \ddots & \\ & & & & & & \lambda_s\end{pmatrix}。$$

例 5.12 设

$$A=\begin{pmatrix}\frac{3}{2} & -\frac{1}{2} & 0\\ -\frac{1}{2} & \frac{3}{2} & 0\\ 0 & 0 & 3\end{pmatrix},$$

求正交矩阵 Q,使 $Q^{-1}AQ$ 为对角矩阵。

解 将例 5.11 中得到的 3 个特征向量单位化,得

$$e_1=\begin{pmatrix}\frac{1}{\sqrt{2}}\\ \frac{1}{\sqrt{2}}\\ 0\end{pmatrix},e_2=\begin{pmatrix}-\frac{1}{\sqrt{2}}\\ \frac{1}{\sqrt{2}}\\ 0\end{pmatrix},e_3=\begin{pmatrix}0\\0\\1\end{pmatrix}。$$

令 $Q=(e_1,e_2,e_3)$,则有 $Q^{-1}AQ=\begin{pmatrix}1 & & \\ & 2 & \\ & & 3\end{pmatrix}$。

请注意,这里正交矩阵 Q 不是唯一的,在上例中,取 $Q=(e_3,e_1,e_2)$,则有

$$Q^{-1}AQ=\begin{pmatrix}3 & & \\ & 1 & \\ & & 2\end{pmatrix}。$$

例 5.13 设 $A=\begin{pmatrix}1 & 2 & 2\\ 2 & 1 & 2\\ 2 & 2 & 1\end{pmatrix}$ 同例 5.9(2),求正交矩阵 Q,使 $Q^{-1}AQ$ 为对角矩阵。

解 例 5.9(2) 中得到的 $\lambda_1=\lambda_2=-1$ 所对应的特征向量为

$$p_1=\begin{pmatrix}-1\\1\\0\end{pmatrix},p_2=\begin{pmatrix}-1\\0\\1\end{pmatrix},$$

将其正交化得 $\boldsymbol{p}'_1=\begin{pmatrix}-1\\1\\0\end{pmatrix}$，$\boldsymbol{p}'_2=\begin{pmatrix}-\frac{1}{2}\\-\frac{1}{2}\\1\end{pmatrix}$，再单位化得 $\boldsymbol{e}_1=\frac{1}{\sqrt{2}}\begin{pmatrix}-1\\1\\0\end{pmatrix}$，$\boldsymbol{e}_2=\frac{1}{\sqrt{6}}\begin{pmatrix}-1\\-1\\2\end{pmatrix}$，

将 $\lambda_3=5$ 所对应的特征向量 $\boldsymbol{p}_3=\begin{pmatrix}1\\1\\1\end{pmatrix}$ 单位化得 $\boldsymbol{e}_3=\frac{1}{\sqrt{3}}\begin{pmatrix}1\\1\\1\end{pmatrix}$。

令 $\boldsymbol{Q}=(\boldsymbol{e}_1,\boldsymbol{e}_2,\boldsymbol{e}_3)$，则有 $\boldsymbol{Q}^{-1}\boldsymbol{AQ}=\begin{pmatrix}-1&&\\&-1&\\&&5\end{pmatrix}$。

5.5　二次型及其标准形

在解析几何中，为了便于研究二次曲线

$$ax^2+bxy+cy^2=1 \tag{5-5}$$

的几何性质，常选择适当的坐标变换

$$\begin{cases}x=x'\cos\theta-y'\sin\theta,\\y=x'\sin\theta+y'\cos\theta\end{cases}$$

把方程(5-5)化为标准形

$$mx'^2+ny'^2=1。$$

(5-5)式的左边是一个二次齐次多项式，从代数学的观点看，化标准形的过程就是通过变量的线性变换化简一个二次齐次多项式，使它只含平方项。这样一类问题，在许多理论和实际应用中经常遇到。现在我们把这类问题一般化，讨论 n 个变量的二次齐次多项式通过线性变换化为标准形的问题。

5.5.1　二次型及其矩阵表示

定义 5.11　含有 n 个变量 $x_1,x_2,\cdots,x_n$ 的二次齐次多项式

$$\begin{aligned}f(x_1,x_2,\cdots,x_n)=&a_{11}x_1^2+2a_{12}x_1x_2+\cdots+2a_{1n}x_1x_n+a_{22}x_2^2\\&+2a_{23}x_2x_3+\cdots+2a_{2n}x_2x_n+\cdots+a_{nn}x_n^2\end{aligned} \tag{5-6}$$

称为 n 元二次型，简称**二次型**。当 a_{ij} 为复数时，f 称为**复二次型**；当 a_{ij} 为实数时，f 称为**实二次型**。本章只讨论实二次型。

令 $a_{ij}=a_{ji}(i<j)$，则 $2a_{ij}x_ix_j=a_{ij}x_ix_j+a_{ji}x_jx_i$，于是(5-6)式可写成

$$\begin{aligned}f(x_1,x_2,\cdots,x_n)=&a_{11}x_1^2+a_{12}x_1x_2+\cdots+a_{1n}x_1x_n\\&+a_{21}x_2x_1+a_{22}x_2^2\cdots+a_{2n}x_2x_n\\&+\cdots+a_{n1}x_nx_1+a_{n2}x_nx_2+\cdots+a_{nn}x_n^2\\=&\sum_{i=1}^{n}\sum_{j=1}^{n}a_{ij}x_ix_j。\end{aligned} \tag{5-7}$$

为了便于讨论，我们将二次型写成矩阵形式。由(5-7) 式有

$$\begin{aligned} f(x_1,x_2,\cdots,x_n) &= x_1(a_{11}x_1+a_{12}x_2+\cdots+a_{1n}x_n) \\ &\quad + x_2(a_{21}x_1+a_{22}x_2+\cdots+a_{2n}x_n) \\ &\quad + \cdots + x_n(a_{n1}x_1+a_{n2}x_2+\cdots+a_{nn}x_n) \\ &= (x_1,x_2,\cdots,x_n)\begin{pmatrix} a_{11} & a_{12} & \cdots & a_{1n} \\ a_{21} & a_{22} & \cdots & a_{2n} \\ \vdots & \vdots & & \vdots \\ a_{n1} & a_{n2} & \cdots & a_{nn} \end{pmatrix}\begin{pmatrix} x_1 \\ x_2 \\ \vdots \\ x_n \end{pmatrix}。\end{aligned}$$

记

$$\boldsymbol{A} = \begin{pmatrix} a_{11} & a_{12} & \cdots & a_{1n} \\ a_{21} & a_{22} & \cdots & a_{2n} \\ \vdots & \vdots & & \vdots \\ a_{n1} & a_{n2} & \cdots & a_{nn} \end{pmatrix}, \boldsymbol{x} = \begin{pmatrix} x_1 \\ x_2 \\ \vdots \\ x_n \end{pmatrix},$$

则二次型可记为

$$f = \boldsymbol{x}^{\mathrm{T}}\boldsymbol{A}\boldsymbol{x},$$

这里 $\boldsymbol{A}$ 为实对称矩阵。

由以上讨论可知，给定一个二次型，就唯一地确定一个实对称矩阵 $\boldsymbol{A}$；反之，任给一个实对称矩阵，也可以唯一地确定一个二次型。这样，二次型与实对称矩阵之间存在一一对应的关系。因此，我们将实对称矩阵 $\boldsymbol{A}$ 叫作二次型 f 的矩阵，也把 f 叫作实对称矩阵 $\boldsymbol{A}$ 的二次型。实对称矩阵 $\boldsymbol{A}$ 的秩称为二次型 f 的秩。

例 5.14 把下面的二次型写成矩阵形式：

(1) $f(x_1,x_2,x_3) = x_1^2 + 4x_1x_2 + 2x_1x_3 + 3x_3^2$；

(2) $f(x_1,x_2,x_3) = x_1x_2 + x_1x_3 + 2x_2^2 - 3x_2x_3$。

解 (1) $f(x_1,x_2,x_3) = (x_1,x_2,x_3)\begin{pmatrix} 1 & 2 & 1 \\ 2 & 0 & 0 \\ 1 & 0 & 3 \end{pmatrix}\begin{pmatrix} x_1 \\ x_2 \\ x_3 \end{pmatrix} = \boldsymbol{x}^{\mathrm{T}}\boldsymbol{A}\boldsymbol{x}$，

二次型的矩阵为

$$\boldsymbol{A} = \begin{pmatrix} 1 & 2 & 1 \\ 2 & 0 & 0 \\ 1 & 0 & 3 \end{pmatrix}。$$

(2) $f(x_1,x_2,x_3) = (x_1,x_2,x_3)\begin{pmatrix} 0 & \frac{1}{2} & \frac{1}{2} \\ \frac{1}{2} & 2 & -\frac{3}{2} \\ \frac{1}{2} & -\frac{3}{2} & 0 \end{pmatrix}\begin{pmatrix} x_1 \\ x_2 \\ x_3 \end{pmatrix} = \boldsymbol{x}^{\mathrm{T}}\boldsymbol{A}\boldsymbol{x}$，

二次型的矩阵为

$$A=\begin{pmatrix}0 & \frac{1}{2} & \frac{1}{2}\\ \frac{1}{2} & 2 & -\frac{3}{2}\\ \frac{1}{2} & -\frac{3}{2} & 0\end{pmatrix}。$$

5.5.2　矩阵的合同

定义 5.12　设 $x_1,x_2,\cdots,x_n$ 和 $y_1,y_2,\cdots,y_n$ 为两组变量,关系式

$$\begin{cases}x_1=c_{11}y_1+c_{12}y_2+\cdots+c_{1n}y_n,\\ x_2=c_{21}y_1+c_{22}y_2+\cdots+c_{2n}y_n,\\ \cdots\cdots\cdots\cdots\\ x_n=c_{n1}y_1+c_{n2}y_2+\cdots+c_{nn}y_n\end{cases} \tag{5-8}$$

称为由变量 $x_1,x_2,\cdots,x_n$ 到变量 $y_1,y_2,\cdots,y_n$ 的一个**线性变换**,并简记为 $\boldsymbol{x}=\boldsymbol{C}\boldsymbol{y}$,其中

$$\boldsymbol{C}=\begin{pmatrix}c_{11} & c_{12} & \cdots & c_{1n}\\ c_{21} & c_{22} & \cdots & c_{2n}\\ \vdots & \vdots & & \vdots\\ c_{n1} & c_{n2} & \cdots & c_{nn}\end{pmatrix}$$

称为线性变换的系数矩阵。若 $\boldsymbol{C}$ 可逆,则称**线性变换 $\boldsymbol{x}=\boldsymbol{C}\boldsymbol{y}$ 是可逆的**或者**非退化的**(**非奇异的**)。若 $\boldsymbol{C}$ 是正交矩阵,则称 $\boldsymbol{x}=\boldsymbol{C}\boldsymbol{y}$ 为**正交线性变换**,简称**正交变换**。

设 $\boldsymbol{x}=(x_1,x_2,\cdots,x_n)^{\mathrm{T}}$,$\boldsymbol{y}=(y_1,y_2,\cdots,y_n)^{\mathrm{T}}$,则(5-8)式可以写成以下矩阵形式

$$\boldsymbol{x}=\boldsymbol{C}\boldsymbol{y}。$$

当 $|\boldsymbol{C}|\neq 0$ 时,有

$$\boldsymbol{y}=\boldsymbol{C}^{-1}\boldsymbol{x}。$$

二次型 $f=\boldsymbol{x}^{\mathrm{T}}\boldsymbol{A}\boldsymbol{x}$ 经可逆的线性变换 $\boldsymbol{x}=\boldsymbol{C}\boldsymbol{y}$ 后,变为

$$f=\boldsymbol{x}^{\mathrm{T}}\boldsymbol{A}\boldsymbol{x}=(\boldsymbol{C}\boldsymbol{y})^{\mathrm{T}}\boldsymbol{A}(\boldsymbol{C}\boldsymbol{y})=\boldsymbol{y}^{\mathrm{T}}(\boldsymbol{C}^{\mathrm{T}}\boldsymbol{A}\boldsymbol{C})\boldsymbol{y}=\boldsymbol{y}^{\mathrm{T}}\boldsymbol{B}\boldsymbol{y},$$

其中 $\boldsymbol{B}=\boldsymbol{C}^{\mathrm{T}}\boldsymbol{A}\boldsymbol{C}$,且 $\boldsymbol{B}^{\mathrm{T}}=(\boldsymbol{C}^{\mathrm{T}}\boldsymbol{A}\boldsymbol{C})^{\mathrm{T}}=\boldsymbol{C}^{\mathrm{T}}\boldsymbol{A}^{\mathrm{T}}(\boldsymbol{C}^{\mathrm{T}})^{\mathrm{T}}=\boldsymbol{C}^{\mathrm{T}}\boldsymbol{A}\boldsymbol{C}=\boldsymbol{B}$,因此 $\boldsymbol{y}^{\mathrm{T}}\boldsymbol{B}\boldsymbol{y}$ 是变量 y_1,$y_2,\cdots,y_n$ 的二次型。

定义 5.13　设 $\boldsymbol{A}$,$\boldsymbol{B}$ 为 n 阶方阵,若存在 n 阶可逆矩阵 $\boldsymbol{C}$,使

$$\boldsymbol{C}^{\mathrm{T}}\boldsymbol{A}\boldsymbol{C}=\boldsymbol{B},$$

则称 $\boldsymbol{A}$ 与 $\boldsymbol{B}$ 合同,记作 $\boldsymbol{A}\simeq\boldsymbol{B}$。

不难证明,矩阵之间的合同关系是一个等价关系,具有下面的性质:

(1) 自反性:$\boldsymbol{A}\simeq\boldsymbol{A}$;

(2) 对称性:若 $\boldsymbol{A}\simeq\boldsymbol{B}$,则 $\boldsymbol{B}\simeq\boldsymbol{A}$;

(3) 传递性:若 $\boldsymbol{A}\simeq\boldsymbol{B}$,$\boldsymbol{B}\simeq\boldsymbol{C}$,则 $\boldsymbol{A}\simeq\boldsymbol{C}$。

当 $\boldsymbol{A}$ 与 $\boldsymbol{B}$ 合同时，$R(\boldsymbol{B})=R(\boldsymbol{C}^{\mathrm{T}}\boldsymbol{A}\boldsymbol{C})=R(\boldsymbol{A})$，即合同矩阵有相同的秩。

值得注意的是，矩阵之间的合同关系与相似关系是两种不同的关系。

例 5.15 设

$$\boldsymbol{A}=\begin{pmatrix}1&0\\0&1\end{pmatrix},\boldsymbol{B}=\begin{pmatrix}1&0\\0&4\end{pmatrix},$$

则存在可逆矩阵

$$\boldsymbol{C}=\begin{pmatrix}1&0\\0&2\end{pmatrix}$$

使得

$$\boldsymbol{B}=\boldsymbol{C}^{\mathrm{T}}\boldsymbol{A}\boldsymbol{C},$$

即 $\boldsymbol{A}$ 与 $\boldsymbol{B}$ 是合同的，但它们的特征值不同，因此 $\boldsymbol{A}$ 与 $\boldsymbol{B}$ 不相似。

易见，经过可逆线性变换 $\boldsymbol{x}=\boldsymbol{C}\boldsymbol{y}$ 后，二次型 $f(x_1,x_2,\cdots,x_n)=\boldsymbol{x}^{\mathrm{T}}\boldsymbol{A}\boldsymbol{x}$ 化为新的二次型，原二次型的矩阵 $\boldsymbol{A}$ 变为与 $\boldsymbol{A}$ 合同的矩阵 $\boldsymbol{C}^{\mathrm{T}}\boldsymbol{A}\boldsymbol{C}$，且二次型的秩不变。

5.5.3 二次型的标准形与规范形

如果二次型 $f(x_1,x_2,\cdots,x_n)=\boldsymbol{x}^{\mathrm{T}}\boldsymbol{A}\boldsymbol{x}$ 经可逆的线性变换 $\boldsymbol{x}=\boldsymbol{C}\boldsymbol{y}$ 后可化为只含平方项的形式

$$f=\lambda_1y_1^2+\lambda_2y_2^2+\cdots+\lambda_ny_n^2,$$

那么称上式为二次型 f 的一个**标准形**。当标准形的系数 $\lambda_1,\lambda_2,\cdots,\lambda_n$ 只取 $1,-1,0$ 这三个数时，称形如

$$f=y_1^2+\cdots+y_p^2-y_{p+1}^2-\cdots-y_r^2$$

的二次型为二次型 f 的**规范形**。

用矩阵的语言来讲，将二次型 $f=\boldsymbol{x}^{\mathrm{T}}\boldsymbol{A}\boldsymbol{x}$ 化为标准形就是找可逆矩阵 $\boldsymbol{C}$，使得

$$\boldsymbol{C}^{\mathrm{T}}\boldsymbol{A}\boldsymbol{C}=\begin{pmatrix}\lambda_1&&&\\&\lambda_2&&\\&&\ddots&\\&&&\lambda_n\end{pmatrix}。$$

由定理 5.11 知，对任意的实对称矩阵 $\boldsymbol{A}$，总有正交矩阵 $\boldsymbol{C}$，使得 $\boldsymbol{C}^{-1}\boldsymbol{A}\boldsymbol{C}=\boldsymbol{C}^{\mathrm{T}}\boldsymbol{A}\boldsymbol{C}=\boldsymbol{\Lambda}$，其中对角矩阵 $\boldsymbol{\Lambda}$ 主对角线上的元素为 $\boldsymbol{A}$ 的特征值。把此结论应用于二次型，即有如下定理：

定理 5.12 对任意一个二次型 $f(x_1,x_2,\cdots,x_n)=\boldsymbol{x}^{\mathrm{T}}\boldsymbol{A}\boldsymbol{x}$，总有正交变换 $\boldsymbol{x}=\boldsymbol{C}\boldsymbol{y}$，能将 f 化为标准形 $f=\lambda_1y_1^2+\lambda_2y_2^2+\cdots+\lambda_ny_n^2$，其中 $\lambda_1,\lambda_2,\cdots,\lambda_n$ 是矩阵 $\boldsymbol{A}$ 的 n 个特征值。

推论 5.2 任给二次型 $f(x_1,x_2,\cdots,x_n)=\boldsymbol{x}^{\mathrm{T}}\boldsymbol{A}\boldsymbol{x}$，总有正交变换，能将 f 化为规范形。

证 由定理 5.12 知，总有正交变换 $\boldsymbol{x}=\boldsymbol{C}\boldsymbol{y}$，使 f 化为标准形。设二次型的秩为 r，因

任何可逆变换不改变二次型的秩，所以其标准形中有且仅有 r 个平方项的系数非零。再经过一次可逆变换，可以适当排列变量的次序，把系数为正的排在前面，将其化为如下形式：

$$f=d_1y_1^2+d_2y_2^2+\cdots+d_py_p^2-d_{p+1}y_{p+1}^2-\cdots-d_ry_r^2,$$

其中 $d_i>0(i=1,2,\cdots,r)$，r 为二次型的秩。再作可逆线性变换

$$\begin{cases}z_1=\sqrt{d_1}y_1,\\ \qquad\vdots\\ z_r=\sqrt{d_r}y_r,\\ z_{r+1}=y_{r+1},\\ \qquad\vdots\\ z_n=y_n,\end{cases}\quad\text{即}\begin{cases}y_1=\dfrac{1}{\sqrt{d_1}}z_1,\\ \qquad\vdots\\ y_r=\dfrac{1}{\sqrt{d_r}}z_r,\\ y_{r+1}=z_{r+1},\\ \qquad\vdots\\ y_n=z_n,\end{cases}$$

则标准形可进一步化为规范形

$$f=z_1^2+\cdots+z_p^2-z_{p+1}^2-\cdots-z_r^2。$$

下面给出用正交变换法化二次型为标准形的一个例子。

例 5.16　用正交变换将二次型

$$f=x_1^2+x_2^2-x_3^2+2x_1x_2+2x_1x_3-2x_2x_3$$

化为标准形。

解　二次型的矩阵为

$$\boldsymbol{A}=\begin{pmatrix}1&1&1\\1&1&-1\\1&-1&-1\end{pmatrix}。$$

由

$$|\boldsymbol{A}-\lambda\boldsymbol{E}|=\begin{vmatrix}1-\lambda&1&1\\1&1-\lambda&-1\\1&-1&-1-\lambda\end{vmatrix}=(1-\lambda)(2-\lambda)(-2-\lambda)$$

得 $\boldsymbol{A}$ 的特征值为 $\lambda_1=-2,\lambda_2=1,\lambda_3=2$。

对 $\lambda_1=-2$，解齐次线性方程组 $(\boldsymbol{A}+2\boldsymbol{E})\boldsymbol{x}=\boldsymbol{0}$，得特征向量 $\boldsymbol{p}_1=(-1,1,2)^{\mathrm{T}}$，单位化得 $\boldsymbol{e}_1=\left(-\frac{1}{\sqrt{6}},\frac{1}{\sqrt{6}},\frac{2}{\sqrt{6}}\right)^{\mathrm{T}}$。类似地，求得 $\lambda_2=1,\lambda_3=2$ 的单位特征向量分别为

$$\boldsymbol{e}_2=\left(\frac{1}{\sqrt{3}},-\frac{1}{\sqrt{3}},\frac{1}{\sqrt{3}}\right)^{\mathrm{T}},\boldsymbol{e}_3=\left(\frac{1}{\sqrt{2}},-\frac{1}{\sqrt{2}},0\right)^{\mathrm{T}}。$$

因为特征值互异，故 $\boldsymbol{e}_1,\boldsymbol{e}_2,\boldsymbol{e}_3$ 两两正交，构造正交矩阵

$$C=(e_1,e_2,e_3)=\begin{pmatrix}-\frac{1}{\sqrt{6}} & \frac{1}{\sqrt{3}} & \frac{1}{\sqrt{2}}\\ \frac{1}{\sqrt{6}} & -\frac{1}{\sqrt{3}} & \frac{1}{\sqrt{2}}\\ \frac{2}{\sqrt{6}} & \frac{1}{\sqrt{3}} & 0\end{pmatrix},$$

则有

$$C^{\mathrm{T}}AC=\Lambda=\begin{pmatrix}-2 & & \\ & 1 & \\ & & 2\end{pmatrix},$$

即正交变换 $x=Cy$，也就是

$$\begin{cases}x_1=-\frac{1}{\sqrt{6}}y_1+\frac{1}{\sqrt{3}}y_2+\frac{1}{\sqrt{2}}y_3,\\ x_2=\frac{1}{\sqrt{6}}y_1-\frac{1}{\sqrt{3}}y_2+\frac{1}{\sqrt{2}}y_3,\\ x_3=\frac{2}{\sqrt{6}}y_1+\frac{1}{\sqrt{3}}y_2,\end{cases}$$

将二次型 f 化为标准形得

$$f=-2y_1^2+y_2^2+2y_3^2。$$

进一步作可逆线性变换 $\begin{cases}y_1=\frac{z_1}{\sqrt{2}},\\ y_2=z_2,\\ y_3=\frac{z_3}{\sqrt{2}},\end{cases}$ 可将 f 化为规范形 $f=-z_1^2+z_2^2+z_3^2$。

*5.6 用配方法化二次型为标准形

拉格朗日配方法可将二次型化为标准形，下面举例说明该方法。

例 5.17 用配方法化二次型

$$f(x_1,x_2,x_3)=x_1^2+2x_2^2+5x_3^2+2x_1x_2+2x_1x_3+6x_2x_3$$

为标准形。

解 由于 $f(x_1,x_2,x_3)$ 中含 x_1^2 这一项，故先将含 x_1 的项合并起来，配成完全平方项，然后再对 x_2,x_3 进行配方，有

$$\begin{aligned}f(x_1,x_2,x_3)&=x_1^2+2(x_2+x_3)x_1+2x_2^2+6x_2x_3+5x_3^2\\&=(x_1+x_2+x_3)^2-(x_2+x_3)^2+2x_2^2+6x_2x_3+5x_3^2\\&=(x_1+x_2+x_3)^2+x_2^2+4x_3^2+4x_2x_3\\&=(x_1+x_2+x_3)^2+(x_2+2x_3)^2+0x_3^2。\end{aligned}$$

取非退化线性变换

$$\begin{cases} y_1 = x_1 + x_2 + x_3, \\ y_2 = x_2 + 2x_3, \\ y_3 = x_3, \end{cases}$$

即

$$\begin{cases} x_1 = y_1 - y_2 + y_3, \\ x_2 = y_2 - 2y_3, \\ x_3 = y_3, \end{cases}$$

令 $\boldsymbol{C} = \begin{pmatrix} 1 & -1 & 1 \\ 0 & 1 & -2 \\ 0 & 0 & 1 \end{pmatrix}$，则线性变换 $\boldsymbol{x} = \boldsymbol{C}\boldsymbol{y}$ 将二次型化为标准形

$$f(x_1, x_2, x_3) = y_1^2 + y_2^2。$$

例 5.18　用配方法将二次型

$$f(x_1, x_2, x_3) = x_1x_2 + 4x_1x_3 + x_2x_3$$

化为标准形。

解　由于 $f(x_1, x_2, x_3)$ 中不含平方项，故先用下列变换将 $f(x_1, x_2, x_3)$ 化为例 5.17 的形式，再配方。令

$$\begin{cases} x_1 = y_1 + y_2, \\ x_2 = y_1 - y_2, \\ x_3 = y_3, \end{cases}$$

从而

$$\begin{aligned} f(x_1, x_2, x_3) &= y_1^2 - y_2^2 + 4(y_1 + y_2)y_3 + (y_1 - y_2)y_3 \\ &= y_1^2 - y_2^2 + 5y_1y_3 + 3y_2y_3 \\ &= \left(y_1 + \frac{5}{2}y_3\right)^2 - \left(y_2 - \frac{3}{2}y_3\right)^2 - 4{y_3}^2, \end{aligned}$$

其中非退化线性变换为

$$\begin{cases} z_1 = y_1 + \dfrac{5}{2}y_3, \\ z_2 = y_2 - \dfrac{3}{2}y_3, \\ z_3 = y_3, \end{cases}$$

即

$$\begin{cases} y_1 = z_1 - \dfrac{5}{2}z_3, \\ y_2 = z_2 + \dfrac{3}{2}z_3, \\ y_3 = z_3, \end{cases}$$

从而

$$\begin{pmatrix}x_1\\x_2\\x_3\end{pmatrix}=\begin{pmatrix}1&1&0\\1&-1&0\\0&0&1\end{pmatrix}\begin{pmatrix}y_1\\y_2\\y_3\end{pmatrix}=\begin{pmatrix}1&1&0\\1&-1&0\\0&0&1\end{pmatrix}\begin{pmatrix}1&0&-\dfrac{5}{2}\\0&1&\dfrac{3}{2}\\0&0&1\end{pmatrix}\begin{pmatrix}z_1\\z_2\\z_3\end{pmatrix}$$

$$=\begin{pmatrix}1&1&-1\\1&-1&-4\\0&0&1\end{pmatrix}\begin{pmatrix}z_1\\z_2\\z_3\end{pmatrix}。$$

取 $\boldsymbol{C}=\begin{pmatrix}1&1&-1\\1&-1&-4\\0&0&1\end{pmatrix}$，则非退化线性变换 $\boldsymbol{x}=\boldsymbol{Cz}$ 将二次型化为标准形

$$f=z_1^2-z_2^2-4z_3^2。$$

5.7 正定二次型

二次型的标准形显然是不唯一的，采用不同的线性变换所得到的标准形可以是不同的，但标准形中所含项数是确定的，即等于二次型的秩。不仅如此，在限定变换为实变换时，标准形中正系数的个数是不变的，从而负系数的个数也不变。这一结果反映了二次型的一个重要的性质——**惯性定理**。

定理5.13 设有实二次型 $f=\boldsymbol{x}^{\mathrm{T}}\boldsymbol{Ax}$，它的秩为 r，若有两个可逆线性变换 $\boldsymbol{x}=\boldsymbol{C}_1\boldsymbol{y}$ 及 $\boldsymbol{x}=\boldsymbol{C}_2\boldsymbol{z}$，分别把二次型化为标准形

$$f=k_1y_1^2+k_2y_2^2+\cdots+k_ry_r^2\quad(k_i\neq0,i=1,\cdots,r)$$

及

$$f=d_1z_1^2+d_2z_2^2+\cdots+d_rz_r^2\quad(d_i\neq0,i=1,\cdots,r),$$

则 $k_1,k_2,\cdots,k_r$ 中正数的个数与 $d_1,d_2,\cdots,d_r$ 中正数的个数相同。

实二次型 $f(x_1,x_2,\cdots,x_n)$ 的标准形中，正系数的个数和负系数的个数是唯一确定的，与所作的线性变换无关。正系数的个数 p 称为此二次型的**正惯性指数**，系数为负的平方项的个数 $r-p$ 称为**负惯性指数**，这里 r 为二次型 f 的秩。

给定二次型 $f(x_1,x_2,\cdots,x_n)=\boldsymbol{x}^{\mathrm{T}}\boldsymbol{Ax}$（$\boldsymbol{A}$ 为对称矩阵），若对其作正交线性变换，得到的标准形 $\lambda_1y_1^2+\lambda_2y_2^2+\cdots+\lambda_ny_n^2$ 中平方项的系数是 $\boldsymbol{A}$ 的特征值，因此，f 的正惯性指数 p 实际上是矩阵 $\boldsymbol{A}$ 的正特征值的个数，而负惯性指数 $r-p$ 是矩阵 $\boldsymbol{A}$ 的负特征值的个数，这里，特征值的个数按重数计算。

设实二次型 f 的正惯性指数为 p，秩为 r，则 f 的规范形便可确定为

$$f=z_1^2+\cdots+z_p^2-z_{p+1}^2-\cdots-z_r^2。$$

任意一个实对称矩阵 $\boldsymbol{A}$ 都合同于一个形如

$$
\boldsymbol{\Lambda}=\begin{pmatrix}
1 & & & & & & & & \\
 & \ddots & & & & & & & \\
 & & 1 & & & & & & \\
 & & & -1 & & & & & \\
 & & & & \ddots & & & & \\
 & & & & & -1 & & & \\
 & & & & & & 0 & & \\
 & & & & & & & \ddots & \\
 & & & & & & & & 0
\end{pmatrix}
$$

的对角矩阵，其中，对角矩阵 $\boldsymbol{\Lambda}$ 的主对角线上元素 1 的个数 p 及元素 -1 的个数 $r-p$ 是唯一的，分别为 $\boldsymbol{A}$ 的正、负惯性指数。

定义 5.14　设有实二次型 $f(\boldsymbol{x})=\boldsymbol{x}^{\mathrm{T}}\boldsymbol{A}\boldsymbol{x}$，如果对任意非零向量 $\boldsymbol{x}$，都有 $f(\boldsymbol{x})>0$，则称 f 为**正定二次型**，并称矩阵 $\boldsymbol{A}$ 为**正定矩阵**；如果对任意非零向量 $\boldsymbol{x}$，都有 $f(\boldsymbol{x})<0$，则称 f 为**负定二次型**，并称矩阵 $\boldsymbol{A}$ 为**负定矩阵**。

例 5.19　判别下列二次型的正定性。

(1) $f_1(x_1,x_2,x_3)=3x_1^2+2x_2^2+5x_3^2$；　　(2) $f_2(x_1,x_2,x_3)=-x_1^2-2x_2^2-3x_3^2$。

解　(1) f_1 是系数全为正数的标准形。对任意非零向量 $\boldsymbol{x}=(x_1,x_2,x_3)^{\mathrm{T}}$，存在某个分量 x_i 不为 0，从而恒有 $f_1(x_1,x_2,x_3)=3x_1^2+2x_2^2+5x_3^2>0$，因此，$f_1$ 为正定二次型。

(2) f_2 是系数全为负数的标准形，对于任意非零向量 $\boldsymbol{x}$，恒有 $f_2(\boldsymbol{x})<0$，因此 f_2 是负定二次型。

例 5.20　设 $k>0$，$\boldsymbol{A}$ 为 $m\times n$ 矩阵，证明：$\boldsymbol{A}^{\mathrm{T}}\boldsymbol{A}+k\boldsymbol{E}$ 为正定矩阵。

证　记 $\boldsymbol{B}=\boldsymbol{A}^{\mathrm{T}}\boldsymbol{A}+k\boldsymbol{E}$，则 $\boldsymbol{B}^{\mathrm{T}}=(\boldsymbol{A}^{\mathrm{T}}\boldsymbol{A}+k\boldsymbol{E})^{\mathrm{T}}=\boldsymbol{A}^{\mathrm{T}}\boldsymbol{A}+k\boldsymbol{E}=\boldsymbol{B}$，所以 $\boldsymbol{B}$ 为对称矩阵。

又因为 $\boldsymbol{x}\neq\boldsymbol{0}$ 时，

$$\boldsymbol{x}^{\mathrm{T}}\boldsymbol{B}\boldsymbol{x}=\boldsymbol{x}^{\mathrm{T}}\boldsymbol{A}^{\mathrm{T}}\boldsymbol{A}\boldsymbol{x}+k\boldsymbol{x}^{\mathrm{T}}\boldsymbol{x}=\|\boldsymbol{A}\boldsymbol{x}\|^2+k\|\boldsymbol{x}\|^2,$$

且 $\|\boldsymbol{A}\boldsymbol{x}\|^2\geqslant 0$，$\|\boldsymbol{x}\|^2>0$，所以 $\boldsymbol{x}^{\mathrm{T}}\boldsymbol{B}\boldsymbol{x}>0$，即 $\boldsymbol{A}^{\mathrm{T}}\boldsymbol{A}+k\boldsymbol{E}$ 为正定矩阵。

下面讨论正定二次型，给出一般 n 元二次型 $f(x_1,x_2,\cdots,x_n)$ 正定的判别方法。

定理 5.14　对二次型作非退化线性变换，不改变其正定性。

证　对二次型 $f(\boldsymbol{x})=\boldsymbol{x}^{\mathrm{T}}\boldsymbol{A}\boldsymbol{x}$ 作非退化线性变换 $\boldsymbol{x}=\boldsymbol{C}\boldsymbol{y}$，则

$$f(\boldsymbol{x})=\boldsymbol{x}^{\mathrm{T}}\boldsymbol{A}\boldsymbol{x}=\boldsymbol{y}^{\mathrm{T}}\boldsymbol{C}^{\mathrm{T}}\boldsymbol{A}\boldsymbol{C}\boldsymbol{y}=\boldsymbol{y}^{\mathrm{T}}\boldsymbol{B}\boldsymbol{y}=g(\boldsymbol{y}),$$

其中 $\boldsymbol{B}=\boldsymbol{C}^{\mathrm{T}}\boldsymbol{A}\boldsymbol{C}$。由于 $\boldsymbol{C}$ 是可逆矩阵，则 $\boldsymbol{x}\neq\boldsymbol{0}\Leftrightarrow\boldsymbol{y}\neq\boldsymbol{0}$，于是 $f(\boldsymbol{x})$ 和 $g(\boldsymbol{y})$ 正定性相同。

由于任一实二次型都可以通过非退化线性变换化为标准形，因此有下面的定理：

定理 5.15　n 元实二次型正定的充分必要条件是其标准形中各平方项的系数全为正数，即它的规范形的 n 个系数全为 1，亦即它的正惯性指数等于 n。

证　设实二次型 $f(\boldsymbol{x})=\boldsymbol{x}^{\mathrm{T}}\boldsymbol{A}\boldsymbol{x}$ 经过非退化的线性变换 $\boldsymbol{x}=\boldsymbol{C}\boldsymbol{y}$ 化成标准形

$$g(\boldsymbol{y})=k_1y_1^2+\cdots+k_ny_n^2。$$

显然，只需证明 $g(\boldsymbol{y})$ 正定的充分必要条件是 $k_1,k_2,\cdots,k_n$ 全大于 0。

充分性显然成立，下证必要性，即 $g(\boldsymbol{y})$ 正定时必有 $k_1,k_2,\cdots,k_n$ 全大于 0。

取 $\boldsymbol{y}=(1,0,\cdots,0)^{\mathrm{T}}$，由 $g(\boldsymbol{y})$ 正定知

$$g(\boldsymbol{y})=k_1>0,$$

同理，$k_2>0,\cdots,k_n>0$。所以标准形中 n 个平方项的系数必须全大于 0。

注意到实二次型 $f=\boldsymbol{x}^{\mathrm{T}}\boldsymbol{A}\boldsymbol{x}$ 的正惯性指数等于矩阵 $\boldsymbol{A}$ 的正特征值的个数，根据定理 5.15 可得：

推论 5.3 n 元实二次型 $f=\boldsymbol{x}^{\mathrm{T}}\boldsymbol{A}\boldsymbol{x}$ 正定的充分必要条件是 $\boldsymbol{A}$ 的特征值全都为正数。

推论 5.4 正定矩阵的行列式大于 0。

推论 5.5 n 元实二次型 $f=\boldsymbol{x}^{\mathrm{T}}\boldsymbol{A}\boldsymbol{x}$ 正定的充分必要条件是 $\boldsymbol{A}$ 与 n 阶单位矩阵 $\boldsymbol{E}$ 合同，即存在 n 阶可逆矩阵 $\boldsymbol{C}$，使 $\boldsymbol{A}=\boldsymbol{C}^{\mathrm{T}}\boldsymbol{C}$。

例 5.21 设对称矩阵 $\boldsymbol{A}$ 正定，证明：$\boldsymbol{A}^{-1}$ 为正定矩阵。

证 首先 $(\boldsymbol{A}^{-1})^{\mathrm{T}}=(\boldsymbol{A}^{\mathrm{T}})^{-1}=\boldsymbol{A}^{-1}$，所以 $\boldsymbol{A}^{-1}$ 为对称矩阵。

方法 1 设 $\boldsymbol{A}$ 的特征值为 $\lambda_1,\lambda_2,\cdots,\lambda_n$。由 $\boldsymbol{A}$ 正定知 $\lambda_i>0(i=1,2,\cdots,n)$，因此 $\boldsymbol{A}^{-1}$ 的特征值 $\dfrac{1}{\lambda_1}>0,\dfrac{1}{\lambda_2}>0,\cdots,\dfrac{1}{\lambda_n}>0$，故 $\boldsymbol{A}^{-1}$ 正定。

方法 2 由 $\boldsymbol{A}$ 正定知，$\boldsymbol{A}$ 与单位矩阵合同，即存在可逆矩阵 $\boldsymbol{C}$，使得 $\boldsymbol{A}=\boldsymbol{C}^{\mathrm{T}}\boldsymbol{E}\boldsymbol{C}$。所以 $\boldsymbol{A}^{-1}=(\boldsymbol{C}^{\mathrm{T}}\boldsymbol{E}\boldsymbol{C})^{-1}=(\boldsymbol{C}^{-1})\boldsymbol{E}(\boldsymbol{C}^{-1})^{\mathrm{T}}$，故 $\boldsymbol{A}^{-1}$ 与单位矩阵合同，因此 $\boldsymbol{A}^{-1}$ 为正定矩阵。

从上述推论可知，判断实二次型 $f=\boldsymbol{x}^{\mathrm{T}}\boldsymbol{A}\boldsymbol{x}$ 是否为正定二次型的方法有很多，但在实际计算中，往往采用下面比较简洁直观的判别方法，在介绍此方法前，先引入顺序主子式的概念。

定义 5.15 设 $\boldsymbol{A}=(a_{ij})_{n\times n}$，$\boldsymbol{A}$ 的子式

$$|\boldsymbol{A}_k|=\begin{vmatrix} a_{11} & a_{12} & \cdots & a_{1k} \\ a_{21} & a_{22} & \cdots & a_{2k} \\ \vdots & \vdots & & \vdots \\ a_{k1} & a_{k2} & \cdots & a_{kk} \end{vmatrix}\quad(k=1,2,\cdots,n)$$

称为 $\boldsymbol{A}$ 的 k **阶顺序主子式**。

定理 5.16 n 元实二次型 $f=\boldsymbol{x}^{\mathrm{T}}\boldsymbol{A}\boldsymbol{x}$ 正定的充分必要条件是：$\boldsymbol{A}$ 的所有顺序主子式（n 个）都为正，即

$$a_{11}>0,\begin{vmatrix} a_{11} & a_{12} \\ a_{21} & a_{22} \end{vmatrix}>0,\cdots,\begin{vmatrix} a_{11} & \cdots & a_{1n} \\ \vdots & & \vdots \\ a_{n1} & \cdots & a_{nn} \end{vmatrix}>0。$$

这个定理称为**霍尔维茨（Hurwitz）定理**。这里不予证明。

例 5.22　判别下面二次型的正定性：

$$f = 5x_1^2 + x_2^2 + 5x_3^2 + 4x_1x_2 - 8x_1x_3 - 4x_2x_3。$$

解　二次型 f 的矩阵为

$$\boldsymbol{A} = \begin{pmatrix} 5 & 2 & -4 \\ 2 & 1 & -2 \\ -4 & -2 & 5 \end{pmatrix}。$$

$\boldsymbol{A}$ 的各阶顺序主子式

$$|\boldsymbol{A}_1| = 5 > 0,\ |\boldsymbol{A}_2| = \begin{vmatrix} 5 & 2 \\ 2 & 1 \end{vmatrix} = 1 > 0,\ |\boldsymbol{A}_3| = \begin{vmatrix} 5 & 2 & -4 \\ 2 & 1 & -2 \\ -4 & -2 & 5 \end{vmatrix} = 1 > 0,$$

所以 $\boldsymbol{A}$ 为正定矩阵,因此二次型 f 为正定二次型。

对于负定二次型,也有类似于上述正定二次型的结论。由于 $\boldsymbol{x} \neq \boldsymbol{0}$ 时,

$$\boldsymbol{x}^{\mathrm{T}}\boldsymbol{A}\boldsymbol{x} < 0 \Leftrightarrow \boldsymbol{x}^{\mathrm{T}}(-\boldsymbol{A})\boldsymbol{x} > 0,$$

由此我们得到负定二次型的判别方法：

定理 5.17　对于 n 元实二次型 $f = \boldsymbol{x}^{\mathrm{T}}\boldsymbol{A}\boldsymbol{x}$,下列命题等价：

(1)f 是负定的(或 $\boldsymbol{A}$ 是负定矩阵)；

(2)f 的标准形中 n 个平方项的系数全为负数；

(3)f 的负惯性指数等于 n；

(4)$\boldsymbol{A}$ 的所有特征值全小于零；

(5)$\boldsymbol{A}$ 与 $-\boldsymbol{E}$ 合同；

(6) 存在可逆矩阵 $\boldsymbol{C}$,使 $\boldsymbol{A} = -\boldsymbol{C}^{\mathrm{T}}\boldsymbol{C}$;

(7)$\boldsymbol{A}$ 的奇数阶主子式都为负,而偶数阶主子式都为正,即

$$(-1)^r \begin{vmatrix} a_{11} & \cdots & a_{1r} \\ \vdots & & \vdots \\ a_{r1} & \cdots & a_{rr} \end{vmatrix} > 0 (r = 1,2,\cdots,n)。$$

例 5.23　判断二次型 $f(x_1, x_2, x_3) = -5x_1^2 + 4x_1x_2 + 4x_1x_3 - 6x_2^2 - 4x_3^2$ 的正定性。

解　二次型 f 的矩阵为

$$\boldsymbol{A} = \begin{pmatrix} -5 & 2 & 2 \\ 2 & -6 & 0 \\ 2 & 0 & -4 \end{pmatrix}。$$

因为

$$|\boldsymbol{A}_1| = -5 < 0,\quad |\boldsymbol{A}_2| = \begin{vmatrix} -5 & 2 \\ 2 & -6 \end{vmatrix} = 26 > 0,\quad |\boldsymbol{A}_2| = -80 < 0,$$

所以 f 是负定二次型。

习 题 5

1. 求下列矩阵的特征值及特征向量：

(1) $\begin{pmatrix} 0 & 0 & 1 \\ 0 & 1 & 0 \\ 1 & 0 & 0 \end{pmatrix}$；　　(2) $\begin{pmatrix} 5 & 6 & -3 \\ -1 & 0 & 1 \\ 1 & 2 & 1 \end{pmatrix}$；

(3) $\begin{pmatrix} 1 & 1 & 1 & 1 \\ 1 & 1 & -1 & -1 \\ 1 & -1 & 1 & -1 \\ 1 & -1 & -1 & 1 \end{pmatrix}$；　　(4) $\begin{pmatrix} 2 & 3 & -1 & -4 \\ 0 & -1 & -2 & 1 \\ 0 & 1 & 2 & -2 \\ 0 & 1 & 1 & 2 \end{pmatrix}$。

2. 设 λ 为 n 阶可逆矩阵 $\boldsymbol{A}$ 的一个特征值，证明：

(1) $\dfrac{1}{\lambda}$ 为 $\boldsymbol{A}^{-1}$ 的特征值；

(2) $\dfrac{|\boldsymbol{A}|}{\lambda}$ 为 $\boldsymbol{A}$ 的伴随矩阵 $\boldsymbol{A}^*$ 的特征值。

3. 已知三阶矩阵 $\boldsymbol{A}$ 的特征值为 1,2,3，试求 $\boldsymbol{B}=\dfrac{1}{2}\boldsymbol{A}^*+3\boldsymbol{E}$ 的特征值。

4. 设 n 阶矩阵满足：$\boldsymbol{A}^2-3\boldsymbol{A}+2\boldsymbol{E}=\boldsymbol{O}$，证明：$\boldsymbol{A}$ 的特征值只能是 1 或 2。

5. 设 λ_1,λ_2 为 n 阶方阵 $\boldsymbol{A}$ 的特征值，且 $\lambda_1\neq\lambda_2$，而 $\boldsymbol{x}_1,\boldsymbol{x}_2$ 分别为对应的特征向量，证明：$\boldsymbol{x}_1+\boldsymbol{x}_2$ 不是 $\boldsymbol{A}$ 的特征向量。

6. (2003 年考研数学一) 设矩阵 $\boldsymbol{A}=\begin{pmatrix} 3 & 2 & 2 \\ 2 & 3 & 2 \\ 2 & 2 & 3 \end{pmatrix}$，$\boldsymbol{P}=\begin{pmatrix} 0 & 1 & 0 \\ 1 & 0 & 1 \\ 0 & 0 & 1 \end{pmatrix}$，$\boldsymbol{B}=\boldsymbol{P}^{-1}\boldsymbol{A}^*\boldsymbol{P}$，求 $\boldsymbol{B}+2\boldsymbol{E}$ 的特征值与特征向量，其中 $\boldsymbol{A}^*$ 为 $\boldsymbol{A}$ 的伴随矩阵，$\boldsymbol{E}$ 为三阶单位矩阵。

7. (2011 年考研数学一) 设 $\boldsymbol{A}$ 为三阶实对称矩阵，$\boldsymbol{A}$ 的秩为 2，且

$$\boldsymbol{A}\begin{pmatrix} 1 & 1 \\ 0 & 0 \\ -1 & 1 \end{pmatrix}=\begin{pmatrix} -1 & 1 \\ 0 & 0 \\ 1 & 1 \end{pmatrix}$$

(1) 求 $\boldsymbol{A}$ 的所有特征值与特征向量；

(2) 求矩阵 $\boldsymbol{A}$。

8. 设 $\boldsymbol{A}$ 与 $\boldsymbol{B}$ 都是 n 阶方阵，且 $|\boldsymbol{A}|\neq 0$，证明 $\boldsymbol{AB}$ 与 $\boldsymbol{BA}$ 相似。

9. (2014 年考研数学一) 证明：n 阶矩阵 $\begin{pmatrix} 1 & 1 & \cdots & 1 \\ 1 & 1 & \cdots & 1 \\ \vdots & \vdots & & \vdots \\ 1 & 1 & \cdots & 1 \end{pmatrix}$ 与 $\begin{pmatrix} 0 & 0 & \cdots & 1 \\ 0 & 0 & \cdots & 2 \\ \vdots & \vdots & & \vdots \\ 0 & 0 & \cdots & n \end{pmatrix}$ 相似。

10. 选择题：

(1)(2016年考研数学一)设$\boldsymbol{A},\boldsymbol{B}$是可逆矩阵，且$\boldsymbol{A}$与$\boldsymbol{B}$相似，则下列结论错误的是(　　)；

(A)$\boldsymbol{A}^{\mathrm{T}}$与$\boldsymbol{B}^{\mathrm{T}}$相似　　(B)$\boldsymbol{A}^{-1}$与$\boldsymbol{B}^{-1}$相似

(C)$\boldsymbol{A}+\boldsymbol{A}^{\mathrm{T}}$与$\boldsymbol{B}+\boldsymbol{B}^{\mathrm{T}}$相似　　(D)$\boldsymbol{A}+\boldsymbol{A}^{-1}$与$\boldsymbol{B}+\boldsymbol{B}^{-1}$相似

(2)(2020年考研数学二)设$\boldsymbol{A}$为三阶方阵，$\boldsymbol{\alpha}_1,\boldsymbol{\alpha}_2$是$\boldsymbol{A}$的属于特征值1的线性无关的特征向量，$\boldsymbol{\alpha}_3$是$\boldsymbol{A}$的属于特征值$-1$的特征向量，则满足$\boldsymbol{P}^{-1}\boldsymbol{A}\boldsymbol{P}=\begin{pmatrix}1&0&0\\0&-1&0\\0&0&1\end{pmatrix}$的可逆矩阵$\boldsymbol{P}$可为(　　)。

(A)$(\boldsymbol{\alpha}_1+\boldsymbol{\alpha}_3,\boldsymbol{\alpha}_2,-\boldsymbol{\alpha}_3)$　　(B)$(\boldsymbol{\alpha}_1+\boldsymbol{\alpha}_2,\boldsymbol{\alpha}_2,-\boldsymbol{\alpha}_3)$

(C)$(\boldsymbol{\alpha}_1+\boldsymbol{\alpha}_3,-\boldsymbol{\alpha}_3,\boldsymbol{\alpha}_2)$　　(D)$(\boldsymbol{\alpha}_1+\boldsymbol{\alpha}_2,-\boldsymbol{\alpha}_3,\boldsymbol{\alpha}_2)$

11. (2021年考研数学二)设矩阵$\boldsymbol{A}=\begin{pmatrix}2&1&0\\1&2&0\\1&a&b\end{pmatrix}$仅有两个不同的特征值，若$\boldsymbol{A}$相似于对角矩阵，求$a,b$的值，并求可逆矩阵$\boldsymbol{P}$，使得$\boldsymbol{P}^{-1}\boldsymbol{A}\boldsymbol{P}$为对角矩阵。

12. (2016年考研数学一)已知矩阵$\boldsymbol{A}=\begin{pmatrix}0&-1&1\\2&-3&0\\0&0&0\end{pmatrix}$。

(1) 求$\boldsymbol{A}^{99}$；

(2) 设三阶矩阵$\boldsymbol{B}=(\boldsymbol{\alpha}_1,\boldsymbol{\alpha}_2,\boldsymbol{\alpha}_3)$满足$\boldsymbol{B}^2=\boldsymbol{B}\boldsymbol{A}$。记$\boldsymbol{B}^{100}=(\boldsymbol{\beta}_1,\boldsymbol{\beta}_2,\boldsymbol{\beta}_3)$，将$\boldsymbol{\beta}_1,\boldsymbol{\beta}_2,\boldsymbol{\beta}_3$分别表示为$\boldsymbol{\alpha}_1,\boldsymbol{\alpha}_2,\boldsymbol{\alpha}_3$的线性组合。

13. (2008年考研数学一)设$\boldsymbol{A}$为二阶矩阵，$\boldsymbol{\alpha}_1,\boldsymbol{\alpha}_2$为线性无关的二维列向量，$\boldsymbol{A}\boldsymbol{\alpha}_1=\boldsymbol{0}$，$\boldsymbol{A}\boldsymbol{\alpha}_2=2\boldsymbol{\alpha}_1+\boldsymbol{\alpha}_2$，求$\boldsymbol{A}$的非零特征值。

14. (2019年考研数学一)已知矩阵$\boldsymbol{A}=\begin{pmatrix}-2&-2&1\\2&x&-2\\0&0&-2\end{pmatrix}$与矩阵$\boldsymbol{B}=\begin{pmatrix}2&1&0\\0&-1&0\\0&0&y\end{pmatrix}$相似。

(1) 求x,y；

(2) 求可逆矩阵$\boldsymbol{P}$，使得$\boldsymbol{P}^{-1}\boldsymbol{A}\boldsymbol{P}=\boldsymbol{B}$。

15. (2001年考研数学一)已知三阶矩阵$\boldsymbol{A}$与三维向量$\boldsymbol{x}$，使得向量组$\boldsymbol{x},\boldsymbol{A}\boldsymbol{x},\boldsymbol{A}^2\boldsymbol{x}$线性无关，且满足$\boldsymbol{A}^3\boldsymbol{x}=3\boldsymbol{A}\boldsymbol{x}-2\boldsymbol{A}^2\boldsymbol{x}$。

(1) 记 $\boldsymbol{P}=(\boldsymbol{x},\boldsymbol{Ax},\boldsymbol{A}^3\boldsymbol{x})$，求三阶矩阵 $\boldsymbol{B}$，使 $\boldsymbol{A}=\boldsymbol{PBP}^{-1}$；

(2) 计算行列式 $|\boldsymbol{A}+\boldsymbol{E}|$。

16. 已知 $\boldsymbol{\xi}=\begin{pmatrix}1\\1\\-1\end{pmatrix}$ 是矩阵 $\boldsymbol{A}=\begin{pmatrix}2&-1&2\\5&a&3\\-1&b&-2\end{pmatrix}$ 的一个特征向量。

(1) 试确定参数 a,b，并求出特征向量 $\boldsymbol{\xi}$ 所对应的特征值；

(2) 问 $\boldsymbol{A}$ 能否相似于对角阵?说明理由。

17. 设矩阵 $\boldsymbol{A}=\begin{pmatrix}1&2&-3\\-1&4&-3\\1&a&5\end{pmatrix}$ 的特征方程有一个二重根，求 a 的值，并讨论 $\boldsymbol{A}$ 是否可相似对角化。

18. (2020年考研数学一)设 $\boldsymbol{A}$ 为二阶矩阵，$\boldsymbol{P}=(\boldsymbol{\alpha},\boldsymbol{A\alpha})$，其中 $\boldsymbol{\alpha}$ 是非零向量且不是 $\boldsymbol{A}$ 的特征向量。

(1) 证明 $\boldsymbol{P}$ 为可逆矩阵；

(2) 若 $\boldsymbol{A}^2\boldsymbol{\alpha}+\boldsymbol{A\alpha}-6\boldsymbol{\alpha}=\boldsymbol{0}$，求 $\boldsymbol{P}^{-1}\boldsymbol{AP}$，并判断 $\boldsymbol{A}$ 是否相似于对角矩阵。

19. 试求一个正交矩阵 $\boldsymbol{P}$，使 $\boldsymbol{P}^{-1}\boldsymbol{AP}$ 为对角阵：

(1) $\boldsymbol{A}=\begin{pmatrix}2&-2&0\\-2&1&-2\\0&-2&0\end{pmatrix}$；　(2) $\boldsymbol{A}=\begin{pmatrix}2&2&-2\\2&5&-4\\-2&-4&5\end{pmatrix}$。

20. 设三阶实对称矩阵 $\boldsymbol{A}$ 的各行元素之和均为3，向量 $\boldsymbol{\alpha}_1=(-1,2,-1)^{\mathrm{T}}$，$\boldsymbol{\alpha}_2=(0,-1,1)^{\mathrm{T}}$ 是线性方程组 $\boldsymbol{Ax}=\boldsymbol{0}$ 的两个解。

(1) 求 $\boldsymbol{A}$ 的特征值与特征向量；

(2) 求正交矩阵 $\boldsymbol{Q}$ 和对角矩阵 $\boldsymbol{\Lambda}$，使 $\boldsymbol{Q}^{\mathrm{T}}\boldsymbol{AQ}=\boldsymbol{\Lambda}$。

21. 写出下列各二次型的矩阵：

(1) $f=x_1^2+4x_2^2+x_3^2+4x_1x_2+2x_1x_3+4x_2x_3$；

(2) $f=x_1^2+x_2^2-7x_3^2-2x_1x_2-4x_1x_3-4x_2x_3$。

22. 写出下列各对称矩阵所对应的二次型：

(1) $\boldsymbol{A}=\begin{pmatrix}0&1&1&-2\\1&0&-1&1\\1&-1&0&1\\-2&1&1&0\end{pmatrix}$；　(2) $\boldsymbol{A}=\begin{pmatrix}-1&1&-3\\1&-\sqrt{2}&0\\-3&0&4\end{pmatrix}$。

23. 用正交变换法化下列二次型为标准形，并写出所作的变换：

(1) $f=2x_1x_2-2x_3x_4$；

(2) $f=x_1^2+2x_2^2+3x_3^2-4x_1x_2-4x_2x_3$。

24. 用配方法化下列二次型为标准形：

(1)$f = x_1^2 + 2x_2^2 + 2x_1x_2 - 2x_1x_3$；

(2)$f = 2x_1x_2 - x_1x_3 + x_1x_4 - x_2x_3 + x_2x_4 - 2x_3x_4$。

25. 已知二次型

$$f(x_1, x_2, x_3) = 2x_1^2 + 3x_2^2 + 3x_3^2 + 2ax_2x_3 \quad (a > 0),$$

通过正交变换化成标准形 $f = y_1^2 + 2y_2^2 + 5y_3^2$，求参数 a 及所用的正交变换矩阵。

26.（2005年考研数学一）已知二次型 $f(x_1, x_2, x_3) = (1-a)x_1^2 + (1-a)x_2^2 + 2x_3^2 + 2(1+a)x_1x_2$ 的秩为2。

(1) 求 a 的值；

(2) 求正交变换 $\boldsymbol{x} = \boldsymbol{Q}\boldsymbol{y}$，将 $f(x_1, x_2, x_3)$ 化成标准形；

(3) 求方程 $f(x_1, x_2, x_3) = 0$ 的解。

27.（2013年考研数学一）设二次型

$$f(x_1, x_2, x_3) = 2(a_1x_1 + a_2x_2 + a_3x_3)^2 + (b_1x_1 + b_2x_2 + b_3x_3)^2,$$

$$\boldsymbol{\alpha} = \begin{pmatrix} a_1 \\ a_2 \\ a_3 \end{pmatrix}, \boldsymbol{\beta} = \begin{pmatrix} b_1 \\ b_2 \\ b_3 \end{pmatrix}。$$

(1) 证明：f 对应的矩阵为 $2\boldsymbol{\alpha}\boldsymbol{\alpha}^{\mathrm{T}} + \boldsymbol{\beta}\boldsymbol{\beta}^{\mathrm{T}}$；

(2) 若 $\boldsymbol{\alpha}, \boldsymbol{\beta}$ 正交且均为单位向量，证明：f 在正交变换下的标准形为 $2y_1^2 + y_2^2$。

28.（2009年考研数学一）设二次型 $f(x_1, x_2, x_3) = ax_1^2 + ax_2^2 + (a-1)x_3^2 + 2x_1x_3 - 2x_2x_3$。

(1) 求二次型 f 的矩阵的所有特征值；

(2) 若二次型 f 的规范形为 $y_1^2 + y_2^2$，求 a 的值。

29. 选择题：

(1)（2019年考研数学一）设 $\boldsymbol{A}$ 是三阶实对称矩阵，$\boldsymbol{E}$ 是三阶单位矩阵，若 $\boldsymbol{A}^2 + \boldsymbol{A} = 2\boldsymbol{E}$ 且 $|\boldsymbol{A}| = 4$，则二次型 $\boldsymbol{x}^{\mathrm{T}}\boldsymbol{A}\boldsymbol{x}$ 的规范形为（　　）。

(A) $y_1^2 + y_2^2 + y_3^2$　　(B) $y_1^2 + y_2^2 - y_3^2$

(C) $y_1^2 - y_2^2 - y_3^2$　　(D) $-y_1^2 - y_2^2 - y_3^2$

(2)（2021年考研数学一）二次型 $f(x_1, x_2, x_3) = (x_1 + x_2)^2 + (x_2 + x_3)^2 - (x_3 - x_1)^2$ 的正惯性指数和负惯性指数依次为（　　）。

(A) 2,0　　(B) 1,1　　(C) 2,1　　(D) 1,2

30.（2020年考研数学三）设二次型 $f(x_1, x_2) = x_1^2 - 4x_1x_2 + 4x_2^2$ 经过正交变换 $\begin{pmatrix} x_1 \\ x_2 \end{pmatrix} = \boldsymbol{Q}\begin{pmatrix} y_1 \\ y_2 \end{pmatrix}$ 化为二次型 $g(y_1, y_2) = ay_1^2 + 4y_1y_2 + by_2^2$，其中 $a \geqslant b$。

(1) 求 a, b 的值；

(2) 求正交变换矩阵 $\boldsymbol{Q}$。

31. 求 a 的值，使下列二次型为正定二次型：

(1) $f = x_1^2 + x_2^2 + 5x_3^2 + 2ax_1x_2 - 2x_1x_3 + 4x_2x_3$；

(2) $f = 5x_1^2 + x_2^2 + ax_3^2 + 4x_1x_2 - 2x_1x_3 - 2x_2x_3$。

32. 判别下列二次型的正定性：

(1) $f = -2x_1^2 - 6x_2^2 - 4x_3^2 + 2x_1x_2 + 2x_1x_3$；

(2) $f = 5x_1^2 + 3x_2^2 + x_3^2 - 4x_1x_2 - 2x_1x_3$。

33. 设 $\boldsymbol{A}$ 是正定矩阵，证明：$\boldsymbol{A}^*$ 也是正定矩阵。

34. 设 $\boldsymbol{A}$,$\boldsymbol{B}$ 都是 n 阶正定矩阵，证明：$\boldsymbol{A}+\boldsymbol{B}$ 也是正定矩阵。

35. 设 $\boldsymbol{A}$ 是 n 阶正定矩阵，$\boldsymbol{E}$ 为 n 阶单位矩阵，证明：$\boldsymbol{A}+\boldsymbol{E}$ 的行列式大于1。

36. 设 $\boldsymbol{A}$ 是 m 阶实对称阵，$\boldsymbol{B}$ 为 $m\times n$ 实矩阵，$\boldsymbol{B}^{\mathrm{T}}$ 为 $\boldsymbol{B}$ 的转置矩阵，试证：$\boldsymbol{B}^{\mathrm{T}}\boldsymbol{A}\boldsymbol{B}$ 为正定的充分必要条件是 $\boldsymbol{B}$ 的秩 $R(\boldsymbol{B})=n$。

37. (2010年考研数学一) 已知二次型 $f(x_1,x_2,x_3)=\boldsymbol{x}^{\mathrm{T}}\boldsymbol{A}\boldsymbol{x}$ 在正交变换 $\boldsymbol{x}=\boldsymbol{Q}\boldsymbol{y}$ 下的标准形为 $y_1^2+y_2^2$，且 $\boldsymbol{Q}$ 的第3列为 $\left(\frac{\sqrt{2}}{2},0,\frac{\sqrt{2}}{2}\right)^{\mathrm{T}}$。

(1) 求矩阵 $\boldsymbol{A}$；

(2) 证明：$\boldsymbol{A}+\boldsymbol{E}$ 为正定矩阵，其中 $\boldsymbol{E}$ 为三阶单位矩阵。

*第 6 章 线性空间与线性变换

线性空间又称向量空间，它是线性代数中一个最基本的概念。在第 4 章中，我们把有序数组叫作向量，并介绍过向量空间的概念。在这一章中，我们把这些概念推广，使向量及向量空间的概念更具一般性。线性变换反映线性空间中元素间的最基本的线性联系。作为线性代数的核心内容，线性空间的理论和方法已渗透到自然科学和工程技术的各个领域。

本章首先介绍线性空间的定义与性质，然后介绍线性空间的基、维数与坐标，基变换与坐标变换，最后介绍线性变换的定义、性质与其矩阵表示。

6.1 线性空间的定义与性质

6.1.1 线性空间的定义

定义 6.1 设 V 是一非空集合，P 是一数域。在集合 V 的元素之间定义了一种运算，称为**加法**，即对任意两个元素 $\boldsymbol{\alpha},\boldsymbol{\beta}\in V$，总有唯一确定的元素 $\boldsymbol{\gamma}\in V$ 与之对应，称为 $\boldsymbol{\alpha}$ 与 $\boldsymbol{\beta}$ 的和，记作 $\boldsymbol{\gamma}=\boldsymbol{\alpha}+\boldsymbol{\beta}$；在数域 P 与集合 V 的元素之间还定义了一种运算，称为**数量乘法**（简称**数乘**），即对任意 $\lambda\in P$ 与任意 $\boldsymbol{\alpha}\in V$，总有唯一确定的元素 $\boldsymbol{\delta}\in V$ 与之对应，称为 $\boldsymbol{\lambda}$ 与 $\boldsymbol{\alpha}$ 的数量乘积，记作 $\boldsymbol{\delta}=\lambda\boldsymbol{\alpha}$。如果这两种运算满足以下八条运算规律（其中 $\boldsymbol{\alpha},\boldsymbol{\beta},\boldsymbol{\gamma}\in V$；$\lambda,\mu\in P$）：

①$\boldsymbol{\alpha}+\boldsymbol{\beta}=\boldsymbol{\beta}+\boldsymbol{\alpha}$；

②$\boldsymbol{\alpha}+\boldsymbol{\beta}+\boldsymbol{\gamma}=\boldsymbol{\alpha}+(\boldsymbol{\beta}+\boldsymbol{\gamma})$；

③V 中存在零元素 $\mathbf{0}$，对任何 $\boldsymbol{\alpha}\in V$，有 $\boldsymbol{\alpha}+\mathbf{0}=\boldsymbol{\alpha}$；

④ 对任何 $\boldsymbol{\alpha}\in V$，都有 $\boldsymbol{\alpha}$ 的负元素 $\boldsymbol{\beta}\in V$，使得 $\boldsymbol{\alpha}+\boldsymbol{\beta}=\mathbf{0}$，记 $\boldsymbol{\beta}=-\boldsymbol{\alpha}$；

⑤$1\boldsymbol{\alpha}=\boldsymbol{\alpha}$；

⑥$\lambda(\mu\boldsymbol{\alpha})=(\lambda\mu)\boldsymbol{\alpha}$；

⑦$(\lambda+\mu)\boldsymbol{\alpha}=\lambda\boldsymbol{\alpha}+\mu\boldsymbol{\alpha}$；

⑧$\lambda(\boldsymbol{\alpha}+\boldsymbol{\beta})=\lambda\boldsymbol{\alpha}+\lambda\boldsymbol{\beta}$。

则称集合 V 为数域 P 上的**线性空间**（或**向量空间**），简称**线性空间**。

注 (1) 线性空间中定义的运算，应理解为一种对应，不一定是普通意义下的加法和数乘运算。满足以上八条规律的加法与数量乘法，称为 V 上的**线性运算**。

(2) 线性空间的元素也称为**向量**。当然，这里的向量不一定是有序数组，其含义要比 $\mathbf{R}^n$ 中的向量广泛得多。

(3) 在一个非空集合上,若对于所定义的加法和数乘运算不封闭,或者运算不满足八条性质中的某一条,该集合就不能构成线性空间。

由定义 6.1 可知,几何空间中全部向量组成的集合是一个实数域上的线性空间,这个线性空间我们用 V_3 来表示。分量属于数域 P 的全体 n 元数组构成数域 P 上的一个线性空间,这个线性空间我们用 P^n 来表示。

例 6.1 设 $P^{m\times n}$ 表示数域 P 上所有 $m\times n$ 阶矩阵所构成的集合。$P^{m\times n}$ 按照矩阵的加法和数与矩阵的乘法,构成数域 P 上的一个线性空间,其中的零元素即为零矩阵,任一矩阵 $\boldsymbol{A}$ 的负元素为 $-\boldsymbol{A}$。

例 6.2 数域 P 上的次数小于 n 的多项式的全体,再添上零多项式构成的集合记为$P[x]_n$,即

$$P[x]_n=\{a_{n-1}x^{n-1}+\cdots+a_1x+a_0 \mid a_0,a_1,\cdots,a_n\in P\}。$$

$P[x]_n$ 按照通常的多项式的加法及数与多项式的乘法,构成数域 P 上的线性空间。

例 6.3 数域 P 上 n 次多项式的全体,记作 $Q[x]_n$,即

$$Q[x]_n=\{a_nx^n+a_{n-1}x^{n-1}+\cdots+a_1x+a_0 \mid a_n,a_{n-1},\cdots,a_1,a_0\in P,\text{且 } a_n\neq 0\}。$$

$Q[x]_n$ 按照通常的多项式加法、数乘不构成数域 P 上的向量空间。因为

$$0(a_nx^n+a_{n-1}x^{n-1}+\cdots+a_1x+a_0)=0\notin Q[x]_n,$$

即 $Q[x]_n$ 对数乘不封闭。

例 6.4 区间$[a,b]$上的全体实连续函数构成的集合,按函数的加法及数与函数的乘法,构成一个线性空间,用 $C[a,b]$ 表示。

6.1.2 线性空间的基本性质

性质 1 线性空间 V 中的零元素是唯一的。

证 设 $\mathbf{0}_1,\mathbf{0}_2$ 是线性空间 V 中的两个零元素,即对任何 $\boldsymbol{\alpha}\in V$,有

$$\boldsymbol{\alpha}+\mathbf{0}_1=\boldsymbol{\alpha},\boldsymbol{\alpha}+\mathbf{0}_2=\boldsymbol{\alpha},$$

于是,特别有

$$\mathbf{0}_2+\mathbf{0}_1=\mathbf{0}_2,\mathbf{0}_1+\mathbf{0}_2=\mathbf{0}_1,$$

所以

$$\mathbf{0}_1=\mathbf{0}_2。$$

性质 2 线性空间 V 中任一元素的负元素是唯一的。

证 设 $\boldsymbol{\alpha}\in V$,且有两个负元素 $\boldsymbol{\beta},\boldsymbol{\gamma}$,即 $\boldsymbol{\alpha}+\boldsymbol{\beta}=0,\boldsymbol{\alpha}+\boldsymbol{\gamma}=0$。于是

$$\boldsymbol{\beta}=\boldsymbol{\beta}+\mathbf{0}=\boldsymbol{\beta}+(\boldsymbol{\alpha}+\boldsymbol{\gamma})=(\boldsymbol{\alpha}+\boldsymbol{\beta})+\boldsymbol{\gamma}=\mathbf{0}+\boldsymbol{\gamma}=\boldsymbol{\gamma}。$$

性质 3 $0\boldsymbol{\alpha}=\mathbf{0}$;$(-1)\boldsymbol{\alpha}=-\boldsymbol{\alpha}$; $\lambda\mathbf{0}=\mathbf{0}$。

证 因为 $0\boldsymbol{\alpha}+\boldsymbol{\alpha}=0\boldsymbol{\alpha}+1\boldsymbol{\alpha}=(0+1)\boldsymbol{\alpha}=1\boldsymbol{\alpha}=\boldsymbol{\alpha}$,所以 $0\boldsymbol{\alpha}=\mathbf{0}$。

又因为 $\boldsymbol{\alpha}+(-1)\boldsymbol{\alpha}=1\boldsymbol{\alpha}+(-1)\boldsymbol{\alpha}=[1+(-1)]\boldsymbol{\alpha}=0\boldsymbol{\alpha}=\mathbf{0}$,所以

$$(-1)\boldsymbol{\alpha}=-\boldsymbol{\alpha}。$$

$$\lambda\mathbf{0}=\lambda[\boldsymbol{\alpha}+(-1)\boldsymbol{\alpha}]=\lambda\boldsymbol{\alpha}+(-\lambda)\boldsymbol{\alpha}=[\lambda+(-\lambda)]\boldsymbol{\alpha}=0\boldsymbol{\alpha}=\mathbf{0}。$$

性质 4 如果 $\lambda\boldsymbol{\alpha}=\mathbf{0}$,则 $\lambda=0$ 或 $\boldsymbol{\alpha}=\mathbf{0}$。

证 如果 $\lambda\neq0$,在 $\lambda\boldsymbol{\alpha}=\mathbf{0}$ 两边乘 $\frac{1}{\lambda}$ 得

$$\frac{1}{\lambda}(\lambda\boldsymbol{\alpha})=\frac{1}{\lambda}\mathbf{0}=\mathbf{0},$$

而 $\frac{1}{\lambda}(\lambda\boldsymbol{\alpha})=\left(\frac{1}{\lambda}\lambda\right)\boldsymbol{\alpha}=1\boldsymbol{\alpha}=\boldsymbol{\alpha}$,所以 $\boldsymbol{\alpha}=\mathbf{0}$。

6.1.3 线性空间的子空间

定义 6.2 设 W 是线性空间 V 的一个非空子集,若 W 对于 V 中所定义的加法和数乘两种运算也构成一个线性空间,则称 W 为 V 的一个**线性子空间**(简称**子空间**)。

显然,V 的零元构成的集合与 V 本身都是 V 的子空间。

由定义 6.2,不难证明下述定理:

定理 6.1 线性空间 V 的非空子集 W 构成子空间的充分必要条件是 W 对 V 的加法与数乘运算封闭。

例 6.5 在全体实函数组成的线性空间 V 中,所有实系数多项式构成 V 的一个子空间。

例 6.6 在线性空间 P^n 中,齐次线性方程组

$$\begin{cases}a_{11}x_1+a_{12}x_2+\cdots+a_{1n}x_n=0,\\a_{21}x_1+a_{22}x_2+\cdots+a_{2n}x_n=0,\\\cdots\cdots\cdots\cdots\\a_{m1}x_1+a_{m2}x_2+\cdots+a_{mn}x_n=0\end{cases}$$

的全部解向量组成 P^n 的一个子空间,这个子空间叫作齐次线性方程组的**解空间**。

设 $\boldsymbol{\alpha}_1,\boldsymbol{\alpha}_2,\cdots,\boldsymbol{\alpha}_r$ 是线性空间 V 中一组向量,不难看出,这组向量所有可能的线性组合

$$k_1\boldsymbol{\alpha}_1+k_2\boldsymbol{\alpha}_2+\cdots+k_r\boldsymbol{\alpha}_r$$

所组成的集合是非空的,而且对两种运算封闭,因而是 V 的一个子空间,这个子空间叫作由 $\boldsymbol{\alpha}_1,\boldsymbol{\alpha}_2,\cdots,\boldsymbol{\alpha}_r$ 生成的子空间,记为

$$L(\boldsymbol{\alpha}_1,\boldsymbol{\alpha}_2,\cdots,\boldsymbol{\alpha}_r)。$$

由子空间的定义可知,如果 V 的一个子空间包含向量 $\boldsymbol{\alpha}_1,\boldsymbol{\alpha}_2,\cdots,\boldsymbol{\alpha}_r$,那么就一定包含它们所有的线性组合,也就是说,一定包含 $L(\boldsymbol{\alpha}_1,\boldsymbol{\alpha}_2,\cdots,\boldsymbol{\alpha}_r)$ 作为子空间。

6.2 基、维数与坐标

在第 4 章中,我们讨论了 n 维数组向量之间的关系,介绍了一些重要概念,如线性组合、线性表示、线性相关、线性无关等。这些概念以及有关的性质只涉及向量的线性运算,

因此，对于一般的线性空间中的元素（向量）仍然适用，以后我们将直接引用这些概念及相关性质。基与维数的概念同样适用于一般的线性空间。

6.2.1 线性空间的基、维数与坐标

定义 6.3 在线性空间 V 中，如果存在 n 个向量 $\boldsymbol{\alpha}_1,\boldsymbol{\alpha}_2,\cdots,\boldsymbol{\alpha}_n\in V$ 满足：

(1)$\boldsymbol{\alpha}_1,\boldsymbol{\alpha}_2,\cdots,\boldsymbol{\alpha}_n$ 线性无关，

(2)V 中任一向量 $\boldsymbol{\alpha}$ 总可由 $\boldsymbol{\alpha}_1,\boldsymbol{\alpha}_2,\cdots,\boldsymbol{\alpha}_n$ 线性表示，则称 $\boldsymbol{\alpha}_1,\boldsymbol{\alpha}_2,\cdots,\boldsymbol{\alpha}_n$ 为线性空间 V 的一组**基**，n 称为线性空间 V 的**维数**，记作 $\dim V=n$。

线性空间的维数可以是无穷的。对于无穷维的线性空间，本书不做讨论。

例 6.7 在线性空间 $P[x]_3$ 中，$\boldsymbol{\alpha}_1=1,\boldsymbol{\alpha}_2=x,\boldsymbol{\alpha}_3=x^2$ 是 $P[x]_3$ 的一组基，$P[x]_3$ 的维数是 3。

显然 $\boldsymbol{\beta}_1=1,\boldsymbol{\beta}_2=1-x,\boldsymbol{\beta}_3=2x^2$ 也是 $P[x]_3$ 的一组基。实际上，n 维线性空间 V 中的任意 n 个线性无关的向量都构成 V 的一组基。

若 $\boldsymbol{\alpha}_1,\boldsymbol{\alpha}_2,\cdots,\boldsymbol{\alpha}_n$ 为线性空间 V 的一组基，则对任何 $\boldsymbol{\alpha}\in V$，必有一组有序数 $x_1,x_2,\cdots,x_n$，使得

$$\boldsymbol{\alpha}=x_1\boldsymbol{\alpha}_1+x_2\boldsymbol{\alpha}_2+\cdots+x_n\boldsymbol{\alpha}_n,$$

并且该表示式是唯一的（否则 $\boldsymbol{\alpha}_1,\boldsymbol{\alpha}_2,\cdots,\boldsymbol{\alpha}_n$ 线性相关）。

反之，任给一组有序数 $x_1,x_2,\cdots,x_n$，可唯一确定 V 中一个元素

$$\boldsymbol{\alpha}=x_1\boldsymbol{\alpha}_1+x_2\boldsymbol{\alpha}_2+\cdots+x_n\boldsymbol{\alpha}_n。$$

因此，V 中元素与有序数组 $(x_1,x_2,\cdots,x_n)^{\mathrm{T}}$ 之间存在着一种一一对应关系，我们可以用这组有序数来表示向量 $\boldsymbol{\alpha}$。于是有如下定义。

定义 6.4 设 $\boldsymbol{\alpha}_1,\boldsymbol{\alpha}_2,\cdots,\boldsymbol{\alpha}_n$ 是线性空间 V 的一组基，对于任一元素 $\boldsymbol{\alpha}\in V$，存在唯一表示式

$$\boldsymbol{\alpha}=x_1\boldsymbol{\alpha}_1+x_2\boldsymbol{\alpha}_2+\cdots+x_n\boldsymbol{\alpha}_n,$$

称有序数组 $(x_1,x_2,\cdots,x_n)^{\mathrm{T}}$ 为元素 $\boldsymbol{\alpha}$ 在基 $\boldsymbol{\alpha}_1,\boldsymbol{\alpha}_2,\cdots,\boldsymbol{\alpha}_n$ 下的**坐标**，并记作

$$\boldsymbol{\alpha}=(x_1,x_2,\cdots,x_n)^{\mathrm{T}}。$$

例 6.8 在线性空间 $P[x]_3$ 中，取 $\boldsymbol{\alpha}_1=1,\boldsymbol{\alpha}_2=x,\boldsymbol{\alpha}_3=x^2$ 为 $P[x]_3$ 的一组基，多项式

$$f(x)=3-x+2x^2$$

可写成

$$f(x)=3\boldsymbol{\alpha}_1-\boldsymbol{\alpha}_2+2\boldsymbol{\alpha}_3。$$

因此 $f(x)$ 在基 $\boldsymbol{\alpha}_1=1,\boldsymbol{\alpha}_2=x,\boldsymbol{\alpha}_3=x^2$ 下的坐标为 $(3,-1,2)^{\mathrm{T}}$。

如果在 $P[x]_3$ 中取另一组基 $\boldsymbol{\beta}_1=1,\boldsymbol{\beta}_2=1-x,\boldsymbol{\beta}_3=2x^2$，而

$$f(x)=2\boldsymbol{\beta}_1+\boldsymbol{\beta}_2+\boldsymbol{\beta}_3,$$

则 $f(x)$ 在基 $\boldsymbol{\beta}_1,\boldsymbol{\beta}_2,\boldsymbol{\beta}_3$ 下的坐标为 $(2,1,1)^{\mathrm{T}}$。

建立了坐标以后，就能把抽象的向量与具体的数组向量$(x_1,x_2,\cdots,x_n)^{\mathrm{T}}$联系起来，并且可把线性运算与数组向量的线性运算联系起来。

设$\boldsymbol{\alpha}_1,\boldsymbol{\alpha}_2,\cdots,\boldsymbol{\alpha}_n$是线性空间$V$的一组基，在此基下有

$$\boldsymbol{\alpha}=(x_1,x_2,\cdots,x_n)^{\mathrm{T}},\boldsymbol{\beta}=(y_1,y_2,\cdots,y_n)^{\mathrm{T}},$$

则

$$\boldsymbol{\alpha}+\boldsymbol{\beta}=(x_1+y_1,x_2+y_2,\cdots,x_n+y_n)^{\mathrm{T}},$$
$$\lambda\boldsymbol{\alpha}=(\lambda x_1,\lambda x_2,\cdots,\lambda x_n)^{\mathrm{T}}。$$

6.2.2　基变换与坐标变换

在n维线性空间V中，任意n个线性无关的向量都可作为它的基。由例 6.8 可见，同一元素在不同的基下有不同的坐标，那么，不同基与不同的坐标之间又有怎样的关系呢？

定理 6.2　在线性空间V中的元素$\boldsymbol{\alpha}$在基$\boldsymbol{\alpha}_1,\boldsymbol{\alpha}_2,\cdots,\boldsymbol{\alpha}_n$下的坐标为$(x_1,x_2,\cdots,x_n)^{\mathrm{T}}$，在基$\boldsymbol{\beta}_1,\boldsymbol{\beta}_2,\cdots,\boldsymbol{\beta}_n$下的坐标为$(x_1',x_2',\cdots,x_n')^{\mathrm{T}}$，若两个基满足

$$(\boldsymbol{\beta}_1,\boldsymbol{\beta}_2,\cdots,\boldsymbol{\beta}_n)=(\boldsymbol{\alpha}_1,\boldsymbol{\alpha}_2,\cdots,\boldsymbol{\alpha}_n)\boldsymbol{P},\tag{6-1}$$

则有坐标变换公式

$$\begin{pmatrix}x_1\\x_2\\\vdots\\x_n\end{pmatrix}=\boldsymbol{P}\begin{pmatrix}x_1'\\x_2'\\\vdots\\x_n'\end{pmatrix}\text{或}\begin{pmatrix}x_1'\\x_2'\\\vdots\\x_n'\end{pmatrix}=\boldsymbol{P}^{-1}\begin{pmatrix}x_1\\x_2\\\vdots\\x_n\end{pmatrix}。\tag{6-2}$$

式(6-1)称为**基变换公式**，矩阵$\boldsymbol{P}$称为从基$\boldsymbol{\alpha}_1,\boldsymbol{\alpha}_2,\cdots,\boldsymbol{\alpha}_n$到$\boldsymbol{\beta}_1,\boldsymbol{\beta}_2,\cdots,\boldsymbol{\beta}_n$的**过渡矩阵**。式(6-2)称为**坐标变换公式**。

例 6.9　在$P[x]_4$中取两组基$\boldsymbol{\alpha}_1,\boldsymbol{\alpha}_2,\boldsymbol{\alpha}_3,\boldsymbol{\alpha}_4$和$\boldsymbol{\beta}_1,\boldsymbol{\beta}_2,\boldsymbol{\beta}_3,\boldsymbol{\beta}_4$，其中

$$\begin{cases}\boldsymbol{\alpha}_1=x^3+2x^2-x,\\\boldsymbol{\alpha}_2=x^3-x^2+x+1,\\\boldsymbol{\alpha}_3=-x^3+2x^2+x+1,\\\boldsymbol{\alpha}_4=-x^3-x^2+1,\end{cases}\quad\begin{cases}\boldsymbol{\beta}_1=2x^3+x^2+1,\\\boldsymbol{\beta}_2=x^2+2x+2,\\\boldsymbol{\beta}_3=-2x^3+x^2+x+2,\\\boldsymbol{\beta}_4=x^3+3x^2+x+2,\end{cases}$$

求基变换与坐标变换公式。

解　将$\boldsymbol{\beta}_1,\boldsymbol{\beta}_2,\boldsymbol{\beta}_3,\boldsymbol{\beta}_4$用$\boldsymbol{\alpha}_1,\boldsymbol{\alpha}_2,\boldsymbol{\alpha}_3,\boldsymbol{\alpha}_4$表示，由

$$(\boldsymbol{\alpha}_1,\boldsymbol{\alpha}_2,\boldsymbol{\alpha}_3,\boldsymbol{\alpha}_4)=(x^3,x^2,x,1)\boldsymbol{A},$$
$$(\boldsymbol{\beta}_1,\boldsymbol{\beta}_2,\boldsymbol{\beta}_3,\boldsymbol{\beta}_4)=(x^3,x^2,x,1)\boldsymbol{B},$$

其中

$$\boldsymbol{A}=\begin{pmatrix}1&1&-1&-1\\2&-1&2&-1\\-1&1&1&0\\0&1&1&1\end{pmatrix},\boldsymbol{B}=\begin{pmatrix}2&0&-2&1\\1&1&1&3\\0&2&1&1\\1&2&2&2\end{pmatrix},$$

所以基变换公式为

$$(\boldsymbol{\beta}_1,\boldsymbol{\beta}_2,\boldsymbol{\beta}_3,\boldsymbol{\beta}_4)=(\boldsymbol{\alpha}_1,\boldsymbol{\alpha}_2,\boldsymbol{\alpha}_3,\boldsymbol{\alpha}_4)\boldsymbol{A}^{-1}\boldsymbol{B},$$

从而坐标变换公式

$$\begin{pmatrix}x_1'\\x_2'\\x_3'\\x_4'\end{pmatrix}=\boldsymbol{B}^{-1}\boldsymbol{A}\begin{pmatrix}x_1\\x_2\\x_3\\x_4\end{pmatrix}。$$

用矩阵的初等行变换求$\boldsymbol{A}^{-1}\boldsymbol{B}$:把矩阵$(\boldsymbol{A}\,\vdots\,\boldsymbol{B})$中的$\boldsymbol{A}$变成$\boldsymbol{E}$,则$\boldsymbol{B}$即变成$\boldsymbol{A}^{-1}\boldsymbol{B}$,有

$$(\boldsymbol{A}\,\vdots\,\boldsymbol{B})=\left(\begin{array}{cccc:cccc}1&1&-1&-1&2&0&-2&1\\2&-1&2&-1&1&1&1&3\\-1&1&1&0&0&2&1&1\\0&1&1&1&1&2&2&2\end{array}\right)$$

$$\xrightarrow{\text{初等行变换}}\left(\begin{array}{cccc:cccc}1&0&0&0&1&0&0&1\\0&1&0&0&1&1&0&1\\0&0&1&0&0&1&1&1\\0&0&0&1&0&0&1&0\end{array}\right)=(\boldsymbol{E}\,\vdots\,\boldsymbol{A}^{-1}\boldsymbol{B}),$$

即得

$$(\boldsymbol{\beta}_1,\boldsymbol{\beta}_2,\boldsymbol{\beta}_3,\boldsymbol{\beta}_4)=(\boldsymbol{\alpha}_1,\boldsymbol{\alpha}_2,\boldsymbol{\alpha}_3,\boldsymbol{\alpha}_4)\begin{pmatrix}1&0&0&1\\1&1&0&1\\0&1&1&1\\0&0&1&0\end{pmatrix}。$$

而

$$\begin{pmatrix}1&0&0&1\\1&1&0&1\\0&1&1&1\\0&0&1&0\end{pmatrix}^{-1}=\begin{pmatrix}0&1&-1&1\\-1&1&0&0\\0&0&0&1\\1&-1&1&-1\end{pmatrix},$$

所以有

$$\begin{pmatrix}x_1'\\x_2'\\x_3'\\x_4'\end{pmatrix}=\begin{pmatrix}0&1&-1&1\\-1&1&0&0\\0&0&0&1\\1&-1&1&-1\end{pmatrix}\begin{pmatrix}x_1\\x_2\\x_3\\x_4\end{pmatrix}。$$

6.3 线性变换及其矩阵表示

线性空间 V 中元素之间的联系可以用 V 到自身的映射来表示。线性空间 V 到自身的映射称为**变换**,而线性变换是线性空间中最简单也是最基本的一种变换。第 5 章中的正交

变换和本章中的坐标变换公式，实际上都是线性变换。本节将从集合之间的关系对线性变换给出一般的定义，并讨论它的基本性质及其矩阵表示。

6.3.1　线性变换的定义

定义 6.5　数域 P 上的线性空间 V 的一个变换 T 称为**线性变换**，如果对 V 中任意的元素 $\boldsymbol{\alpha},\boldsymbol{\beta}\in V$ 及 $\lambda\in P$，都有

$$T(\boldsymbol{\alpha}+\boldsymbol{\beta})=T(\boldsymbol{\alpha})+T(\boldsymbol{\beta}),T(\lambda\boldsymbol{\alpha})=\lambda T(\boldsymbol{\alpha})。$$

定义中的两个等式所表示的性质，有时也说成线性变换保持向量的加法与数量乘法。

例 6.10　平面上的向量构成实数域上的二维线性空间。把平面围绕坐标原点按逆时针方向旋转 θ 角，就是一个线性变换，记为 T_θ，即

$$T_\theta\begin{pmatrix}x\\y\end{pmatrix}=\begin{pmatrix}\cos\theta & -\sin\theta\\ \sin\theta & \cos\theta\end{pmatrix}\begin{pmatrix}x\\y\end{pmatrix}。$$

如果平面上一个向量 $\boldsymbol{\alpha}$ 在直角坐标系下的坐标是 $(x,y)^{\mathrm{T}}$，那么 $\boldsymbol{\alpha}$ 逆时针旋转 θ 角之后的坐标 $(x',y')^{\mathrm{T}}$ 是按照公式

$$\begin{pmatrix}x'\\y'\end{pmatrix}=\begin{pmatrix}\cos\theta & -\sin\theta\\ \sin\theta & \cos\theta\end{pmatrix}\begin{pmatrix}x\\y\end{pmatrix}$$

来计算。

例 6.11　线性空间 V 中的**恒等变换**或称**单位变换**：即对任意 $\boldsymbol{\alpha}\in V,T(\boldsymbol{\alpha})=\boldsymbol{\alpha}$。

零变换：即对任意 $\boldsymbol{\alpha}\in V,T(\boldsymbol{\alpha})=\mathbf{0}$。

数乘变换：即对任意 $\boldsymbol{\alpha}\in V,\lambda\in P,T(\boldsymbol{\alpha})=\lambda\boldsymbol{\alpha}$。

这些都是线性变换。

例 6.12　在线性空间 $P[x]_n$ 中，求微商运算 D 是一个线性变换。这个线性变换可以表示为 $D(f(x))=f'(x)$。

6.3.2　线性变换的性质

设 T 是 V 中的线性变换，则

(1) $T(\mathbf{0})=\mathbf{0}$；$T(-\boldsymbol{\alpha})=-T(\boldsymbol{\alpha})$。

(2) 若 $\boldsymbol{\beta}=k_1\boldsymbol{\alpha}_1+k_2\boldsymbol{\alpha}_2+\cdots+k_m\boldsymbol{\alpha}_m$，则 $T\boldsymbol{\beta}=k_1T\boldsymbol{\alpha}_1+k_2T\boldsymbol{\alpha}_2+\cdots+k_mT\boldsymbol{\alpha}_m$。即线性变换保持线性组合与线性关系式不变。

(3) $\boldsymbol{\alpha}_1,\boldsymbol{\alpha}_2,\cdots,\boldsymbol{\alpha}_m$ 线性相关，则 $T(\boldsymbol{\alpha}_1),T(\boldsymbol{\alpha}_2),\cdots,T(\boldsymbol{\alpha}_m)$ 也线性相关。即线性变换把线性相关的向量组变成线性相关的向量组。

注　结论对线性无关的情形不一定成立。线性变换可能把线性无关的向量组变成线性相关的向量组。例如零变换就是这样。

(4) $T(V)=\{T(\boldsymbol{\alpha})\mid\boldsymbol{\alpha}\in V\}$ 称为线性变换 T 的**像集**，$T(V)$ 是线性空间 V 的一个子空间，称为线性变换 T 的**像空间**。$T(V)$ 的维数称为线性变换 T 的**秩**。

(5) $T^{-1}(\mathbf{0})=\{\boldsymbol{\alpha}\in V\mid T(\boldsymbol{\alpha})=\mathbf{0}\}$ 称为线性变换 T 的**核**，$T^{-1}(\mathbf{0})$ 也是 V 的一个子空间。

例 6.13　设有 n 阶方阵

$$\boldsymbol{A}=(\boldsymbol{\alpha}_1,\boldsymbol{\alpha}_2,\cdots,\boldsymbol{\alpha}_n)=\begin{pmatrix} a_{11} & a_{12} & \cdots & a_{1n} \\ a_{21} & a_{22} & \cdots & a_{2n} \\ \vdots & \vdots & & \vdots \\ a_{n1} & a_{n2} & \cdots & a_{nn} \end{pmatrix},$$

其中 $\boldsymbol{\alpha}_i=\begin{pmatrix} a_{1i} \\ a_{2i} \\ \vdots \\ a_{ni} \end{pmatrix}$，$i=1,2,\cdots,n$。定义 $\mathbf{R}^n$ 中的变换 T 为

$$T(\boldsymbol{x})=\boldsymbol{Ax}\ (\boldsymbol{x}\in\mathbf{R}^n),$$

证明：T 为 $\mathbf{R}^n$ 中的线性变换。

证　设 $\boldsymbol{\alpha},\boldsymbol{\beta}\in\mathbf{R}^n$，$\lambda\in\mathbf{R}$，有

$$T(\boldsymbol{\alpha}+\boldsymbol{\beta})=\boldsymbol{A}(\boldsymbol{\alpha}+\boldsymbol{\beta})=\boldsymbol{A\alpha}+\boldsymbol{A\beta}=T(\boldsymbol{\alpha})+T(\boldsymbol{\beta}),$$
$$T(\lambda\boldsymbol{\alpha})=\boldsymbol{A}(\lambda\boldsymbol{\alpha})=\lambda\boldsymbol{A\alpha}=\lambda T(\boldsymbol{\alpha}),$$

故 T 为 $\mathbf{R}^n$ 中的线性变换。

设

$$\boldsymbol{x}=\begin{pmatrix} x_1 \\ x_2 \\ \vdots \\ x_n \end{pmatrix}\in\mathbf{R}^n,$$

因

$$T\boldsymbol{x}=\boldsymbol{Ax}=(\boldsymbol{\alpha}_1,\boldsymbol{\alpha}_2,\cdots,\boldsymbol{\alpha}_n)\begin{pmatrix} x_1 \\ x_2 \\ \vdots \\ x_n \end{pmatrix}=x_1\boldsymbol{\alpha}_1+x_2\boldsymbol{\alpha}_2+\cdots+x_n\boldsymbol{\alpha}_n,$$

可见 T 的像空间是由 $\boldsymbol{\alpha}_1,\boldsymbol{\alpha}_2,\cdots,\boldsymbol{\alpha}_n$ 生成的子空间，T 的核 $T^{-1}(\mathbf{0})$ 是齐次线性方程组 $\boldsymbol{Ax}=\mathbf{0}$ 的解空间。

6.3.3　线性变换的矩阵表示

设 V 是数域 P 上的线性空间，T 是 V 的一个线性变换。取 V 的一组基 $\boldsymbol{\varepsilon}_1,\boldsymbol{\varepsilon}_2,\cdots,\boldsymbol{\varepsilon}_n$，则每个 $T(\boldsymbol{\varepsilon}_i)$ 都是 V 中向量 $(i=1,2,\cdots,n)$，故可设

$$\begin{cases} T(\boldsymbol{\varepsilon}_1)=a_{11}\boldsymbol{\varepsilon}_1+a_{21}\boldsymbol{\varepsilon}_2+\cdots+a_{n1}\boldsymbol{\varepsilon}_n, \\ T(\boldsymbol{\varepsilon}_2)=a_{12}\boldsymbol{\varepsilon}_1+a_{22}\boldsymbol{\varepsilon}_2+\cdots+a_{n2}\boldsymbol{\varepsilon}_n, \\ \qquad\cdots\cdots\cdots\cdots \\ T(\boldsymbol{\varepsilon}_n)=a_{1n}\boldsymbol{\varepsilon}_1+a_{2n}\boldsymbol{\varepsilon}_2+\cdots+a_{nn}\boldsymbol{\varepsilon}_n, \end{cases}$$

用矩阵来表示就是

$$(T(\boldsymbol{\varepsilon}_1),T(\boldsymbol{\varepsilon}_2),\cdots,T(\boldsymbol{\varepsilon}_n))=(\boldsymbol{\varepsilon}_1,\boldsymbol{\varepsilon}_2,\cdots,\boldsymbol{\varepsilon}_n)\boldsymbol{A},$$

其中

$$\boldsymbol{A}=\begin{pmatrix} a_{11} & a_{12} & \cdots & a_{1n} \\ a_{21} & a_{22} & \cdots & a_{2n} \\ \vdots & \vdots & & \vdots \\ a_{n1} & a_{n2} & \cdots & a_{nn} \end{pmatrix}$$

称为线性变换 T 在基 $\boldsymbol{\varepsilon}_1,\boldsymbol{\varepsilon}_2,\cdots,\boldsymbol{\varepsilon}_n$ 下的矩阵。

这样，在线性空间 V 中取定一组基后，V 的每一个线性变换 T 对应着一个方阵 $\boldsymbol{A}$；反之，给定一个 n 阶方阵 $\boldsymbol{A}$，可以证明在线性空间 V 中也有唯一一个线性变换 T，使得 T 在给定的基下的矩阵恰为 $\boldsymbol{A}$。这就是说线性变换与 n 阶方阵之间有一一对应的关系。因此，在线性空间中取定一组基后，线性变换即可用矩阵表示，从而对线性变换的讨论便转化为对其矩阵的研究。

定理 6.3　V 为 n 维线性空间，线性变换 T 在基 $\boldsymbol{\varepsilon}_1,\boldsymbol{\varepsilon}_2,\cdots,\boldsymbol{\varepsilon}_n$ 下的矩阵为 $\boldsymbol{A}$，则向量 $\boldsymbol{x}$ 与 $T(\boldsymbol{x})$ 在基 $\boldsymbol{\varepsilon}_1,\boldsymbol{\varepsilon}_2,\cdots,\boldsymbol{\varepsilon}_n$ 下的坐标有关系式

$$T(\boldsymbol{x})=\boldsymbol{A}\boldsymbol{x},$$

其中 $\boldsymbol{x}=(x_1,x_2,\cdots,x_n)^{\mathrm{T}}$。

证　由

$$\boldsymbol{x}=\sum_{i=1}^{n}x_i\boldsymbol{\varepsilon}_i=(\boldsymbol{\varepsilon}_1,\boldsymbol{\varepsilon}_2,\cdots,\boldsymbol{\varepsilon}_n)\begin{pmatrix} x_1 \\ x_2 \\ \vdots \\ x_n \end{pmatrix},$$

得

$$\begin{aligned} T(\boldsymbol{x}) &= T\Big(\sum_{i=1}^{n}x_i\boldsymbol{\varepsilon}_i\Big)=\sum_{i=1}^{n}x_iT(\boldsymbol{\varepsilon}_i) \\ &= \big(T(\boldsymbol{\varepsilon}_1),T(\boldsymbol{\varepsilon}_2),\cdots,T(\boldsymbol{\varepsilon}_n)\big)\begin{pmatrix} x_1 \\ x_2 \\ \vdots \\ x_n \end{pmatrix} \\ &= (\boldsymbol{\varepsilon}_1,\boldsymbol{\varepsilon}_2,\cdots,\boldsymbol{\varepsilon}_n)\boldsymbol{A}\begin{pmatrix} x_1 \\ x_2 \\ \vdots \\ x_n \end{pmatrix}, \end{aligned}$$

所以，在基 $\boldsymbol{\varepsilon}_1,\boldsymbol{\varepsilon}_2,\cdots,\boldsymbol{\varepsilon}_n$ 下，当 $\boldsymbol{x}=\begin{pmatrix}x_1\\x_2\\\vdots\\x_n\end{pmatrix}$ 时，$T(\boldsymbol{x})=\mathbf{A}\begin{pmatrix}x_1\\x_2\\\vdots\\x_n\end{pmatrix}$。

例 6.14 在 $P[x]_4$ 中，取基 $\boldsymbol{\varepsilon}_1=1,\boldsymbol{\varepsilon}_2=x,\boldsymbol{\varepsilon}_3=x^2,\boldsymbol{\varepsilon}_4=x^3$，求微商运算 $D(f(x))=f'(x)$ 在这个基下的矩阵。

解

$$D\boldsymbol{\varepsilon}_1=0=0\boldsymbol{\varepsilon}_1+0\boldsymbol{\varepsilon}_2+0\boldsymbol{\varepsilon}_3+0\boldsymbol{\varepsilon}_4,$$
$$D\boldsymbol{\varepsilon}_2=1=1\boldsymbol{\varepsilon}_1+0\boldsymbol{\varepsilon}_2+0\boldsymbol{\varepsilon}_3+0\boldsymbol{\varepsilon}_4,$$
$$D\boldsymbol{\varepsilon}_3=2x=0\boldsymbol{\varepsilon}_1+2\boldsymbol{\varepsilon}_2+0\boldsymbol{\varepsilon}_3+0\boldsymbol{\varepsilon}_4,$$
$$D\boldsymbol{\varepsilon}_4=3x^2=0\boldsymbol{\varepsilon}_1+0\boldsymbol{\varepsilon}_2+3\boldsymbol{\varepsilon}_3+0\boldsymbol{\varepsilon}_4,$$

所以 D 在这个基下的矩阵为

$$\mathbf{A}=\begin{pmatrix}0&1&0&0\\0&0&2&0\\0&0&0&3\\0&0&0&0\end{pmatrix}。$$

例 6.15 在 $\mathbf{R}^3$ 中，取基 $\boldsymbol{e}_1=(1,0,0),\boldsymbol{e}_2=(0,1,0),\boldsymbol{e}_3=(0,0,1)$，$T$ 表示将向量投影到 yOz 平面的线性变换，即

$$T(x\boldsymbol{e}_1+y\boldsymbol{e}_2+z\boldsymbol{e}_3)=y\boldsymbol{e}_2+z\boldsymbol{e}_3。$$

(1) 求 T 在基 $\boldsymbol{e}_1,\boldsymbol{e}_2,\boldsymbol{e}_3$ 下的矩阵；

(2) 取基为 $\boldsymbol{\varepsilon}_1=2\boldsymbol{e}_1,\boldsymbol{\varepsilon}_2=\boldsymbol{e}_1-2\boldsymbol{e}_2,\boldsymbol{\varepsilon}_3=\boldsymbol{e}_3$，求 T 在基 $\boldsymbol{\varepsilon}_1,\boldsymbol{\varepsilon}_2,\boldsymbol{\varepsilon}_3$ 下的矩阵。

解 (1) 因为

$$T\boldsymbol{e}_1=T(\boldsymbol{e}_1+0\boldsymbol{e}_2+0\boldsymbol{e}_3)=\mathbf{0},$$
$$T\boldsymbol{e}_2=T(0\boldsymbol{e}_1+\boldsymbol{e}_2+0\boldsymbol{e}_3)=\boldsymbol{e}_2,$$
$$T\boldsymbol{e}_3=T(0\boldsymbol{e}_1+0\boldsymbol{e}_2+\boldsymbol{e}_3)=\boldsymbol{e}_3,$$

即

$$T(\boldsymbol{e}_1,\boldsymbol{e}_2,\boldsymbol{e}_3)=(\boldsymbol{e}_1,\boldsymbol{e}_2,\boldsymbol{e}_3)\begin{pmatrix}0&0&0\\0&1&0\\0&0&1\end{pmatrix},$$

所以 T 在基 $\boldsymbol{e}_1,\boldsymbol{e}_2,\boldsymbol{e}_3$ 下的矩阵为 $\begin{pmatrix}0&0&0\\0&1&0\\0&0&1\end{pmatrix}$。

(2) 由于

$$T\boldsymbol{\varepsilon}_1=T(2\boldsymbol{e}_1)=2T\boldsymbol{e}_1=0,$$

$$T\boldsymbol{\varepsilon}_2 = T(\boldsymbol{e}_1 - 2\boldsymbol{e}_2) = T\boldsymbol{e}_1 - 2T\boldsymbol{e}_2 = -2\boldsymbol{e}_2 = -\boldsymbol{e}_1 + \boldsymbol{e}_1 - 2\boldsymbol{e}_2 = -\frac{1}{2}\boldsymbol{\varepsilon}_1 + \boldsymbol{\varepsilon}_2,$$

$$T\boldsymbol{\varepsilon}_3 = T\boldsymbol{e}_3 = \boldsymbol{e}_3 = \boldsymbol{\varepsilon}_3,$$

则

$$T(\boldsymbol{\varepsilon}_1,\boldsymbol{\varepsilon}_2,\boldsymbol{\varepsilon}_3) = (\boldsymbol{\varepsilon}_1,\boldsymbol{\varepsilon}_2,\boldsymbol{\varepsilon}_3)\begin{pmatrix} 0 & -\frac{1}{2} & 0 \\ 0 & 1 & 0 \\ 0 & 0 & 1 \end{pmatrix}。$$

一般来说，线性空间的基改变时，线性变换的矩阵也会变化，下面的定理给出了其变化规律。

定理 6.4　设线性空间 V 的线性变换 T 在两组基

（Ⅰ）$\boldsymbol{\varepsilon}_1,\boldsymbol{\varepsilon}_2,\cdots,\boldsymbol{\varepsilon}_n$，

（Ⅱ）$\boldsymbol{\eta}_1,\boldsymbol{\eta}_2,\cdots,\boldsymbol{\eta}_n$

下的矩阵分别为 $\boldsymbol{A}$ 和 $\boldsymbol{B}$，从基（Ⅰ）到基（Ⅱ）的过渡矩阵为 $\boldsymbol{P}$，则 $\boldsymbol{B}=\boldsymbol{P}^{-1}\boldsymbol{A}\boldsymbol{P}$（此时，$\boldsymbol{A}$ 与 $\boldsymbol{B}$ 相似）。

证　由假设，有 $(\boldsymbol{\eta}_1,\boldsymbol{\eta}_2,\cdots,\boldsymbol{\eta}_n) = (\boldsymbol{\varepsilon}_1,\boldsymbol{\varepsilon}_2,\cdots,\boldsymbol{\varepsilon}_n)\boldsymbol{P}$，$\boldsymbol{P}$ 可逆，以及

$$T(\boldsymbol{\varepsilon}_1,\boldsymbol{\varepsilon}_2,\cdots,\boldsymbol{\varepsilon}_n) = (\boldsymbol{\varepsilon}_1,\boldsymbol{\varepsilon}_2,\cdots,\boldsymbol{\varepsilon}_n)\boldsymbol{A},$$

$$T(\boldsymbol{\eta}_1,\boldsymbol{\eta}_2,\cdots,\boldsymbol{\eta}_n) = (\boldsymbol{\eta}_1,\boldsymbol{\eta}_2,\cdots,\boldsymbol{\eta}_n)\boldsymbol{B}。$$

于是

$$\begin{aligned}(\boldsymbol{\eta}_1,\boldsymbol{\eta}_2,\cdots,\boldsymbol{\eta}_n)\boldsymbol{B} &= T(\boldsymbol{\eta}_1,\boldsymbol{\eta}_2,\cdots,\boldsymbol{\eta}_n) \\ &= T[(\boldsymbol{\varepsilon}_1,\boldsymbol{\varepsilon}_2,\cdots,\boldsymbol{\varepsilon}_n)\boldsymbol{P}] \\ &= [T(\boldsymbol{\varepsilon}_1,\boldsymbol{\varepsilon}_2,\cdots,\boldsymbol{\varepsilon}_n)]\boldsymbol{P} \\ &= (\boldsymbol{\varepsilon}_1,\boldsymbol{\varepsilon}_2,\cdots,\boldsymbol{\varepsilon}_n)\boldsymbol{A}\boldsymbol{P} \\ &= (\boldsymbol{\eta}_1,\boldsymbol{\eta}_2,\cdots,\boldsymbol{\eta}_n)\boldsymbol{P}^{-1}\boldsymbol{A}\boldsymbol{P}。\end{aligned}$$

因 $\boldsymbol{\eta}_1,\boldsymbol{\eta}_2,\cdots,\boldsymbol{\eta}_n$ 线性无关，所以

$$\boldsymbol{B} = \boldsymbol{P}^{-1}\boldsymbol{A}\boldsymbol{P}。$$

例 6.16　在例 6.15 中，

$$(\boldsymbol{\varepsilon}_1,\boldsymbol{\varepsilon}_2,\boldsymbol{\varepsilon}_3) = (\boldsymbol{e}_1,\boldsymbol{e}_2,\boldsymbol{e}_3)\begin{pmatrix} 2 & 1 & 0 \\ 0 & -2 & 0 \\ 0 & 0 & 1 \end{pmatrix},$$

基 $\boldsymbol{e}_1,\boldsymbol{e}_2,\boldsymbol{e}_3$ 到基 $\boldsymbol{\varepsilon}_1,\boldsymbol{\varepsilon}_2,\boldsymbol{\varepsilon}_3$ 的过渡矩阵

$$\boldsymbol{P} = \begin{pmatrix} 2 & 1 & 0 \\ 0 & -2 & 0 \\ 0 & 0 & 1 \end{pmatrix},$$

T 在基 $\boldsymbol{e}_1,\boldsymbol{e}_2,\boldsymbol{e}_3$ 下的矩阵为

$$\boldsymbol{A}=\begin{pmatrix}0&0&0\\0&1&0\\0&0&1\end{pmatrix}。$$

由定理 6.4，T 在基 $\boldsymbol{\varepsilon}_1,\boldsymbol{\varepsilon}_2,\boldsymbol{\varepsilon}_3$ 下的矩阵为

$$\begin{aligned}\boldsymbol{P}^{-1}\boldsymbol{AP}&=\begin{pmatrix}2&1&0\\0&-2&0\\0&0&1\end{pmatrix}^{-1}\begin{pmatrix}0&0&0\\0&1&0\\0&0&1\end{pmatrix}\begin{pmatrix}2&1&0\\0&-2&0\\0&0&1\end{pmatrix}\\&=\begin{pmatrix}\frac{1}{2}&\frac{1}{4}&0\\0&-\frac{1}{2}&0\\0&0&1\end{pmatrix}\begin{pmatrix}0&0&0\\0&1&0\\0&0&1\end{pmatrix}\begin{pmatrix}2&1&0\\0&-2&0\\0&0&1\end{pmatrix}\\&=\begin{pmatrix}0&\frac{1}{4}&0\\0&-\frac{1}{2}&0\\0&0&1\end{pmatrix}\begin{pmatrix}2&1&0\\0&-2&0\\0&0&1\end{pmatrix}=\begin{pmatrix}0&-\frac{1}{2}&0\\0&1&0\\0&0&1\end{pmatrix}。\end{aligned}$$

这与例 6.15 的结论是一致的。

习　题　6

1. 验证以下集合对于所指定的运算是否构成实数域 $\mathbf{R}$ 上的线性空间。

(1) 所有 n 阶可逆矩阵，对矩阵加法及矩阵的数量乘法；

(2) 所有 n 阶对称矩阵，对矩阵加法及矩阵的数量乘法；

(3) 主对角线上的元素之和等于 0 的二阶矩阵的全体，对矩阵加法及矩阵的数量乘法。

2. 验证：与向量 $(0,0,1)^{\mathrm{T}}$ 不平行的全体 3 维数组向量，对于数组向量的加法和数乘运算不构成线性空间。

3. 判断下列集合是否构成子空间。

(1) $\mathbf{R}^3$ 中平面 $x+2y+3z=0$ 的点的集合。

(2) $\mathbf{R}^{2\times 2}$ 中，二阶正交矩阵的集合。

4. 求线性空间 $V=\{(x_1,x_2,\cdots,x_n)^{\mathrm{T}}\mid x_1+x_2+\cdots+x_n=0,x_i\in\mathbf{R}\}$ 的一组基，并求出 V 的维数。

5. 在 $\mathbf{R}^4$ 中求向量 $\boldsymbol{\alpha}$ 关于 $\boldsymbol{\xi}_1,\boldsymbol{\xi}_2,\boldsymbol{\xi}_3,\boldsymbol{\xi}_4$ 的坐标，其中

$$\boldsymbol{\xi}_1=\begin{pmatrix}1\\1\\1\\1\end{pmatrix},\boldsymbol{\xi}_2=\begin{pmatrix}1\\1\\-1\\-1\end{pmatrix},\boldsymbol{\xi}_3=\begin{pmatrix}1\\-1\\1\\-1\end{pmatrix},\boldsymbol{\xi}_4=\begin{pmatrix}1\\-1\\-1\\1\end{pmatrix},\boldsymbol{\alpha}=\begin{pmatrix}1\\2\\-2\\1\end{pmatrix}。$$

6. 设 $\boldsymbol{\alpha}_1,\boldsymbol{\alpha}_2,\cdots,\boldsymbol{\alpha}_n$ 是 $\mathbf{R}^n$ 的一组基，

(1) 证明：$\boldsymbol{\alpha}_1,\boldsymbol{\alpha}_1+\boldsymbol{\alpha}_2,\boldsymbol{\alpha}_1+\boldsymbol{\alpha}_2+\boldsymbol{\alpha}_3,\cdots,\boldsymbol{\alpha}_1+\boldsymbol{\alpha}_2+\cdots+\boldsymbol{\alpha}_n$ 也是 $\mathbf{R}^n$ 的基；

(2) 求从基 $\boldsymbol{\alpha}_1,\boldsymbol{\alpha}_2,\cdots,\boldsymbol{\alpha}_n$ 到基

$$\boldsymbol{\alpha}_1,\boldsymbol{\alpha}_1+\boldsymbol{\alpha}_2,\boldsymbol{\alpha}_1+\boldsymbol{\alpha}_2+\boldsymbol{\alpha}_3,\cdots,\boldsymbol{\alpha}_1+\boldsymbol{\alpha}_2+\cdots+\boldsymbol{\alpha}_n$$

的过渡矩阵；

(3) 求向量 $\boldsymbol{\alpha}$ 的旧坐标 $(x_1,x_2,\cdots,x_n)^{\mathrm{T}}$ 和新坐标 $(y_1,y_2,\cdots,y_n)^{\mathrm{T}}$ 间的变换公式。

7. 判别下面所定义的变换，哪些是线性的，哪些不是：

(1) 在 $\mathbf{R}^2$ 中：$T(x_1,x_2)=(x_1+1,x_2^2)$；

(2) 在 $\mathbf{R}^3$ 中：$T(x_1,x_2,x_3)=(x_1+x_2,x_1-x_2,2x_3)$。

8. 在 $\mathbf{R}^3$ 中，已知线性变换 T 在基 $\boldsymbol{\varepsilon}_1=(1,0,0),\boldsymbol{\varepsilon}_2=(0,1,0),\boldsymbol{\varepsilon}_3=(0,0,1)$ 下的矩阵为

$$\begin{pmatrix}1&0&1\\1&1&0\\-1&2&1\end{pmatrix},$$

求 T 在基 $\boldsymbol{\eta}_1=(-1,1,1),\boldsymbol{\eta}_2=(1,0,-1),\boldsymbol{\eta}_3=(0,1,1)$ 下的矩阵。

9. T 是 $\mathbf{R}^3$ 的线性变换，$T(x,y,z)=(2x+y,x-y,3z)$。

(1) 求 T 在基 $\boldsymbol{\varepsilon}_1=(1,0,0),\boldsymbol{\varepsilon}_2=(0,1,0),\boldsymbol{\varepsilon}_3=(0,0,1)$ 下的矩阵；

(2) 求 T 在基 $\boldsymbol{\eta}_1=(1,0,0),\boldsymbol{\eta}_2=(1,1,0),\boldsymbol{\eta}_3=(1,1,1)$ 下的矩阵。

10. 在 $\mathbf{R}^{2\times2}$（二阶方阵所构成的线性空间）中，定义变换如下：

$$T(\boldsymbol{X})=\boldsymbol{AX}-\boldsymbol{XA},\boldsymbol{X}\in\mathbf{R}^{2\times2},$$

$\boldsymbol{A}$ 是 $\mathbf{R}^{2\times2}$ 中一固定的二阶方阵，

(1) 证明：T 是 $\mathbf{R}^{2\times2}$ 中的一个线性变换；

(2) 在 $\mathbf{R}^{2\times2}$ 中取一组基：

$$\boldsymbol{\varepsilon}_{11}=\begin{pmatrix}1&0\\0&0\end{pmatrix},\boldsymbol{\varepsilon}_{12}=\begin{pmatrix}0&1\\0&0\end{pmatrix},\boldsymbol{\varepsilon}_{21}=\begin{pmatrix}0&0\\1&0\end{pmatrix},\boldsymbol{\varepsilon}_{22}=\begin{pmatrix}0&0\\0&1\end{pmatrix},$$

求 T 在这组基下的矩阵。

习题参考答案

习题 1

1. (1)5，奇排列；(2)12，偶排列；(3)12，偶排列；(4) $\frac{n(n-1)}{2}$，当 $n=4k,4k+1$ 时，是偶排列；当 $n=4k+2,4k+3$ 时，是奇排列；(5)$n(n-1)$，偶排列。

2. $-a_{14}a_{23}a_{31}a_{42}$。

3. 30。

4. (1)-1；(2)-59；(3)$-2(x^3+y^3)$；(4)0；(5)$-abdf$；(6)1；(7)726；(8)160；(9)80；(10)1440；

(11)$1-x^2-y^2-z^2$；(12)$(a+b+c+d)(d-c)(d-b)(d-a)(c-b)(c-a)(b-a)$。

5. 略。

6. (1)$-2(n-2)!$；(2)a^n-a^{n-2}；(3)$a^n+(-1)^{n+1}b^n$；(4)$(-1)^{n+2}(n+1)a_1a_2\cdots a_n$；

(5)$(1+\sum_{i=1}^{n}a_i)$；

(6)$(ad-bc)^n$；(7)$\left(1+\sum_{i=1}^{n}\frac{a_i}{b_i-a_i}\right)\prod_{i=1}^{n}(b_i-a_i)$；(8)$\left(\sum_{i=1}^{n}x_i\right)\prod_{n\geqslant i>j\geqslant 1}(x_i-x_j)$。

7. (1)-5；(2)$a^2(a^2-4)$；(3)$\lambda^4+\lambda^3+2\lambda^2+3\lambda+4$；(4)$2^{n+1}-2$。

8. $-3,23$。

9. (1) $x_1=-1,x_2=1,x_3=0$；(2) $x_1=1,x_2=2,x_3=-1,x_4=1$。

10. $0,1,-1$。

习题 2

1. (1) $\begin{pmatrix}-5&2&4\\2&4&4\end{pmatrix}$，$\begin{pmatrix}-1&2&2\\4&-2&0\end{pmatrix}$，$\begin{pmatrix}-5&6&7\\11&-3&2\end{pmatrix}$；(2) $\begin{pmatrix}-\frac{15}{2}&3&6\\3&6&6\end{pmatrix}$。

2. (1) $\begin{pmatrix}1\\-7\\7\end{pmatrix}$；(2) $\begin{pmatrix}5&0&1\\1&0&2\\0&0&0\end{pmatrix}$；(3) $\begin{pmatrix}3&6&9\\2&4&6\\1&2&3\end{pmatrix}$；(4)6；(5) $\begin{pmatrix}-20&6\\4&24\end{pmatrix}$；

(6)$a_{11}x_1^2+a_{22}x_2^2+a_{33}x_3^2+2a_{12}x_1x_2+2a_{13}x_1x_3+2a_{23}x_2x_3$。

3. (1) $\begin{pmatrix}-2&4&7\\2&2&8\\3&6&3\end{pmatrix}$；(2) $\begin{pmatrix}1&4&7\\2&5&8\\6&12&18\end{pmatrix}$。

4. $\boldsymbol{B}=\begin{pmatrix}a & b\\0 & a\end{pmatrix}$,其中 a,b 为常数。

5. (1)$\boldsymbol{AB}=\boldsymbol{BA}$;(2)$\boldsymbol{AB}=\boldsymbol{BA}$。

6. $\begin{pmatrix}z_1\\z_2\\z_3\end{pmatrix}=\begin{pmatrix}6 & -1 & 1\\2 & -3 & -1\\1 & 4 & 4\end{pmatrix}\begin{pmatrix}x_1\\x_2\\x_3\end{pmatrix}$。

7. $\boldsymbol{A}^n=\begin{pmatrix}1 & 0\\n\lambda & 1\end{pmatrix}$。

8. 用数学归纳法证。$A^{100}=\begin{pmatrix}1 & 0 & 0\\50 & 1 & 0\\50 & 0 & 1\end{pmatrix}$。

9. $\boldsymbol{A}=\begin{pmatrix}2 & -1 & 2\\4 & -2 & 4\\2 & -1 & 2\end{pmatrix}$,$\boldsymbol{A}^2=2\boldsymbol{A}$,$\boldsymbol{A}^n=2^{n-1}\boldsymbol{A}=2^{n-1}\begin{pmatrix}2 & -1 & 2\\4 & -2 & 4\\2 & -1 & 2\end{pmatrix}$。

10～11. 略。

12. (1) 行阶梯形矩阵:$\begin{pmatrix}1 & -2 & -1 & 0\\0 & 2 & 0 & 6\\0 & 0 & 2 & 2\end{pmatrix}$;行最简形矩阵:$\begin{pmatrix}1 & 0 & 0 & 7\\0 & 1 & 0 & 3\\0 & 0 & 1 & 1\end{pmatrix}$。

(2) 行阶梯形矩阵:$\begin{pmatrix}1 & -1 & 2 & -1\\0 & 4 & -6 & 5\\0 & 0 & 0 & 0\end{pmatrix}$;行最简形矩阵:$\begin{pmatrix}1 & 0 & \frac{1}{2} & \frac{1}{4}\\0 & 1 & -\frac{3}{2} & \frac{5}{4}\\0 & 0 & 0 & 0\end{pmatrix}$。

13. (1) $\begin{pmatrix}x_1-x_3 & y_1-y_3 & z_1-z_3\\x_2 & y_2 & z_2\\x_3 & y_3 & z_3\end{pmatrix}$; (2) $\begin{pmatrix}x_1 & y_1 & z_1+2x_1\\x_2 & y_2 & z_2+2x_2\\x_3 & y_3 & z_3+2x_3\end{pmatrix}$;

(3) $\begin{pmatrix}3 & 6 & -4\\-2 & 1 & 7\\2 & 0 & -7\end{pmatrix}$;(4) $\begin{pmatrix}-4 & 0 & 1\\9 & 6 & -2\\-22 & -14 & 0\end{pmatrix}$。

14 (1)D;(2)C。

15. (1) $(\boldsymbol{A}+4\boldsymbol{E})^{-1}=\frac{2}{5}\boldsymbol{E}-\frac{1}{5}\boldsymbol{A}$;(2)$\boldsymbol{A}^{-1}=\frac{\boldsymbol{A}+3\boldsymbol{E}}{2}$;$(\boldsymbol{A}+2\boldsymbol{E})^{-1}=\frac{1}{4}(\boldsymbol{A}+\boldsymbol{E})$。

16. (1) $\frac{1}{3}\begin{pmatrix}-5 & -9\\ 2 & 3\end{pmatrix}$；(2) $\begin{pmatrix}1 & -4 & -3\\ 1 & -5 & -3\\ -1 & 6 & 4\end{pmatrix}$；

(3) $\frac{1}{6}\begin{pmatrix}7 & -6 & -3\\ 4 & -6 & 0\\ -9 & 12 & 3\end{pmatrix}$；(4) $\begin{pmatrix}1 & 1 & -2 & -4\\ 0 & 1 & 0 & -1\\ -1 & -1 & 3 & 6\\ 2 & 1 & -6 & -10\end{pmatrix}$。

17. (1)$\boldsymbol{X}=\begin{pmatrix}4 & 1\\ 0 & 1\end{pmatrix}$；(2)$\boldsymbol{X}=\begin{pmatrix}0 & 0\\ 1 & 3\\ 1 & 1\end{pmatrix}$；(3)$\boldsymbol{X}=\begin{pmatrix}3 & 2\\ -2 & -3\\ 1 & 3\end{pmatrix}$；

(4)$\boldsymbol{X}=\begin{pmatrix}-2 & 2 & 1\\ -\frac{8}{3} & 5 & -\frac{2}{3}\end{pmatrix}$；(5)$\boldsymbol{X}=\begin{pmatrix}2 & -1 & 0\\ 1 & 3 & -4\\ 1 & 0 & -2\end{pmatrix}$。

18. (1)$a=0$；(2)$\boldsymbol{X}=\begin{pmatrix}3 & 1 & -2\\ 1 & 1 & -1\\ 2 & 1 & -1\end{pmatrix}$。

19. $\frac{3^n}{a}$。

20. 9，−72。

21. $\begin{pmatrix}2 & 0 & 0\\ 0 & 4 & 3\\ 0 & 2 & 2\end{pmatrix}$，$\begin{pmatrix}2 & 0 & 0\\ 0 & 4 & 2\\ 0 & 3 & 2\end{pmatrix}$。

22. $\boldsymbol{X}=\frac{1}{4}\begin{pmatrix}1 & 1 & 0\\ 0 & 1 & 1\\ 1 & 0 & 1\end{pmatrix}$。

23. (1) $\begin{pmatrix}7 & -5 & 0 & 0\\ 7 & 8 & 0 & 0\\ 0 & 0 & 8 & 9\\ 0 & 0 & -1 & 2\end{pmatrix}$；(2) $\begin{pmatrix}1 & 0 & 0 & 0\\ 0 & 1 & 0 & 0\\ 0 & 2 & 3 & 0\\ 2 & 0 & 0 & 3\end{pmatrix}$。

24. $|\boldsymbol{A}^8|=10^{16}$，$\boldsymbol{A}^4=\begin{pmatrix}625 & 0 & 0 & 0\\ 0 & 625 & 0 & 0\\ 0 & 0 & 16 & 0\\ 0 & 0 & 64 & 16\end{pmatrix}$。

25. (1) $\begin{pmatrix}\boldsymbol{O} & \boldsymbol{B}\\ \boldsymbol{C} & \boldsymbol{O}\end{pmatrix}^{-1}=\begin{pmatrix}\boldsymbol{O} & \boldsymbol{C}^{-1}\\ \boldsymbol{B}^{-1} & \boldsymbol{O}\end{pmatrix}$； (2) $\begin{pmatrix}\boldsymbol{B} & \boldsymbol{O}\\ \boldsymbol{A} & \boldsymbol{C}\end{pmatrix}^{-1}=\begin{pmatrix}\boldsymbol{B}^{-1} & \boldsymbol{O}\\ -\boldsymbol{C}^{-1}\boldsymbol{A}\boldsymbol{B}^{-1} & \boldsymbol{C}^{-1}\end{pmatrix}$。

26. (1) $\boldsymbol{A}^{-1}=\begin{pmatrix}\frac{1}{4} & 0 & 0\\ 0 & 1 & -1\\ 0 & -2 & 3\end{pmatrix}$；(2)$\boldsymbol{A}^{-1}=\begin{pmatrix}1 & -2 & 0 & 0\\ -2 & 5 & 0 & 0\\ 0 & 0 & 2 & -3\\ 0 & 0 & -5 & 8\end{pmatrix}$；

(3)$\boldsymbol{A}^{-1}=\begin{pmatrix}1 & -1 & 0 & 0\\ -1 & 2 & 0 & 0\\ 0 & 0 & 3 & -5\\ 0 & 0 & -1 & 2\end{pmatrix}$；(4)$\boldsymbol{A}^{-1}=\begin{pmatrix}0 & \cdots & 0 & a_n^{-1}\\ a_1^{-1} & \cdots & 0 & 0\\ \vdots & & \vdots & \vdots\\ 0 & \cdots & a_{n-1}^{-1} & 0\end{pmatrix}$。

27. (1) -4；(2) $\frac{3}{2}$；(3) -1；(4) -27；(5)2；(6)3。

28. (1) -6；-6；(2)$b-a$；(3) 2。

习题 3

1. (1)$R=2$；(2)$R=3$；(3)$R=3$。

2. (1) $\begin{pmatrix}x_1\\x_2\\x_3\\x_4\end{pmatrix}=c\begin{pmatrix}-5\\4\\-1\\1\end{pmatrix}(c\in\mathbf{R})$；(2) $\begin{pmatrix}x_1\\x_2\\x_3\\x_4\end{pmatrix}=c\begin{pmatrix}2\\0\\-2\\1\end{pmatrix}(c\in\mathbf{R})$；

(3) $\begin{pmatrix}x_1\\x_2\\x_3\\x_4\end{pmatrix}=c_1\begin{pmatrix}-9\\1\\7\\0\end{pmatrix}+c_2\begin{pmatrix}-4\\0\\\frac{7}{2}\\1\end{pmatrix}(c_1,c_2\in\mathbf{R})$；(4) $\begin{pmatrix}x_1\\x_2\\x_3\\x_4\end{pmatrix}=c\begin{pmatrix}-1\\-1\\1\\2\end{pmatrix}(c\in\mathbf{R})$。

3. (1) 无解；(2) $\begin{pmatrix}x_1\\x_2\\x_3\end{pmatrix}=\begin{pmatrix}-\frac{13}{6}\\-\frac{7}{3}\\-\frac{5}{6}\end{pmatrix}$；(3) $\begin{pmatrix}x_1\\x_2\\x_3\\x_4\end{pmatrix}=c\begin{pmatrix}1\\1\\2\\1\end{pmatrix}+\begin{pmatrix}-2\\-4\\-5\\0\end{pmatrix}(c\in\mathbf{R})$；

(4) $\begin{pmatrix}x_1\\x_2\\x_3\\x_4\end{pmatrix}=c_1\begin{pmatrix}-\frac{3}{2}\\1\\0\\0\end{pmatrix}+c_2\begin{pmatrix}-1\\0\\0\\1\end{pmatrix}+\begin{pmatrix}2\\0\\-1\\0\end{pmatrix}(c_1,c_2\in\mathbf{R})$。

4. 当 $a_1+a_2+\cdots+a_n=0$ 时，方程组有解，通解为：

$$\begin{pmatrix} x_1 \\ x_2 \\ \vdots \\ x_{n-1} \\ x_n \end{pmatrix} = c\begin{pmatrix} 1 \\ 1 \\ \vdots \\ 1 \\ 1 \end{pmatrix} + \begin{pmatrix} a_1+a_2+\cdots+a_{n-1} \\ a_2+\cdots+a_{n-1} \\ \vdots \\ a_{n-1} \\ 0 \end{pmatrix} (c \in \mathbf{R})。$$

5. (1)$\lambda \neq -2$ 且 $\lambda \neq 1$;(2)$\lambda = -2$;(3)$\lambda = 1$,通解为

$$\begin{pmatrix} x_1 \\ x_2 \\ x_3 \end{pmatrix} = c_1\begin{pmatrix} -1 \\ 1 \\ 0 \end{pmatrix} + c_2\begin{pmatrix} -1 \\ 0 \\ 1 \end{pmatrix} + \begin{pmatrix} 1 \\ 0 \\ 0 \end{pmatrix} (c_1, c_2 \in \mathbf{R})。$$

6. (1)$\lambda \neq -2$ 且 $\lambda \neq -1$; (2)$\lambda = -2$;(3)$\lambda \neq -1$,通解为

$$\begin{pmatrix} x_1 \\ x_2 \\ x_3 \end{pmatrix} = c\begin{pmatrix} 0 \\ 1 \\ 1 \end{pmatrix} + \begin{pmatrix} -3 \\ -5 \\ 0 \end{pmatrix} (c \in \mathbf{R})。$$

7. (1) $|\mathbf{A}| = 1 - a^4$;(2)$a = -1$,通解为:$k(1,1,1,1)^{\mathrm{T}} + (0,-1,0,0)^{\mathrm{T}}$,$k$ 为任意常数。

8. (1)$a = 0$;(2) 通解为:$k(0,-1,1)^{\mathrm{T}} + (1,-2,0)^{\mathrm{T}}$,$k$ 为任意常数。

9. 当 $a \neq 1$ 且 $a \neq -2$ 时,方程有唯一解 $\boldsymbol{X} = \begin{pmatrix} 1 & \frac{3a}{a+2} \\ 0 & \frac{a-4}{a+2} \\ -1 & 0 \end{pmatrix}$;

当 $a = 1$ 时,方程有无穷多解 $\boldsymbol{X} = \begin{pmatrix} 1 & 1 \\ -1 & -1 \\ 0 & 0 \end{pmatrix} + \begin{pmatrix} 1 & 0 \\ -k_1 & -k_2 \\ k_1 & k_2 \end{pmatrix}$,其中 k_1, k_2 为任意常数;

当 $a = -2$ 时,方程无解。

10. (1)D; (2)A; (3)A。

11～13. 略。

习题 4

1. $-\boldsymbol{\alpha} = (-2,-1,0,3,-5)$,$2\boldsymbol{\beta} = (-4,0,2,6,-2)$,$\boldsymbol{\beta}+\boldsymbol{\gamma} = (-2,3,1,5,-2)$,

$3\boldsymbol{\alpha} - \boldsymbol{\beta} + 2\boldsymbol{\gamma} = (8,9,-1,-8,14)$。

2. 略。

3. 线性相关。

4. 略。

5. (1) 线性无关;(2) 线性相关。

6. 略。

7. $\boldsymbol{\alpha}_1,\boldsymbol{\alpha}_2,\boldsymbol{\alpha}_4$。

8. (1)$\boldsymbol{\alpha}_1,\boldsymbol{\alpha}_2,\boldsymbol{\alpha}_3$ 为极大无关组，$\boldsymbol{\alpha}_4=\frac{8}{5}\boldsymbol{\alpha}_1-\boldsymbol{\alpha}_2+\boldsymbol{\alpha}_3$；

(2)$\boldsymbol{\alpha}_1,\boldsymbol{\alpha}_2,\boldsymbol{\alpha}_3$ 为极大无关组，$\boldsymbol{\alpha}_4=\boldsymbol{\alpha}_1+3\boldsymbol{\alpha}_2-\boldsymbol{\alpha}_3,\boldsymbol{\alpha}_5=-\boldsymbol{\alpha}_2+\boldsymbol{\alpha}_3$。

9～10. 略。

11. (1)$\boldsymbol{B}=\begin{pmatrix}0&0&3\\1&0&0\\0&1&-1\end{pmatrix}$；(2) $|\boldsymbol{A}|=3$。

12. (1)$\boldsymbol{\xi}=\begin{pmatrix}-1\\3\\2\end{pmatrix}$；(2)$\boldsymbol{\xi}_1=\begin{pmatrix}1\\1\\0\\0\end{pmatrix},\boldsymbol{\xi}_2=\begin{pmatrix}0\\0\\1\\1\end{pmatrix}$；(3)$\boldsymbol{\xi}_1=\begin{pmatrix}-\frac{23}{7}\\\frac{10}{7}\\1\\0\\0\end{pmatrix},\boldsymbol{\xi}_2=\begin{pmatrix}-\frac{23}{7}\\\frac{3}{7}\\0\\1\\0\end{pmatrix},\boldsymbol{\xi}_3=\begin{pmatrix}-\frac{10}{7}\\-\frac{6}{7}\\0\\0\\1\end{pmatrix}$。

13. (1)$x_1=-1,x_2=-2,x_3=2$；(2)$\boldsymbol{x}=c_1\begin{pmatrix}1\\-2\\1\\0\\0\end{pmatrix}+c_2\begin{pmatrix}1\\-2\\0\\1\\0\end{pmatrix}+c_3\begin{pmatrix}5\\-6\\0\\0\\1\end{pmatrix}+\begin{pmatrix}-16\\23\\0\\0\\0\end{pmatrix}$。

14. $\boldsymbol{x}=c\begin{pmatrix}1\\-7\\-3\\2\end{pmatrix}+\begin{pmatrix}3\\-4\\1\\2\end{pmatrix}$。

15. $a=1$ 时，$\boldsymbol{x}=k(1,0,-1)^{\mathrm{T}}$，$k$ 为任意常数；$a=2$ 时，$\boldsymbol{x}=(0,1,-1)^{\mathrm{T}}$。

16. $\boldsymbol{x}=k\begin{pmatrix}1\\-2\\3\\0\end{pmatrix}+\begin{pmatrix}1\\1\\1\\1\end{pmatrix}$（其中 k 为任意常数）。

17. $a=2,b=-3,\boldsymbol{x}=k_1\begin{pmatrix}-2\\1\\1\\0\end{pmatrix}+k_2\begin{pmatrix}4\\-5\\0\\1\end{pmatrix}+\begin{pmatrix}2\\-3\\0\\0\end{pmatrix}$，$k_1,k_2$ 为任意常数。

18. (1)D；(2)D；(3)B；(4)C；(5)C。

19. V_1 是；V_2 不是，因为关于数乘运算不封闭。

20. 只需证明向量组 $\boldsymbol{\alpha}_1,\boldsymbol{\alpha}_2$ 与向量组 $\boldsymbol{\beta}_1,\boldsymbol{\beta}_2$ 等价即可。

21. 坐标为$(3,-1,1)$。

22. (1) 过渡矩阵 $\boldsymbol{A}=\begin{pmatrix}-1 & 1 & 2\\ 0 & 1 & -1\\ 1 & 0 & 0\end{pmatrix}$；(2) 坐标为$(1,3,1)$。

23. (1)$a=3,b=2,c=-2$；(2)$\begin{pmatrix}1 & 1 & 0\\ -\frac{1}{2} & 0 & 1\\ \frac{1}{2} & 0 & 0\end{pmatrix}$。

24. (1) 略；(2)$k=0,\boldsymbol{\xi}=c(\boldsymbol{\alpha}_1-\boldsymbol{\alpha}_3)$，$c$ 为非零常数。

习题 5

1. (1)$\lambda_1=\lambda_2=1,c_1\begin{pmatrix}0\\1\\0\end{pmatrix}+c_2\begin{pmatrix}1\\0\\1\end{pmatrix}$，其中 c_1,c_2 是不全为 0 的常数；$\lambda_3=-1,c\begin{pmatrix}-1\\0\\1\end{pmatrix}$，$c$ 为非零常数；

(2)$\lambda_1=\lambda_2=\lambda_3=2,c_1\begin{pmatrix}-2\\1\\0\end{pmatrix}+c_2\begin{pmatrix}1\\0\\1\end{pmatrix}$，其中 c_1,c_2 是不全为 0 的常数；

(3)$\lambda_1=\lambda_2=\lambda_3=\lambda_4=2,c_1\begin{pmatrix}1\\1\\0\\0\end{pmatrix}+c_2\begin{pmatrix}1\\0\\1\\0\end{pmatrix}+c_3\begin{pmatrix}1\\0\\0\\1\end{pmatrix}$，其中 c_1,c_2,c_3 不全为 0；

(4)$\lambda_1=2,c\begin{pmatrix}1\\0\\0\\0\end{pmatrix}$，$c$ 为非零常数；$\lambda_2=\lambda_3=\lambda_4=1,c\begin{pmatrix}4\\-1\\1\\0\end{pmatrix}$，$c$ 为非零常数。

2. 略。

3. $6,\frac{9}{2},4$。

4～5. 略。

6. $\boldsymbol{B}+2\boldsymbol{E}$ 的全部特征值为 9,9,3。当 $\lambda_1=\lambda_2=9$ 时，全部特征向量为 $k_1\begin{pmatrix}1\\-1\\0\end{pmatrix}+k_2\begin{pmatrix}-1\\-1\\1\end{pmatrix}$，

k_1,k_2 是不全为 0 的任意常数；当 $\lambda_3=3$ 时，全部特征向量为 $k_3(0,1,1)^T$，k_3 为非零常数。

7. (1) 矩阵 $\boldsymbol{A}$ 的特征值为 1，−1，0；特征向量依次为 $k_1(1,0,1)^T$，$k_2(1,0,-1)^T$，$k_3(0,1,0)^T$，其中 k_1,k_2,k_3 均是不为 0 的任意常数；

(2) $\begin{pmatrix}0&0&1\\0&0&0\\1&0&0\end{pmatrix}$。

8～9. 略。

10. (1)C；(2)D。

11. $a=1,b=1$ 时，$\boldsymbol{P}=\begin{pmatrix}-1&0&1\\1&0&1\\0&1&1\end{pmatrix}$，$\boldsymbol{P}^{-1}\boldsymbol{AP}=\begin{pmatrix}1&&\\&1&\\&&3\end{pmatrix}$；

$a=-1,b=3$ 时，$\boldsymbol{P}=\begin{pmatrix}1&0&-1\\1&0&1\\0&1&1\end{pmatrix}$，$\boldsymbol{P}^{-1}\boldsymbol{AP}=\begin{pmatrix}3&&\\&3&\\&&1\end{pmatrix}$。

12. (1) $\boldsymbol{A}^{99}=\begin{pmatrix}2^{99}-2&1-2^{99}&2-2^{98}\\2^{100}-2&1-2^{100}&2-2^{99}\\0&0&0\end{pmatrix}$；(2) $\begin{cases}\boldsymbol{\beta}_1=(2^{99}-2)\boldsymbol{\alpha}_1+(2^{100}-2)\boldsymbol{\alpha}_2,\\\boldsymbol{\beta}_2=(1-2^{99})\boldsymbol{\alpha}_1+(1-2^{100})\boldsymbol{\alpha}_2,\\\boldsymbol{\beta}_3=(2-2^{98})\boldsymbol{\alpha}_1+(2-2^{99})\boldsymbol{\alpha}_2。\end{cases}$

13. 1。

14. (1) $x=3,y=-2$；　(2) $\begin{pmatrix}-1&-1&-1\\2&1&2\\0&0&4\end{pmatrix}$。

15. (1) $\boldsymbol{B}=\begin{pmatrix}0&0&0\\1&0&3\\0&1&-2\end{pmatrix}$；(2) −4。

16. (1) $a=-3,b=0$，$\boldsymbol{\xi}$ 所对应的特征值为 −1；

(2) 由于 $\boldsymbol{A}$ 的三重特征值 −1 只有一个特征向量，所以 $\boldsymbol{A}$ 不能对角化。

17. $a=-2$ 或 $-\dfrac{2}{3}$；当 $a=-2$ 时，$\boldsymbol{A}$ 可相似对角化，当 $a=-\dfrac{2}{3}$ 时，$\boldsymbol{A}$ 不可相似对角化。

18. (1) 反证法；(2) $\boldsymbol{P}^{-1}\boldsymbol{AP}=\begin{pmatrix}0&6\\1&-1\end{pmatrix}$，$\boldsymbol{A}$ 相似于对角矩阵。

19. (1) $\boldsymbol{P}=\dfrac{1}{3}\begin{pmatrix}1&2&2\\2&1&-2\\2&-2&1\end{pmatrix}$，$\boldsymbol{P}^{-1}\boldsymbol{AP}=\begin{pmatrix}-2&&\\&1&\\&&4\end{pmatrix}$；

(2)$\boldsymbol{P}=\frac{1}{3}\begin{pmatrix}1 & 2 & -2\\ 2 & 1 & 2\\ 2 & 2 & 1\end{pmatrix}$，$\boldsymbol{P}^{-1}\boldsymbol{AP}=\begin{pmatrix}10 & & \\ & 1 & \\ & & 1\end{pmatrix}$。

20. (1)$\boldsymbol{A}$ 的特征值为 0,0,3；属于特征值 0 的全体特征向量为 $k_1\boldsymbol{\alpha}_1+k_2\boldsymbol{\alpha}_2$($k_1,k_2$ 不全为 0)，属于特征值 3 的全体特征向量为 $k_3\boldsymbol{\alpha}_3$($k_3\neq 0$)；

(2)$\boldsymbol{Q}=\begin{pmatrix}-\frac{1}{\sqrt{6}} & -\frac{1}{\sqrt{2}} & \frac{1}{\sqrt{3}}\\ \frac{2}{\sqrt{6}} & 0 & \frac{1}{\sqrt{3}}\\ -\frac{1}{\sqrt{6}} & \frac{1}{\sqrt{2}} & \frac{1}{\sqrt{3}}\end{pmatrix}$，$\boldsymbol{\Lambda}=\begin{pmatrix}0 & & \\ & 0 & \\ & & 3\end{pmatrix}$。

21. (1)$\begin{pmatrix}1 & 2 & 1\\ 2 & 4 & 2\\ 1 & 2 & 1\end{pmatrix}$；(2)$\begin{pmatrix}1 & -1 & -2\\ -1 & 1 & -2\\ -2 & -2 & -7\end{pmatrix}$。

22. (1)$f=2x_1x_2+2x_1x_3-4x_1x_4-2x_2x_3+2x_2x_4+2x_3x_4$；

(2)$f=-x_1^2-\sqrt{2}x_2^2+4x_3^2+2x_1x_2-6x_1x_3$。

23. (1) 正交变换为

$$\begin{pmatrix}x_1\\ x_2\\ x_3\\ x_4\end{pmatrix}=\begin{pmatrix}\frac{\sqrt{2}}{2} & 0 & \frac{\sqrt{2}}{2} & 0\\ \frac{\sqrt{2}}{2} & 0 & -\frac{\sqrt{2}}{2} & 0\\ 0 & \frac{\sqrt{2}}{2} & 0 & \frac{\sqrt{2}}{2}\\ 0 & -\frac{\sqrt{2}}{2} & 0 & \frac{\sqrt{2}}{2}\end{pmatrix}\begin{pmatrix}y_1\\ y_2\\ y_3\\ y_4\end{pmatrix},$$

标准形为 $f=y_1^2+y_2^2-y_3^2-y_4^2$；

(2) 正交变换为 $\begin{pmatrix}x_1\\ x_2\\ x_3\end{pmatrix}=\begin{pmatrix}\frac{2}{3} & \frac{1}{3} & \frac{2}{3}\\ -\frac{1}{3} & -\frac{2}{3} & \frac{2}{3}\\ -\frac{2}{3} & \frac{2}{3} & \frac{1}{3}\end{pmatrix}\begin{pmatrix}y_1\\ y_2\\ y_3\end{pmatrix}$，标准形为 $f=2y_1^2+5y_2^2-y_3^2$。

24. (1) 经可逆线性变换 $\begin{cases}x_1=y_1-y_2+2y_3,\\ x_2=y_2-y_3,\\ x_3=y_3\end{cases}$ 化为标准形 $f=y_1^2+y_2^2-2y_3^2$；

(2) 经可逆线性变换$\begin{cases} x_1 = y_1 + y_2, \\ x_2 = y_1 - y_2, \\ x_3 = y_3, \\ x_4 = y_4 \end{cases}$及$\begin{cases} z_1 = y_1 - \frac{1}{2}y_3 + \frac{1}{2}y_4, \\ z_2 = y_2, \\ z_3 = y_3 + y_4 \\ z_4 = y_4 \end{cases}$化为标准形 $f = 2z_1^2 - 2z_2^2 - \frac{1}{2}z_3^2$。

25. $a = 2$；$\begin{pmatrix} 0 & 1 & 0 \\ \frac{1}{\sqrt{2}} & 0 & \frac{1}{\sqrt{2}} \\ -\frac{1}{\sqrt{2}} & 0 & \frac{1}{\sqrt{2}} \end{pmatrix}$。

26. (1)$a = 0$；

(2)$\boldsymbol{x} = \begin{pmatrix} \frac{1}{\sqrt{2}} & 0 & -\frac{1}{\sqrt{2}} \\ \frac{1}{\sqrt{2}} & 0 & \frac{1}{\sqrt{2}} \\ 0 & 1 & 1 \end{pmatrix}\boldsymbol{y}$，化二次型为标准形 $2y_1^2 + 2y_2^2$；

(3)$\boldsymbol{x} = k(-1,1,0)^{\mathrm{T}}$，其中 k 为任意常数。

27. 略。

28. (1)$\lambda_1 = a, \lambda_2 = a+1, \lambda_3 = a-2$；(2)$a = 2$。

29. (1)C；(2)B。

30. (1)$a = 4, b = 1$；(2)$\boldsymbol{Q} = \begin{pmatrix} \frac{4}{5} & -\frac{3}{5} \\ -\frac{3}{5} & -\frac{4}{5} \end{pmatrix}$。

31. (1)$-0.8 < a < 0$；(2)$a > 2$。

32. (1) 负定；(2) 正定。

33～36. 略。

37. (1)$\boldsymbol{A} = \frac{1}{2}\begin{pmatrix} 1 & 0 & -1 \\ 0 & 2 & 0 \\ -1 & 0 & 1 \end{pmatrix}$；(2) 略。

习题 6

1. (1) 不构成；(2) 构成；(3) 构成。

2. 略。

3. (1) 构成;(2) 不构成。

4. $\boldsymbol{\xi}_1=(-1,1,0,\cdots,0)^{\mathrm{T}},\boldsymbol{\xi}_2=(-1,0,1,\cdots,0)^{\mathrm{T}},\cdots,\boldsymbol{\xi}_{n-1}=(-1,0,0,\cdots,1)^{\mathrm{T}}$ 是一个基,V 的维数为 $n-1$。

5. $\left(\frac{1}{2},1,-1,\frac{1}{2}\right)^{\mathrm{T}}$。

6. (1) 略;(2) $\begin{pmatrix}1&1&1&\cdots&1\\0&1&1&\cdots&1\\0&0&1&\cdots&1\\\vdots&\vdots&\vdots&&\vdots\\0&0&0&\cdots&1\end{pmatrix}$;(3) $\begin{pmatrix}y_1\\y_2\\y_3\\\vdots\\y_n\end{pmatrix}=\begin{pmatrix}1&1&1&\cdots&1\\0&1&1&\cdots&1\\0&0&1&\cdots&1\\\vdots&\vdots&\vdots&&\vdots\\0&0&0&\cdots&1\end{pmatrix}^{-1}\begin{pmatrix}x_1\\x_2\\x_3\\\vdots\\x_n\end{pmatrix}$。

7. (1) 不是;(2) 是。

8. $\begin{pmatrix}-4&3&-3\\-4&3&-2\\4&-2&4\end{pmatrix}$。

9. (1) $\begin{pmatrix}2&1&0\\1&-1&0\\0&0&3\end{pmatrix}$;(2) $\begin{pmatrix}1&3&3\\1&0&-3\\0&0&3\end{pmatrix}$。

10. (1) 略;(2) $\begin{pmatrix}0&-a_{12}&a_{21}&0\\-a_{12}&a_{11}-a_{22}&0&a_{21}\\a_{12}&0&a_{22}-a_{11}&-a_{21}\\0&a_{12}&-a_{21}&0\end{pmatrix}$。